黄土地帯の環境史

灌漑の技術と水利の秩序

井黒　忍著

研文出版

黄土地帯の環境史——灌漑の技術と水利の秩序

目次

黄土地帯の環境史

――灌漑の技術と水利の秩序

序論

一　本書の目的

荒涼という形容がぴったりくるような、ゴツゴツとした岩々が散在する荒れ地を歩く。下手に横たわるコンクリート製の堰がなければ、ここが河床であることに気づかないかもしれない。二〇〇七年の秋、山西省西南部の調査中に訪れた、「溝《ゴウ》」と通称される涸れ川の風景である。当時は水一滴もない状態であったが、おそろしく広い川幅と堅固に積み上げられた岸壁の堤防から見て、夏の水流発生時には大量の水がここを流れ降るであろうことは容易に想像がついた。当地に残された石碑にも、夏の降雨によって発生する季節的な水流が時に人命をも奪う水害を引き起こす一方で、この濁流を利用した灌漑が数百年にもわたって持続的に行われてきたことが記される。現地に立ち、河床を歩き、石碑を読むことで、当該河川の季節的な変動の大きさを知るとともに、その害をも恐れず、その利を得ようと挑み続けてきた人為の積み重ねに触れることができた。貴重なフィールドでの経験の一つである。

環境問題が人々の生活や文化を大きく変容させつつある現在、水資源に関しては、人命や財産を流し去る大規

図１：黄土の分布（山中2008、p.2、図1-1-1を基に改変）

模水害とともに、気候変動や人口増加に由来する利用可能量の減少とその地域的・時間的な偏在が問題視されてきた。それでもなお増大し続ける水需要に対して、現代社会は技術開発による供給量の増加という方法によって対応を図ってきた。ただし、これは技術開発自体が経済力の多寡に依存するという意味において、地域間や国家間における経済的格差を人類の生存に不可欠な水資源へのアクセスにまで押し広げ、それをめぐる摩擦や衝突をより激化させるという結果を生み出すこととなった。特にその矛盾は、水資源の枯渇や減少、不公平な分配が直接的に深刻な問題を引き起こす乾燥地において顕著である。

本書で取り上げる黄土高原もアフロ・ユーラシアを貫く乾燥地の帯「イエローベルト」の東端に位置する（村松二〇一三）。黄土高原とは、東は太行山脈、北は陰山山脈、南を秦嶺山脈、西を日月山（もしくはウランブハ砂漠やテングリ砂漠）に囲まれた総面積六〇万平方キロメートルを越える地域であり、行政区画としては山西省、陝西省、寧夏回族自治区、内モンゴル自治区、甘粛省の一部およびその全域がこれに相当する。

冬季の寒冷乾燥と夏季の降雨を特徴とする大陸性モンスーン気候に属し、年降水量は一五〇～七五〇ミリメートルであるのに対して、年間蒸発量は一〇〇〇～一五〇〇ミリメートル以上に達し、乾燥地域から半乾燥地域、さらに乾燥半湿潤地域への移行帯に当たる。ここでは水分条件の多寡が植物の生産力を決定付ける要因となり、主要な農作物としては、大小麦に加え、綿花やトウモロコシ、粟、黍、高粱などが栽培されてきたが、問題は降水量の季節・年次変動の大きさにあった（山中二〇〇八）。

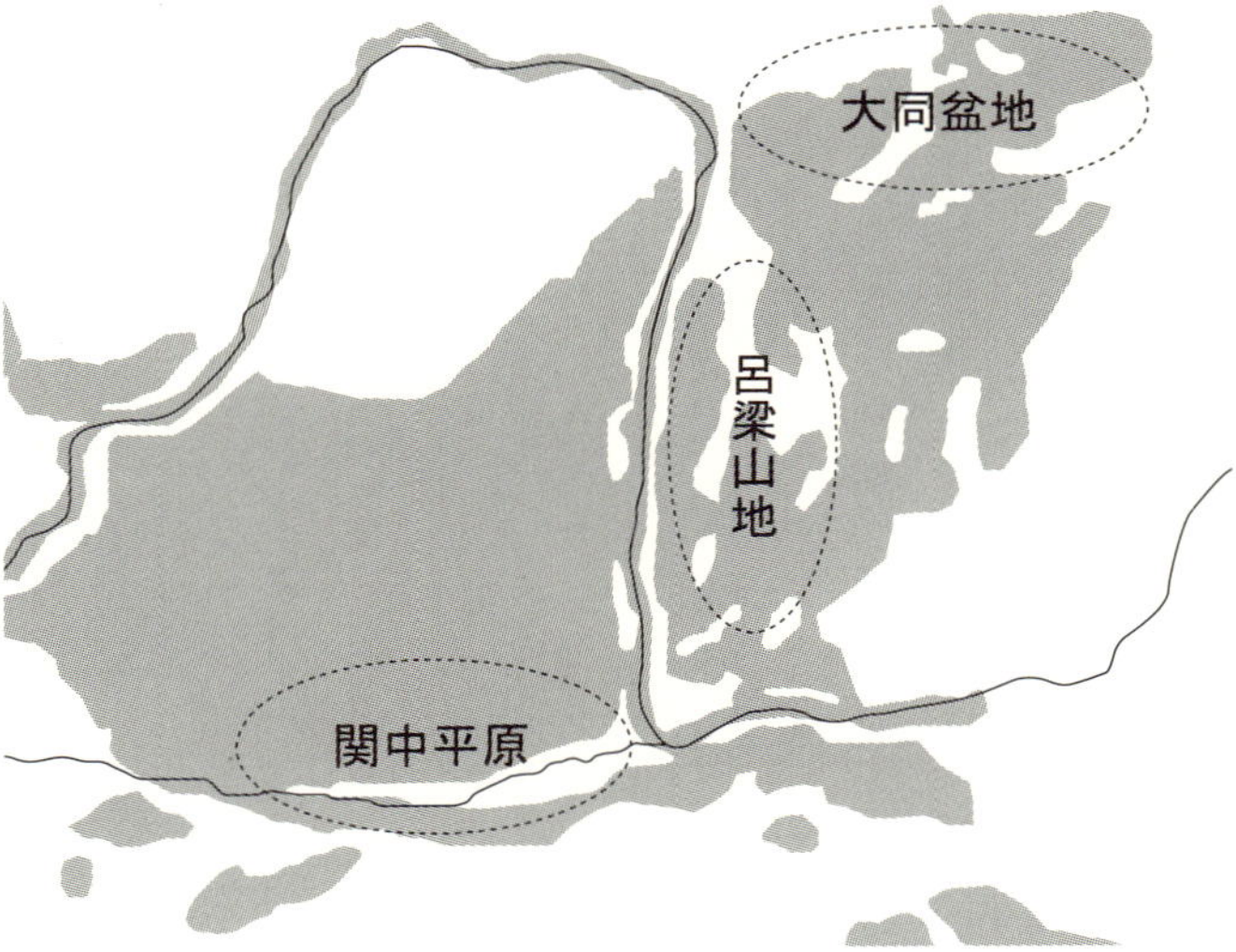

図２：黄土地帯

なお、一般的に黄土高原の語によりイメージされるのは、浸食によって深く切り込まれた黄色の大地と斜面を切り開いて作られた、天にまで届くがごとき階段状の耕地であり、同時にそこで日焼けした顔に深いしわを刻み、黙々とくわをふるう農民たちの姿かもしれない。ただし、正確には黄土高原は塬（平坦な高地）や墚（細長く伸びた尾根）、峁（楕円や円形の丘）などと呼ばれる台地や丘陵とともに溝と呼ばれる水流によって削られた谷状の地形からなり、

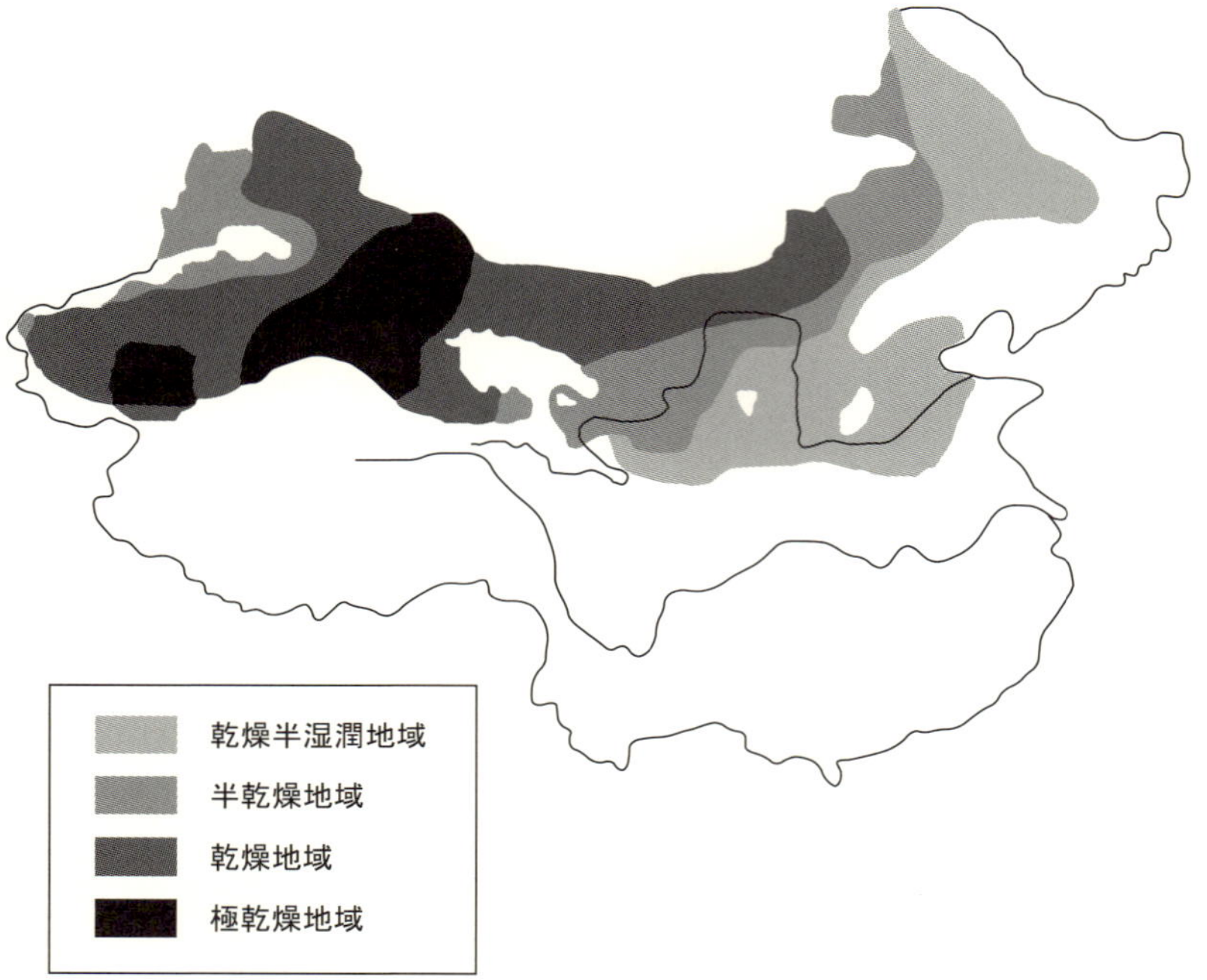

図3：中国における乾燥地の分布（吉川ほか2011、p.3、図1を基に改変）

さらに渭水や汾河など規模の大きな河川の両岸に広がる河谷平地もその一部となる。台地や丘陵地で主に天水農業が行われるのに対して、溝や河谷平地、山地から伸びる扇状地では人工的な導水による灌漑農業が展開されてきた。

したがって、土壌中の水分保持を第一義とする旱地農法とともに、多様な灌漑技術もまた黄土高原における歴史的な農業発展の証左である。本書の描く舞台は、黄土高原に属しながらも緑広がる農業地帯であり、あるいはそうした土地へと生まれ変わらせるために人々が労力を投下し続けた土地である。よって高原の語が持つイメージを過度に強調しないよう、以下、本書においては黄土地帯の語を用いて対象地域を表現する。

黄土地帯においては、歴史的に「十年九

旱」と称される干ばつの頻発が問題視されてきた。ここで注目すべきは、これが天水農業をかろうじて可能とする地域の状況であったという点である。もちろん、極端に降水量が少ない極乾燥地域や乾燥地域において干ばつが問題視されないはずはない。ただ、そうした地域においては恒常的に水資源は不足しており、年降水量二〇〇～三五〇ミリメートル以下の地域に至っては天水を水源とする旱地農法が不可能となるなど、水不足への対応は農業の放棄、もしくは灌漑への完全なる依存という明確なコントラストをとって現れた。したがって、逆説的ではあるが、極乾燥地域における水の不安定性という問題は存在しない。一方、半乾燥地域や乾燥半湿潤地域においては、降水量の不安定性こそが生産活動のボトルネックであり、これを人為によって克服するための方法として、灌漑の技術とそれを支える水利の秩序が歴史的に培われてきたのである。

本書の目的は、歴史資料に基づいて、黄土地帯における水資源の不安定性を克服するためのしくみを、ハード面としての灌漑技術とソフト面としての水利秩序の両面から復元することにある。中華文明発祥の地であり、かつアフロ・ユーラシア大陸を貫く乾燥地帯の東端に位置する黄土地帯の事例を取り上げることで、中国史の文脈のみならず、人類史の観点から乾燥地における水資源問題に対する歴史的な対応のあり方を探っていきたい(1)。

二　分析の視点

灌漑とは、降水量と作物が生長に要する水量（蒸発散量）との差を人工的な施水によって補い、農業生産を最大化する技術であり、自然の加工の一形態である。その目的には、土壌の保湿・肥効培養・温度調節・病虫害除去・浸食防止・塩類除去・除草・消雪などがあり、生産性や作物品質の向上に加えて地域の環境調整に大きな作用を果たす（福田一九七四）。ただし、地形的・技術的要因により、灌漑を行うことができる地域は相当に限定される。例えば、一九四〇年代の段階で、黄土地帯の一角を占める山西省での全耕地に対する灌漑地の割合は、わずか六パーセントあまりに過ぎなかった（和田一九四二）。一方、灌漑地における収量は非灌漑地におけるそれに比して二、三倍、時に四倍にも達するなど、生産性の向上に圧倒的な影響を及ぼすものであり、果樹や蔬菜、稲、棉、ケシなど要水量の高い商品作物の栽培にも灌漑は必須であった（錦織一九四一、山中二〇〇八）。

時に要水量の補給にも増して、灌漑のより重要な目的となるのが収量の安定化である。おおよそ年降水量四〇〇ミリメートルが小麦の栽培の可否を分けるラインであり、平均的な降水量が確保される場合、黄土地帯の多くの地域では天水農業による小麦の栽培が可能となる。ただし、同地域においては豊水年と渇水年との間に年平均降水量比で約六〇パーセントの差があり、西部に比して東部での変動率が大きいという傾向が存在する（山中二〇〇八）。こうした降水量の年次・季節変動が大きい半乾燥地域と乾燥半湿潤地域において灌漑は最も効力を発し、農業生産を安定させる保険の役割を果たした（福田一九七四）。つまり、総量としての降水量が作物の要水量を上回っているから灌漑は不要であるという議論は成り立たない。生産性の向上という点においても、またその安定化という点においても、条件が整えば灌漑の実施を阻害する要因はないのである。

水源の種類や導水、配水の方法などによって様々に区別がなされる灌漑であるが、大きくは流水を用いてフローを確保するシステムと貯水によってストックを確保する両種に分類できる（中村一九八八）。前者のフロー型水利システムは、分水時間や分水順序を設定する配水制度（日本では番水などと呼ばれる）を用いて、降水量の空間的な不均衡を時間的に平準化するしくみである。一方、後者のストック型水利システムは、降水をため池や貯水槽などに貯えて不足時に供水するという方法であり、降水量の時間的な偏在を空間的に平準化することで問題への対応が図られたことを意味する。

河川など表流水を用いたフロー型水利システムであっても、かたや貯水池を用いたストック型水利システムであっても、人工的な導水を成立させ、さらにそれを維持するためには用水路や堤防、堰、水門などの水利インフラが不可欠となる。規模の大小にはよるものの、その建設と維持に必要となる多額の費用と大量の労働力をまかなうため、強制的か自発的かの違いはあれども、共同での作業が必要となる。そもそも物質としての水の特質は流動性にある。時間や場所によって所在や形態を変化させる水の管理と利用には、必然的に共同性が内包されるのであり、ここに水利にまつわる秩序が形成される契機が存在するのである。

この水利秩序の問題を考える上で重要な分析視角となるのが、水をめぐる権利と認識、および水利をめぐる社会結合のあり方である(2)。歴史的に見れば、とりわけ前近代の世界各地では技術的な制限のもとで量的拡大以外の方法による水資源問題への対応に迫られてきた。水を介して繋がり合う地域の中において、ある人の水利用がどこかで別の人に影響を及ぼしているという事実を認識した時、水資源をいかに有効利用するかという問題は、いかにこれを分配するかという問題へと転換された。よって水資源を確保するという問題は、利用者間において既存量を分割して互いの過不足を調整し、利用効率を高めるための資源分配に関わる制度や技術を生み出してきた。さらに、いかに資源を分配するのかという問題は、自他の線引きとしての権利の概念を明確化させることとなる。

こうした水資源に対する認識が明確な姿をとって現れるのが水利権である。大河のみならず、中小の河川や地下水、湧出水、不定期に現れる溢流水など多様な水源を用いて、地域ごとに特色ある灌漑農業が展開された世界各地には、ヨーロッパ近代法のもとで物権として定義されたウォーターライツ（Water rights）とは異なり、水資源が使用、貸借、売買の対象となるかどうか、あるいはその行為の主体となるのは誰かなど、それぞれの歴史や風土に根ざした多様な水利権のあり方が存在したのである。

これは水が生命を維持し、生活を支える上で最も基本的な物質であるため、法学的な概念上の存在にとどまり得ず、その文化や文明の基礎を形作り、かつ社会を構成するための根源的な要素の一つとなったからである。つまり、水利権は各地域の社会制度や生業体系など、文化的諸活動を反映するという意味において、水に関わる地域の文化（水文化）を象徴するものであり、ローカルナレッジそのものとも言える。くわえて、それは利用者たる個人と地域社会、国家など異なるアクターが水資源をめぐって取り結ぶ関係性を具現化したものとなる。(3)

水利をめぐる社会結合に関しては、これまでにも様々な文脈の中で議論されてきた。例えば、華北基層社会史研究における中心的な課題の一つは、土地所有関係や農業経営の実態を明らかにすることにあり、これらは「村落共同体」や共同性をめぐる議論へと向かう一方で、地縁的結合としての村落や血縁的結合としての家族や宗族、信仰を紐帯とする社会結合など、より広範な議論の展開を生んできた。同様の見地から、一九五〇〜六〇年代の日本の学界においては「水利共同体」に関する論考が続々と現れ、さらに二〇〇〇年代以降の中国においては水利社会史という方法論が提唱され、多くの成果が積み上げられてきた。

後者においては、河川型社会や水庫型社会など水源の種類に応じた基層社会の類型化がなされ、それぞれの特質の解明へと議論が展開される。こうした現状を踏まえつつ、これまで課題として残されてきた水の利用や管理、水利権と村との関係、さらに一村の枠には止まらない水利連合のあり方など、水利組織や「水利共同体」の枠組みにとどまらない社会的な結合の具体像を明らかにする必要がある。

より対象地域を広げてみれば、水と社会の関係というテーマに関しては、これまで日本において卓越した研究成果が綿々と積み上げられてきた。中でも、アフガニスタンやトルコ、イランなどの乾燥地におけるフィールド調査に基づく実証的な成果は、すでに失われつつある技術や社会システムなどを考察する上での貴重な記録であるのみならず、過酷な水資源環境下に生きる人々の息づかいが聞こえてくる生活誌でもある（東京大学西南ヒンドゥークシュ調査隊一九六七、岡崎一九八八、末尾一九八九、原一九九七）。本書が最終的に目指すところも、黄土地帯に生きた人々の水をめぐる日常史であり、かつその社会集団と自然環境との関わり方を歴史的に明らかにする点にある。こうした意味において、ハード面としての灌漑技術とソフト面としての水利秩序を総体的に捉えるために環境史という視角が有効となる。

歴史研究における環境史の貢献の一つは、それまで歴史を語る上での背景や舞台装置とみなされてきた自然環境を、歴史を動かす主役の一つとして正当な位置付けを与えたことにあろう。言い方を変えれば、環境史の目的は従来の研究のメインストリームにおいて、意図的あるいは無意識に陰に置かれ、排除されてきた「マイノリティ」をすくいあげ、通説的理解に変更をせまるという点にある。つまり、「一般的」事象と「特殊」事象という認識を転換する、あるいは「そうではない側」から既知の事象をとらえ直すことこそが環境史の本質と言える。こうした意味において、環境史とは歴史学の一ジャンルであり、かつその方法であるだけでなく、歴史学の見直しという点においてそれ自体が目的ですらあることとなる。

資料中における「不足」や「不在」を生み出す背景には、異なるレベルでの排除が存在する。第一に現実レベルでの実際の排除、第二に記録作成段階での意図的・無意識的な省略という歴史レベルでの排除、最後に研究者による意図的・偶然的な見落としという研究レベルでの排除である。これら各レベルでの排除の影響を勘案しつつ、「生」の現場における現実レベルでの排除の問題にアプローチするためには、奇をてらった切り口やテーマを探し求めるのではなく、「当たり前」の事実をよみがえらせることが必要となる。

一九七〇年代に産声を上げてより以来、すでに半世紀を経過した今、もはや環境史の概念や枠組みの議論に終始し、どの研究がその枠組みに収まるか否かに拘泥するような時期は過ぎた。ままならない環境条件のもと、生きるためにこれを改変し、時に適応し、あるいはそれらに失敗した人々の葛藤と試行錯誤の歩みを正面からとらえ直すことこそが、本書で言うところの環境史である。

三　本書の概要

以下、本書の概要を記す。

第一部第一章では、黄土地帯の中でも特に多くの研究が集中する山西省中南部と陝西省中部に着目し、これまでの水と社会をめぐる歴史研究の成果を整理して論点をまとめる。

第二部では、黄土地帯において継承された伝統的な灌漑技術と新たな技術の導入に関する試みを論じる。

第二章では、山西省西部を縦断する呂梁山脈の山麓部において行われた清濁灌漑の技術を考察する。これは山中に湧き出る泉水（清水）と降雨の後に山中から流出する洪水（濁水）という異なる水源をともに灌漑に用いる方法であり、水源の量的かつ時期的な不安定性を克服することを目的とするものであった。清濁両水の利用村を区別し、水源と村との対応関係を規定する人為的制限を加えることで、同一の扇状地における水資源の共有がなされた。さらに、この技術を補塡する役割を果たしたのは、清水や水利用地の売買・貸借に関する水利契約であり、これにより限られた水資源の有効利用が図られた。

第三章では、一七～一九世紀の陝西省中部の関中平原にて繰り返し試みられた井戸灌漑の開発と推進の経緯を追い、その理論化と実践の展開を考察する。古代以来、小規模な菜園にて行われてきた井戸灌漑は、金・モンゴル時代において政府の推進する農業および救荒政策として穀物栽培にもその実施が求められていく。技術面に関する内容は明代の『農政全書』に結実し、さらに清代の王心敬に至り、実施に必要な費用や労働力の調達などの運用面での準備が整い実践への道が開かれた。その後もその目的を変化させながら、井戸灌漑は黄土地帯のみならず、より広範な地域において推進されていく。

第四章では、二〇世紀初頭より山西省北部の大同盆地に相次いで設立された水利公司の具体像を明らかにし、水利淤泥灌漑を中心とした灌漑水利事業の展開を論じる。現地の士紳たちを中核として設立された水利公司は、水利施設の建造や水路の開削などの事業を通して灌漑用水を供給するとともに、用水に含まれる泥土を耕地に堆積させる方法で、砂質土壌やアルカリ土壌が連なる荒蕪地を新たな耕作地へと生まれ変わらせた。水利公司は用水利用者から配水料を徴収するとともに、土壌改良の後に生み出された新耕地を自社保有地として獲得することでさらなる事業の展開を図ったが、諸要因によりその試みは頓挫するに至る。

第三部では、灌漑用水および生活用水の利用と管理を支える水利の秩序について論じる。

第五章では、山西省西南部の曲沃県における水利の伝統形成の過程を論じる。当該の地域においては、二一の村々が毎年二月から八月までの期間を三期に分けて、村ごとに取水日時を設定し、温泉水と呼ばれる湧水を用いて灌漑を行った。温泉水をめぐる伝統は、一四世紀初めに山西一帯を襲った大地震の後の復興を起点として成立し、一八世紀前半において伝統復活の名のもとに再編が加えられ、一九世紀前半には重刻碑の製作によってこれが再確認されるという道筋をたどった。

第六章では、一六世紀以降に山西・陝西・河南などで顕在化した水資源の商品化という問題を取り上げ、国家と地域社会の水利権売買に対する認識と対応を考察する。地権と分離した水利権の単独売買は、理念的には水資源の過不足を調整し、最大限に有効利用するための方法となり得るものであったが、実際には村外へ水利権が流出し、村の割り当て水量が減少するという弊害を生み出した。これに対して、地域社会の側では、村が買い手となって水利権を購入したり、売買契約を制限する規定を設けることで、市場メカニズムによる水利権の売買や水の商品化という動きを抑制し、水利秩序を維持しようとする試みがなされた。

第七章では、関中渭北地域の史料に現れる「公水」の語を切り口として、伝統中国社会における水の帰属をめぐる認識をその変化の相から論じる。従来の理解とは裏腹に、「公水」は一九～二〇世紀初頭の関中地域のわずかな史料に現れる特殊な用語に過ぎないものであった。これはこの語が極めて強い時代的、地域的限定性を持ち、私的世界が横溢する関中地域の伝統的水利秩序がこれを生み出す素地であったことを物語る。清末民国初期のさらなる個の存在危機の中、公に対する新たな価値が見出され、公水の新たな理解が生み出されていく。

第八章では、生活用水の水源として利用されてきた井戸やため池の利用と管理に着目し、一八～二〇世紀にかけて黄土地帯の村落社会において水をめぐる個人と集団との線引きがいかになされたのかを明らかにする。人間にとって最小規模の水利用は、飲食に伴う水分の体内への摂取であり、広い意味で炊事や洗濯、清掃などの生活用水としての利用がこれに相当する。村々に残る石碑を主たる資料源として、村落社会における生活用水をめぐる個人と集団との関係や社会的結合のあり方を歴史的視点から考察するとともに、農村の日常史を再現する。

なお、掲載論文の初出は以下の通りである。本書の執筆にあたり、全体の体裁を統一し、明らかな誤りを修正したことにくわえ、その後に公表された新たな学術成果を追加反映させる作業を行ったが、論旨自体を変更してはいない。

第一章「華北「水と社会」史研究の現状と展望」、『中国史学』第二七巻、二〇一七年、一二七～一四四頁

第二章「山西省呂梁山脈南麓の清濁灌漑方式に見る欠水問題への対応」、『史林』第九二巻第一号、二〇〇九年、三六～六九頁

第三章「井灌論の系譜―明清時代における井戸灌漑の理論と実践」、大澤正昭・中林広一編『春耕のとき―中国農業史研究からの出発』汲古書院、東京、二〇一五年、八三～一四五頁

第四章「晋北における水利公司の設立とその事業」、『中国水利史研究』第四八号、二〇二〇年、一一二～一三七頁

第五章「彫り直された伝統―前近代山西の基層社会における水利秩序の形成と再編」、『歴史学研究』第九九〇号、二〇一九年、四九～六一頁

第六章「近世・近代華北の水利権売買に関する一考察―山西・陝西・河南の事例に基づいて」、『歴史科学』第二二九号、二〇一七年、五三～六三頁

第七章「生み出される「公」の水―伝統中国における水をめぐる認識とその変容」、『大谷学報』第一〇〇巻第二号、二〇二一年、三九～五九頁

第八章「村のいしぶみから見た生活用水をめぐる日常史―中国河南・山西・河北の井戸とため池の事例をもとに」、石井美保ほか編『環世界の人文学―生と創造の探求』人文書院、京都、二〇二一年、三九五～四一六頁

注

（1）日本における中国環境史のパイオニアというべき原宗子は自らの研究の目標として「地球と人類とが、持続的に存続してゆくための知恵の何ほどかを、中国史の中に探ってみること」と述べる。まさに共感すべき姿勢である（原二〇〇五）。

（2）二宮宏之は世界史上における多様な社会的結合のあり方を論じ、「社会的紐帯のありようは、世界諸地域の、それぞれの社会・文化において、いたって多様な姿を示している。あるいはむしろ、結合のありようこそが、ある社会、ある文化に、その固有の性格を付与したと言った方がよいかもしれない」と述べる（二宮一九八九）。

（3）モンスーンアジアの水資源をめぐる問題を多様な角度から論じたスニール・アムリスは、「水の配分と管理をめぐる考えそれ自体は、文化的な価値観や公正をめぐる理念、自然と気候に向けられた意識と恐れなどの影響を深く受けている」と述べる（アムリス二〇二一）。

第一部　水と社会をめぐる諸問題

第一章　水利社会史総論

はじめに

歴代王朝の手になる国家事業としての治水や水運の整備、カール・A・ウィットフォーゲルの水の理論とそこに内包される東洋社会停滞論に対する批判としての水利共同体論など[1]、中国水利史研究における主要な関心事は、水利をめぐる国家と社会の対応とそれらの関係性、すなわち国家―水利―社会の構図の中で推移してきた。

森田明の整理によると、水利共同体に関わる諸論考が取り上げた主な論点は、(一) 水利組織と水利権、(二) 水利施設の管理・運営、(三) 水利組織と村落、(四) 水利組織と国家（公権力）であり、水利団体と村落との関係を重要な焦点とみなす（森田一九六五）。また、好並隆司によれば、主たる論点は（一）水の所有権、(二) 水利施設はどういう位置に置かれるか、(三) 水利組織はどのように構成され、それは村落とどういう関係にあるか、(四) 村落の階級対立はこの水利組織とどう関係付けられるかの四点に集約され、中でも (三) に関する理解の差こそが論争の焦点であったとする（好並一九六七）。

言い換えれば、「共同体」の有無を問うという根本的な問題意識を抱きつつ、多姓混住や高い流動性、不明瞭な境界、自己規律能力の欠如、弱い凝集力などが指摘される華北農村の姿と水の利用と管理に内在する共同性の問題をいかに整合的に理解するかが問題視されたのであった。これに対して、一九八〇年代以降、特に今世紀に入り活発化した新たな動きは水利社会史と呼ばれ、それまでの研究の流れを変えるにとどまらず、多分野融合の核としての水利史研究の可能性を引き出すものともなった。その動きをまとめれば、水と社会との関係に着目し、水の利や害をめぐる諸関係のみならず、水の存在、もしくは非存在という状況を「生」の視点から見つめ直し、これを取り巻く歴史的な自然環境および人間活動を総合的に復元するものと表現できよう。

ここに言う「生」の視点とは、人が生きるということを立脚点とし、そこから展開する生活や生業という角度から諸事象を見つめなおすことを意味する。それゆえに、研究対象としても水の変動が生の営みに直結しやすい乾燥地が大半を占める華北が選択される傾向が強い。本章では、華北の中でも特に多くの研究が集中する黄土地帯の山西省中南部と陝西省中部に着目し、水利社会史研究の近年の成果を整理するとともに、その特徴と傾向を分析する(2)。

なお、近年、水利社会史と同じく水を通して社会を分析するという視角を備えつつ、南方の湿潤地域における水域とそこに暮らす漁民や水上居民の生活、さらにはその生業と生活に対する政府の管理体制などを解き明かす水域史という分野にも注目が集まる（徐二〇一七）。また、歴史上における人間の水に対する理解、水の利用、水の管理、水のガバナンスの過程、結果、影響を多様な視点から研究するウォーターヒストリーという手法も一九七〇年代から盛んとなり、世界各地の事例をもとに多彩な成果が積み上げられている（鄭二〇一七）。

第一節　水利社会史をめぐる議論

水利社会史研究の直接の出発点は、二〇〇四年八月に山西大学にて開催された山西大学中国社会史研究中心と中国人民大学清史研究所との共催による第一回区域社会史比較研究中青年学者学術討論会に遡る。この討論会において水を主題とする計七本の報告がなされ、会議終了の後、王銘銘によってこれが「華南学派」に対する「華北学派」が提唱する水利社会の研究であると評された。そこでは、水利社会史研究の淵源の一端はウィットフォーゲルに求められ、華北では水の支配が社会支配の鍵となり専制支配体制が生み出される一方で、華南に関しては政治権力が及び得ない辺縁地域において東方専制主義とは異なる氏族家庭主義が生み出されたとする（王二〇〇四）。これによれば、華北における水の理論と華南における宗族理論とは、本来的に双生児的な存在として生まれ出たものであったこととなる。

華南における宗族研究が地域社会の構造的理解に対する重要な切り口となったのに対して、華北の水利史研究は治水や技術の解明を主たる関心事として展開されてきた。こうした状況のもと、行龍は水利社会を水利を中心として展開される地域社会と位置づけ、これが国家―社会関係を考察するための分析装置としての宗族ネットワークや祭祀制度、市場方式、医療空間に匹敵する新たな切り口となると主張した（行二〇〇八）。これがプラセンジット・ドゥアラの文化的ネクサスの議論を踏まえることは明らかであるが、ドゥアラにおける水利に対する関心が村を越える結びつきを生み出す水利組織にあったのに対して、行龍の関心は地域社会そのものの理解にあり、政治や経済・軍事・文化・法律・宗教・社会生活・習俗・慣習など水利を中心として展開される社会関係や社会制度をまるごと研究対象とすることが指向された。

さらに銭杭によれば、水利社会とは特定の地域内における水利問題をめぐって形成された社会関係を意味し、地域の特徴的な制度・組織・規則・象徴・伝説・人物・家族・利益構造と集団的意識形態の形成、その発展と変化の過程を総合的に明らかにするのが水利社会史研究であるという。そこでは、直接的に水の利害を受けるものだけでなく、間接的もしくは潜在的に利害に関わるもの、さらには利害に関わりのない地域内の居住者までもが研究対象に含まれる（銭二〇〇九）。

これは一見すると際限のない研究対象の拡がりを意味するかのようにも見て取れる。しかしながら、銭杭の議論の前提には日本における水利共同体論があり、そこには水利共同体という限定された切り口から村落をとらえ、地域社会を理解しようとした姿勢に対する批判が存在した。こうした問題意識は、謝湜にも見られ、地域や時代の差異を考慮に入れない、静態的な水利共同体という分析装置を設定すること自体が水利社会史研究の時空間的広がりを制限してしまうとの提言がなされる（謝二〇〇七）。

また、水利社会という用語の定義に関しては、より厳密な使い分けを求める意見もある。魯西奇によれば、どこであれ水利事業があればそこには必ず水利に関わる利益関係としての「水利関係」が生じる。ただし、そこに信仰や祭祀を通して利益関係を超えた安定的な「水利の社会関係」が構築される場合もあれば、さらに進んで水利以外の宗族・宗教・市場といった要素、さらには国家権力の介入形態に至るまで、社会経済的、政治文化的な要素にも水利が中心となる「水利社会」が形成される場合もあるとして、その一例を江漢平原に成立した囲垸を中心とする社会に求める（魯二〇一三）。

魯西奇の定義を狭義とし、銭杭の定義を広義とすると、行龍のそれが両者の中間に位置づけられるように、ともに水利社会という用語を用いながらも研究者によりその定義にはばらつきがある。こうした一種の曖昧さは、水利社会史研究に多様で豊かな成果をもたらす一方で、比較研究のための確固たる視座を確立することができないという問題点を生み出すことにもなった。

さらに問題を複雑にしてきたのが、水利社会の類型化である。王銘銘は、水利社会を豊水型・欠水型・水運型の三種に大別したが（王二〇〇六）、これに対して行龍は豊水と欠水との差異は相対的なものに過ぎないとした上で、河流・泉水・洪水（山域からの溢流水）・湖水の四種の水源の類型に応じて分類し、それぞれに対応する水利社会を流域社会・泉域社会・洪灌社会・湖域社会と呼んだ（行二〇〇八）。さらに銭杭は浙江蕭山の湘湖水利に関する研究を通して、人為的活動によって作り上げられた水庫を核とする社会には、より明確な権利関係が存在していたとして、その他の「自然」な水資源を利用する社会との異質性を説き、上述した四種の水利社会に新たに庫域社会をつけ加えた（銭二〇〇八）。

水源形態の違いが利用地域の規模や水供給の安定性、施設の建設や維持のための資金の多寡に大きな影響を与えることは明らかであり、これに応じた地域社会の特性の違いを想定することに無理はないだろう。しかしながら問題は、それぞれの社会がいかなる特性を有し、他の類型の社会との間にいかなる差異が存在するのかという点がいまだ不明であるにもかかわらず、「水利社会」という用語の使用が一般化してしまうことにある。この問題に対して、張俊峰が流域社会や洪灌社会との比較を通して泉域社会の特質に迫るという方法を用いて一定の成功を収めているが（張二〇一二A）、同様の試みは依然少なく、比較研究を通した各水利社会の特性の解明は今後の課題と言えよう。

そこで、あらためて水源形態を異にする社会のそれぞれの特性を考えるために、水源別に水と社会に関する研究の成果を整理し、そこで取り上げられる主題を分類することにより地域社会が抱える課題を明らかにすることとしたい。具体的には泉水・井水・河水・雨水の四種の水源形態に分けて、それらと社会との関係を論じる研究成果を整理する。(3)

第二節　多様な水源と社会の類型

第一項　泉水と社会

まずは、泉水を生活・生産用水の主たる水源とする社会についての研究を見てみよう。泉水に関しては、太原晋祠泉や洪洞霍泉、臨汾龍子祠泉、介休洪山泉など、湧出量の豊富な泉源が汾河流域に分布し、これを水源として利用する事例が多いことから山西に研究が集中する。

ここで、山西の水利と地域社会との関係を考察した先駆的な業績として、好並隆司と森田明との研究を挙げておきたい。好並隆司は、『山西省各県渠道表』や劉大鵬の『晋祠志』を用いて水利組織や水利施設の分析を行うのみならず、水争いや水利祭祀、水利に関連した産業としての製紙業の意義にもいち早く注目した（好並一九八四・一九八六）。また、森田明は『洪洞県水利志補』に収録される渠冊（水冊や水利簿とも呼ばれる、水資源管理のための規定集）を駆使して、水利組織の構造解明に挑み、その管理運営の方法や機能を分析する。その結果、明末清初における水利組織の混乱と解体という局面に際して、水利秩序の維持を図るため組織は官への依存を高め、その権威のもとで渠規（水利規定）を強化したとの見解を導き出した（森田一九七七B・一九七八）。両氏の問題意識や手法は以下に述べる水利社会史研究そのものであり、それらに与えた影響は少なくない。(4)

水利社会史研究を牽引してきた研究者の一人である行龍は、人口と資源、環境との三者の緊張関係が明清時代における水資源をめぐる争いを激化させた原因であるとする見解を提示し、これを晋水流域の事例研究によって実証した（行二〇〇〇）。太原晋祠の境内に湧く晋祠泉を水源とする晋水流域では、明清時代に多量の水を必要とする水稲や蓮根の栽培が行われるとともに、製粉業や製紙業などの産業用水として用いられるなど、水資源に対する需用が高まった。さらに、炭鉱開発に伴う地表水の無秩序な排出や地下水の流路変化により流域中における水量減少が引き起こされ、これに開墾や山林伐採、明礬の製造が加わることで、西山の植生は破壊され水土流出が頻発した。その後、一九六〇年代に機械を用いた石炭採掘によって乱開発がさらに進み、一九八〇年代には山間区において深刻な環境被害が生じ、これが一九九三年における晋祠泉の断流に繋がったとした。断流という事件の背景に清代乾隆・嘉慶年間と清末民国初期、一九六〇年代以降という開発進展の中期波動を読み取り、さらにこれを明代以来の人口増加という長期的動向の中に位置づけたのである（行二〇〇六A・B）。

生産用水としての水利用に関して、張俊峰は通説に反して明清時代にもなお重要な動力源として水力が用いられ、製粉業や製油業など水力加工業が発展し続けたとする（張二〇〇五A）。また、張継瑩は水稲栽培の事例を取り上げ、作物種の変更が用水をめぐる確執を引き起こしたとする。農民は用水の最大効率を意図して水稲栽培を選択したが、水源の涸渇によって断念をやむなくされた。ただし、後に水利がある程度回復されると、次善の策として小麦栽培が選択されるといったように、あくまで水資源の最大利用が追究され続けたという（張二〇一〇）。モラル・エコノミーの観点からも興味深い主題である。

「争水文化」の語が印象的に示すように（張俊峰二〇一二A）、水をめぐる争いは、乾燥地における水利用の特徴とも言うべきものであり、社会の特質を考える上での重要な観点となる。張俊峰によれば、水利権の帰属こそが紛争の主要因であり、これは国家と地域社会との間で繰り広げられた基層社会の制御をめぐる争いを反映するものである。さらに地域社会の水利用に関わる問題が、国家と社会がともに単独では制御不可能なものであったために、自発的に形成されてきた水利組織が権力の真空を埋めたという（張二〇〇二）。また、新絳県の鼓堆泉域社会においては、明清時代に地―水―夫の緊密な関係性が存在し、これにより各村の利用水量は、負うべき負担に比例するものとされ、水利秩序の公平性が保たれた。これが泉域社会が長く維持された理由であり、民国時代にも制度上の改変がなされたが、実質的な水利秩序に変更はなく、これが変化を見せるのは新中国成立後のことであるとする（張二〇一二B）。

人口増加を起点とする資源の欠乏を水争いが激化した原因とみなす行龍の見解に対して、趙世瑜は水資源の公共物品としての特性に由来する財産権の画定の困難さが問題の背景に存在し、水資源の公有という性質と使用権の私有化との間の矛盾が水争いを生み出す根本的な原因であったとの見解を示す（趙二〇〇五）。翼城県翔皐泉の事例を扱った張俊峰は、これに反論し、資源分配における不公平さと不合理性によって生み出された資源の時空間分布の不均質性と利用効率の低さこそが水争いの最も重要な原因であったとする（張二〇〇八B・C）。

さらに、張俊峰によれば、土地や水資源の売買や水資源環境の変化によって生じた新たな状況に直面しながらも、的確に問題を把握し、これに対応することができなかった公権力は、水利紛争の裁定に際して前例を踏襲するという方法に依らざるを得なかった。そのため、干ばつや水源の涸渇などさらなる変化が生じると、容易に暴力を伴う紛争が引き起こされたのであり、「率由旧章」と称された原状復帰を指向する公権力の対応こそが水利紛争が継続的に生起する根本的な原因であったとする（張二〇〇八C）。

水利紛争の裁定において、水利碑は水利権の正当性を証明する根拠となった。こうした水利碑がもつ法的根拠としての働きに関して、田東奎は中国史上における水利権とこれをめぐる紛争解決のメカニズムを調解・宗教・神判・闘争・流域共同体の諸点から考察する。水冊・碑刻・伝説の社会における作用や民間の慣習法と国家の行政的・司法的対処法との関係を明らかにすることにより、水資源の共同享受こそが中国の近代における水利権の特徴であり、民間での調停と行政処理が水争解決の主要な方法であったとの結論を導く（田二〇〇六）。

李麒は水利碑を用いて水利用に関する法律内容を分類するとともに、山西西南部の事例に基づき、主体の多元性、利益の重大性、原因の複雑性という水利紛争の特性を整理する（李二〇〇七・二〇一一）。また、李雪梅は、水利碑を用いて非制定法の生成方法とその内容、諸種の手続きと水利に関連する伝承を整理し、民間の法律規範や規約の限界を明らかにする。水利権など公益の保護を目的として作成される非制定法は、水案を通して官の認可を得て合法化されるという点において、私利の追究を目的とする契約や合同などの民間規約とは性質を異にするものであるという（李二〇一六）。

鄧小南は洪洞県の水利碑を用いて水資源管理をめぐる民間と官との関係および官の水利管理への介入のあり方を考察する。水利碑の特性がその内容の公開性と固定性にあることについては田東奎とも共通するところであるが、その他にも水利碑が王朝交替を超えて影響力を持ち続けるとともに、立石者の権威が碑刻内容の持つ権威と一体化して碑刻を見る者に訴えかけること、さらにはその権威の源は官が与えた裁決を具現化する媒体である水利碑によって代々継承されることにあるなど、水利碑という素材自体に関する構造的分析が展開される（鄧二〇〇六）。公権力の地方水利への関与に関しては、胡英沢が明代の王府と地域社会との水利をめぐる衝突の事例を取り上げ、宗藩が特権勢力として地方水利に介入し、用水秩序を撹乱したとする（胡二〇一四）。

水利紛争において主たる係争点となった水利権の定義に関して、張小軍は複合産権という概念を提示する。ピエール・ブルデューの文化資本の概念に基づき、資本主義の生起に伴って確立された私有財産権を人類が生み出してきた財産権の一つの特殊な形態に過ぎないとした上で、それとは異なる財産権の形態として経済産権・文化産権・社会産権・政治産権・象徴産権の複合体である複合産権を措定する。さらにこれらはそれぞれ経済資本・文化資本・社会資本・政治資本・象徴資本の形態をとって現れるという。中でも、水利権に関しては、水の流体特性により所有権と使用権が分離することや村落・家・個人の財産権が共存することをその特徴として挙げる。また、私産は公産を分割したものであり、公産は私産の前提であるとする認識のもと、明代以降における国家の私産権への介入が伝統的な公有に衝撃を与え、公産権と私産権との共存を破壊したことが水争いを頻発させる原因となったとする（張二〇〇七）。

祁建民もまた水利権の問題から国家―社会関係を考察する中で、中国では歴史を通じて水は国家、すなわち皇帝の所有でありながら、一方で公共の資源であったとして、その「公」的な性質を強調する（祁二〇一二）。また、一九五〇年代の土地改革によって、前近代の社会において水利共同体によって分断され、覆い隠されてきた階級関係が解消され、水利の民主的改革がなされた。これにより、水資源の公共性が実現され、生産力が大幅に拡大し、農民の生活のための水が保証されたとする（祁二〇一八）。

歴史的水利権問題に関して基本的かつ極めて重要な研究と言うべきは、関中の河水利用地域の事例を扱った蕭正洪の論考である。これによれば、歴史的水利権の特徴は所有権と使用権の分離にあり、所有権は一貫して国家の手の内にあり、水糧という形で水資源使用権費が徴収されたとする。同時に、当初から水資源の使用権価格が地権とは独立して算出されていたことにより、明清時代には水資源使用権の売買と地権との分離が生じるなどして、水利権の商品化が進展したとする（蕭一九九九）。

水利権売買の問題はこれまでの研究においても言及されることはあったが、地権の売買貸借とは異なり、契約書などの具体的な内容を示す史料が乏しく、十分な議論が展開されることはなかった。こうした状況のもと、張俊峰は山西大学中国社会史研究中心に所蔵される水利権売買契約書などの新資料に検討を加え、研究を深化させた。その方法は、水利権の売買を公水交易と私水交易の二種に大別し、さらに前者を公水私売と公水公売に、後者を地水結合型と地水分離型に分類し、それぞれの特徴を分析するというものである（張二〇一四）。また、張俊峰には契約書を用いて内モンゴルのトゥメトにおける水利権売買の事例を考察した研究もある（張二〇一七B）。

いずれも現段階において最も充実した内容を有する専論であるが、公水交易における私売から公売への変化と私水交易における地水結合から地水分離への変化を単線的な時代的変化と捉えることや山西省における水利権売買の考え方が人の移動にともない内モンゴルに移植されたとする見解に関しては、さらなる検証が必要となろう。なお、同じくトゥメトの水利権を扱った田宓は、大青山からの流出水の利用権（水分）が清代までは土地の権利に附随していたが、民国時代に西洋の概念が輸入され、水利に関する法制が整備されたことで、地権とは独立した水権として認められたとする（田二〇一九）。

水利権売買の歴史的変化に関しては、本書第六章にて詳述するが、一六世紀以降、地権と分離した水利権の売買が問題視される中、一八世紀頃から渠長を代表とする水利組織を介して、村や村落連合が水利権の売買契約に関与する事例が現れる。これは地域社会が水利秩序を維持するため、売買契約者および契約の対象を制限するという方法で市場方式による水利権の売買や水の商品化という動きを抑制することを図った試みであり、地域社会における一つの対応のあり方であった。

これまでの水利共同体をめぐる議論において中心的な課題となってきたのが、水資源の利用と管理を担う水利組織など制度面の問題である。韓茂莉は、渠長を中心とする基層管理システムを考察し、敦煌文書中の『水部式』を初出とする渠長の用例とその職責、選任方法、郷紳や大戸が多くを占める選任者に関する分析を行った（韓二〇〇六A）。また、党暁虹と盧勇の研究によれば、明清時代に水資源の減少と官の水利事務からの撤退に伴い、郷紳を中心とする民間水利組織が水利事務を担当し、水利規約に基づく管理体制が形成された。これにより成員による投機的行為は減少し、水利紛争の発生を抑制する結果となったが、上級監督体制の欠如と一般の民衆が管理に加わる際の能力不足により、その効果には限界があったとする（党・盧二〇一一）。

郝平と張俊峰は、臨汾龍子祠泉では水資源の管理責任者たる渠長は選挙で選ばれるが、その補佐役であり真の実力者ともいうべき督工の地位は、特定の宗族の間で受け継がれたとする（郝・張二〇〇六）。また、周亜によれば、泉水とともに季節的に出現する流出水を水源とする龍子祠泉の水域では、灌漑にくわえて洪水防止の対策が重要であり、その技術と制度が整えられた。明清時代の水利事務は郷紳によって担われ、張氏や徐氏といった大族が渠長や溝頭など水利組織の管理職を世襲することにより安定的な体制が築かれた。一九三〇年代には水利局が設けられたが、清代以来の大族が残存したことにより旧体制を打破することはできず、一九四八年以降の土地改革に伴う水利改革の実施や龍子祠水利管理委員会の設置により、ようやく水利権の国有化と政府による統一管理が完成したとする（周二〇一一・二〇一六・二〇一七）。

制度を支える価値体系に迫った研究に沈艾娣（ヘンリエッタ・ハリソン）の論考がある。モラル・エコノミーが中国農村においてはいかなる形で存在したのかという問題関心のもと、晋水水利方式を考察する。水資源は渠長らが私的に所有するものではなく、村落の共同財産であったとして、当地における水利方式が村落の公共団体としての性質を反映するものであり、民間の道徳価値体系を体現するものであったと結論づける（沈二〇〇三）。沈艾娣が礼を民間の論理とは異なるエリートの論理ととらえたのに対して、張亜輝は晋水流域における水利用および水利祭祀を支えたのは儒教倫理、特に礼に基づく関係であり、これこそが水源を共有する村々の関係を規定したとする（張二〇〇八）。

水利組織など水利用に関する制度を補完するのが水利祭祀である。行龍によれば、晋水を共通の水源として利用する流域中の三六村には、全村が共通に祭祀を行う水母を祭る儀式と村ごとに異なる村庄神を祭る儀式とが並存した。主神たる水母を祭る儀式において、村ごとに主客の別が設けられ差別化がなされたが、これは実際の水資源の管理と利用の上でも、特定の村落が管理責任者である渠長の職を独占するという明確な差異として現れた。同時に、水母祭祀は上流に位置する中核的な村落と下流に位置する周縁的な村落と間の不公平や不均等を是正するために行われるものでもあり、水母祭祀によって流域の三六村全体の利益を保ちつつ、村庄神祭祀によって個別村落の利益が保たれるという構図が存在したという（行二〇〇五）。

また、趙世瑜によれば、北渠の最上流に位置するという地理条件に恵まれた赤橋村は、晋祠・紙房の二村とともに総河三村と称され、晋水流域の村落群の中において制度的にも認められた特権的地位を有した。さらに赤橋村は晋祠の境内に黒龍神を祭る新たな祭祀空間を建設することにより、晋祠に対する支配を強め、自らの水利権が天賦のものであるとする意識を広めたが、これは同時に晋祠を村落連合全体の廟であるとする意識の定着をも導くこととなったという（趙二〇一三）。

行龍と張俊峰の研究によれば、新絳鼓堆泉・臨汾龍祠泉・汾陽神頭村泉にも晋祠泉と類似したモチーフを有する水母娘娘の信仰と伝説が存在する。泉域内における水母への信仰が受益村の祭典として表現されるのに対して、泉域外における信仰は祈雨を目的とするという差異が存在するものの、いずれも山西における泉水開発の発展期と言うべき宋金時代にその祖型が形成され流行を見せる信仰であるとする（行・張二〇〇九）。

また、介休洪山泉に関する張俊峰の研究では、清代乾隆期を挟んで信仰面と組織面において興味深い対照的な現象が生じたとして、水神信仰に関しては廟宇修復の主体が民間から官へ移り替わったのに対して、水利組織の面では乾隆以前の官と郷紳との協働から、乾隆以降の郷紳のみによる組織の運営へと変化したと指摘する。一見すると相反するこの変化は、水利管理組織の郷紳化が進行したことと、官の権威を借りて水利秩序を維持しようとする資源所有者による利益分配の動きとして理解できるとする（張二〇〇五B・二〇〇六）。

第二項　井水と社会

井水も灌漑の水源として用いられる場合があり、本書第三章を含め、その技術や政府の奨励策に関する研究はあるが、社会との関係に言及されることは少ない。これに対して、生活史や環境史の視点から井水の利用と社会との関係を考察するのが胡英沢の一連の研究である。水利碑を材料として地域社会における井戸の配置や管理責任者の構成を分析し、同姓でないことを理由に居住地近くの井戸の利用が認められない場合があるなど、居住空間と汲水空間とが必ずしも一致するものではなく、地縁・血縁関係や行政区画を井戸の空間構造と単純に結びつけることはできないとする（胡二〇〇四）。

また、井戸の利用と管理の特徴は地縁に基づく排他性の強さにあり、性別や利用目的、利用者の財産や家族数を判断基準として、用途に応じた優先順位や日常と非日常との区別、汲水者、汲水時間と汲水量に関する厳密な規定が設けられていた。さらに、用水秩序の維持にあたっては、井神である龍王への信仰が重要な意味を持ち、欠水状況のもとで水源を管理する神から、用水の管理者としての神へと龍王の位置づけが変化し、さらには地域社会の管理者としての任をも付与されることとなった。くわえて、保護・附属施設である井房が社交や交易の場所として公共空間を形成するなど、井戸は北方社会における「文化的重点」と位置づけられる（胡二〇〇六）。

さらに、日常生活における水利用に関連して、胡英沢は欠水地域において日常用水の確保のために用いられた貯水池に関する考察を行う。井戸が一般的に飲料水を含む生活用水の水源として用いられるのに対して、貯水池は洗濯や食器洗浄、家畜の飲み水の水源として用いられるといった用途による使い分けがなされる相互補完的な水資源であったとされる（胡二〇〇七）。また、風水の観点からも意義が認められ、その周辺が娯樂や交易の場所となった貯水池であるが、その歴史研究は稀少であり、段友文の民俗学的見地からの考察なども重要である（段二〇〇七）。

さらに、胡英沢は生活用水にも事欠く水環境において、生産用水としての利用から生活用水としての利用へと用途の転換がなされた事例を取り上げ、生産用水としてのみならず、生活用水という角度からも社会を捉え直す必要があるとの提言を行う（胡二〇一二）。また、同様の観点から、軍事行動中における水の確保の問題を取り上げるとともに（胡二〇〇九A）、生活用水を原因とする地方病の蔓延、人畜の糞便や製紙業の排水が生み出した水質汚染など、水質と生活との関係を歴史的な角度から考察した研究がある（胡二〇〇九B）。このほか、李建・沈志忠は山西東部における石炭採掘の進展が井戸の施設を破壊し、水源としての井戸水の量的減少を導いたとする（李・沈二〇一一）。なお、水質汚染に関連して、張亜輝は一九六〇年代以降に水量の不足を補うために工業廃水を用いた汚水灌漑が行われ、これが土壌汚染のみならず、地域社会における道徳心の低下をも引き起こしたと指摘する（張二〇〇八）。

民国期の『甘泉渠沿革始末記』を用いた張俊峰の研究によれば、文峪河から水を引く甘泉渠の流域においては、文水県内の上・下流の間のみならず複数の県との間で水利用をめぐる対立が生じ、村落間における長期的な不和関係が醸成された。明代以降、汾河からの取水による灌漑水利開発が進められたが、清末にはその大半が廃棄され、新たに堰の字を附した水路が開削されているという事実に着目し、当時の汾河が流量の減少と含砂量の増加により河水面の低下を引き起こしていたため、堰を用いた水位の引き上げが必要となっていたと指摘する（張二〇〇二）。

第三項　河水と社会

複数の県をまたぐ広域の利用地区が形成されるのも河水を水源とする水利方式の特徴である。その典型例とも言えるのが、趙城・洪洞・臨汾の三県一八村への水供給を担った通利渠である。張俊峰は新たに発見された通利渠渠冊、水利碑、村史ら地方文献に加え、民間伝説などの現地での聞き取り調査の成果を用いて、金元時代以来の通利渠の変遷と地域社会との関係を明らかにする（張二〇〇七）。水利組織と用水秩序の形成を水源である汾河の環境変化に対する積極的な適応と捉えることで、静態的な考察に陥りやすい制度や組織の分析に精彩が加わる。

さらに注目すべきは、ここで水利組織の分析材料となった三種の「村級渠冊」が持つ史料的価値である。現在、鄭州大学図書館、洪洞県档案館に収蔵されるほか、通利渠流域中の辛村媧皇廟に残される、これら史料の分析により、大規模な灌漑地保有者が個人と堂の名で記載されるとともに、外村の地主が四〇パーセント以上を占めるという水利権と地権の具体的な所有形態が明らかとなった。このうち、大規模灌漑地保有者として記載される堂に関しては、商号として用いられる場合もあるが、一般的には祠堂の堂号を意味し、宗族の標示として用いられる場合が多いという。

南方における宗族研究に比して、華北の宗族研究はいまだ多くの検討の余地を残すテーマであり、こうした状況を生み出す要因となってきたのが史料の稀少さとともに、南方のそれに比して規模や勢力ともに劣るとされた華北宗族のイメージであった。こうした中、大規模宗族を欠いた社会において、いかなる組織がその中心となったのかという観点から、関中における水利社会を分析したのが石峰である。考察の結果、宗族に代わる地域の中心に村を中心として編成された民間の水利組織と地域をまたぐ水利連合が存在し、加えて宗教組織や社火などの娯樂組織も水利管理に大きく関わったとして、その社会を非宗族郷村社会と定義した（石二〇〇九）。

これに対して、張俊峰は関中を非宗族郷村社会とみなしうるかという根本的な問いを起点として、より直接的な水利と宗族との関係について考察を進めた。黄宗智が主張した華北における宗族組織の未発達や石峰の議論に対して、明代嘉靖年間の大礼の議をきっかけとして地方社会において宗族の聯宗行為が進展する中、新たな勢力を築き上げた「庶民宗族」が水争いや水利管理に積極的に参与していったとする。その代表例として、晋水流域において治水の神である台駘を第三代の祖とし、宗族結集の中核に据えた張氏や同流域の陸堡河北大寺村の武氏を挙げる（張二〇一五）。

また、張俊峰と武麗偉は、「庶民宗族」の典型ともいうべき陸堡河の武氏と地方水利との関係に考察を加える。乾隆期以降、武氏は渠長の職を独占することで、「宗族の河」と称するまでに陸堡河に対する支配を強めた。その際、河冊の保有と渠長職への就任がその支配を象徴するものであり、族譜の編纂や宗祠の建設と並行して、武氏の名義のもとに新たな河規が頒布され、その内容が碑石に刻まれた。一九四九年以降、宗族は解体され水利との結合も解消された。さらに一九八〇年代以降に宗族の復興が進められたが、水利との関係性は消滅したままであるという（張・武二〇一五）。

さらに張俊峰と張瑜の研究においては、晋水流域に加えて楡次、交城、河津の事例を取り上げ、宗族と地域、水利の三者の関係を考察する。水利の有無と宗族の発展との間には直接的な相関関係は存在しないが、村落の発展には水利が不可欠であり、村落の興廃は宗族の発展に関わり、宗族の発展は水利の発展を促すとして、水利―村落―宗族の間の循環的な関係性を明らかにする（張・張二〇一三B）。現在では水利に替わってその位置に企業が入るとの指摘も興味深い。また、張俊峰は黄土高原地域における現地調査の中で、水利は社会を構成する一要素であるが、その全部ではなく、同じく碑刻史料が残る商業や宗族の地方社会における役割と合わせて考察を進めるべきであると指摘する（張二〇二〇）。

韓茂莉によれば、乾燥地においては、水路や村落を基点とする地縁水権圏と家族を中心とする血縁水権圏の双方が互いに混じり合いながら水利権保障制度が形成された。この制度は水資源の減少と人口増加に伴い、社会の習慣や環境的要素とも融合して重要性を強め、基層社会を左右する秩序となった。渠長の輪番制が一姓による独占を防ぎ、大戸間における勢力均衡を保つ方法であったとして、制度の長期的安定をもたらした宗族、特に大戸が水利秩序維持に大きく貢献したと評価する（韓二〇〇六B）。

趙新平と靳茜は、山西省崞県を流れる陽武河を水源として用いる村々の関係を考察した。一八村は水利施設の設置やその維持に関して協力関係を保ち、効率的な用水の分配を成し遂げたが、同時に「乱水」と称された規定外の余剰水をめぐって武力衝突を引き起こした。また、民国二（一九一三）年には郷紳らによって溥済水利有限公司が設立され、新たな水路の開削により耕地開発が推進され、灌漑面積が大幅に増加したという（趙・靳二〇一七）。なお、水利公司に関しては、本書第四章にて詳述する。

汾河流域と並んで、河川型水利の研究対象地としてしばしば取り上げられてきたのが、陝西省中部の渭水流域である。鈔曉鴻は森田明が主張する明末清初の地権の集中が水利共同体解体の根本的な原因となったという理解に反論する。地権の相対的な分散化は共同体内部における権利と義務の分離を生み出すこと、さらに解体の時期が明末清初に限定されないことから考えて、水資源の稀少性が水利権や水の売買を引き起こし、これが水利共同体の解体を招いたとする（鈔二〇〇六）。

土地所有関係や自然環境の変化に水利秩序崩壊の原因を求める議論に対して、盧勇らは清代末期から民国初期における官吏や水利権者らによる不違行為が水利秩序崩壊の背景にあるとする。具体的には、無断での水路開削による上流からの盗水や水賊と呼ばれた地方の勢力家による規定違反、外省からの移民による水稲栽培を原因とする水量の減少など、生態環境の悪化とともに社会風俗の悪化が水利秩序に重大な損害をもたらしたという（盧・聶・崔二〇〇五）。

当該地域においては、民国期に政府の手により伝統的な水利管理制度からの脱却を図る試みがなされた。卞建寧によれば、民国初期の段階においては伝統的用水制度が継承されたため、その担い手となった地方の豪強と勢力家により水源が独占され、水利権が占用されるなどして水利管理制度は混乱した。こうした状況は一九二八年から一九三〇年にかけて関中を襲った大干ばつによりさらに悪化したが、一九三〇年代に入ると陝西省水利局や地方の水利局が相次いで成立し、渠長を頂点とする水利組織による自主的管理に代わる新たな水利秩序の形成が模索されたという（卞二〇〇六）。

また、周亜は李儀祉の主導による涇恵渠第一期工程が完成を迎えた一九三二年を大きな転機とみなし、一九一二年から一九三二年に至る水利管理制度の改革の意義を分析した。この改革は既存の体制を保留し、内実を改めることがなかったため、経済的および人的阻害要因により失敗に終わった。ただし、水利管理を担う公的機関として水利局が設けられ、民間にも水利公会が設置されたことで、政府の監督が強化され、これが一九三二年以降の水利発展への道を開く基礎となったとする（周二〇〇九）。

第四項　雨水と社会

直接的に雨水を農業に利用する天水農業に関しては、その広範な実施域にも関わらず、史料的制限により歴史学的な検討はほぼなされず、降水を祈願する雨乞いの儀式やその信仰形態などが考察の対象となる。董曉萍によれば、祈雨活動であり、象徴的な禳災儀式である社火は、農民が神霊と交流し積極的に水を求めて欠水の危機に打ち勝つことを目的として行われてきた。ただし、社火を通して制御できると考えられたのは民水と見なされる河水・雨水・泉水・ため池の水であり、政府によって開削された水路の水である官水は祈願の対象とはならなかったという（董二〇〇二）。また、雨水に対する認識について、羅紅光によれば、陝西北部の農村において、人間は地上の水を操ることができるだけであり、天上からの雨は龍がもたらし、両者の間にあって神の世界と人間の世界とを一体化し、水の不足を天上に求めるのが皇帝であり、聖職者であるとの認識が存在したという（羅二〇〇〇）。

龐建春は口述資料に基づき、関中北部の蒲城県の堯山聖母伝説に関わる文献の形成と伝承の過程、その文化的意義を考察するとともに、この事例を内陸の乾燥農業地帯における伝統的な旱害対策として位置づけ、民間における文化的、精神的営為を分析する（龐二〇〇四・二〇〇七）。董曉萍は山西四社五村の不灌漑水利に節水の思想および水利紛争を解決する方式を見出し（董二〇〇三Ａ・二〇一三）、党曉紅はそこに規則遵守や自己犠牲の精神など稀少な水資源の利用に関する倫理道徳を見て、これを現代社会が見習うべき文化伝統とみなした（党二〇一〇）。また、祁建民は四社五村において不平等な水利用規程が維持されてきた背景に、村落間における擬制兄弟関係や婚姻関係が存在することを指摘し、文化的伝統としての礼秩序における不平等とその規制力が水利用における不平等な規定の存続を許すものであったとする（祁二〇一五）。このほか、董暁萍は高速道路の建設に伴う四社五村の伝統的水利用方式の変更を取り上げ、伝統的秩序が現代的な市場経済のもとでいかに変容を遂げていったのかを分析し（董二〇〇三B）、周嘉は山西省級非物質文化遺産に指定された四社五村の水利用習俗を調査し、現代化の過程における変化をたどる（周二〇一四）。

最後に雨水を水源とする灌漑方式として、洪水（濁水）灌漑に関する研究を整理してみよう。洪水灌漑は淤灌とも称され、主に扇状地において山中に降った雨水を集め、溝と呼ばれる水路によってこれを耕地に導き、農業用水とする方法である。その集水域の広さにくわえ、そこに含まれる豊かな含有成分が水分とともに耕地に供給されることで土壌の肥沃化やアルカリ土壌の改良に役立つなど、その利点は多い。

王長命は山西平遥の官溝河の事例に基づいて猛水や雷鳴水と呼ばれた、特定の時期に集中して降る雨水を水源とする洪水灌漑を考察し、自然環境面での制限によりしばしば休耕や耕作放棄が起こる傾斜地などで、悪条件を克服するための有効な手段として洪水灌漑が選択されたとする（王二〇〇七）。また、張俊峰によれば、これまで洪水灌漑は旱地農法と同一視されたり、あるいは泉域・河川流域と欠水地域の中間に位置するなど、突出した特徴を持たないものとして軽視されてきた。ただし、実際にはこれが黄土高原地域では普遍的な灌漑水利の類型であるとして、その積極的な意義を見出す。洪水の特徴は水量と時期の不安定さにあり、時に氾濫をも引き起こすその破壊力は頻繁な水路の補修を必要とする。その結果、泉域や河川流域の社会が地域の政治・文化・経済面における中心的場所に位置するのに対して、洪水型の水利社会は小規模分散的であり、いずれの面においても周辺的な位置に存在することとなったとする（張二〇一一A）。さらに張俊峰は水路や堰堤、河川、山並み、さらには村々の配置を石碑に刻んだ水利図碑[5]を用いて、平遙において山々からの流出水を利用した村々の間における共同関係を描き出す（張二〇一〇）。

こうした洪水灌漑の量的、時期的不安定性を補うために、恒常的に湧出する泉水との組合せが選択される場合も存在する。本書第二章に述べるように、山西省西南部の河津三峪地区においては清濁灌漑という泉水（清水）と洪水（濁水）をともに水源とする灌漑方法が用いられた。清水の稀少さと降雨の時期的偏りに由来する濁水の量的、時期的な不安定性という問題に対して、清濁両水の利用村を区別し、水源と村との対応関係を決定する規制を加えることで、水資源の共有が実現された。また、村落間、個人間など異なる段階で清濁両水をめぐる水争いが勃発する一方、清水や水利用地の売買・貸借契約が取り交わされることで時期的・量的な過不足が補われるなど、限られた水資源の有効利用が図られたのである。

小結

華北における水と社会に関わる主な研究成果を整理してみると、時代に関しては水源の別を問わず、明清から民国期までが中心となるが、主題に関してはこれを環境、生産、紛争、制度、信仰、生活に大別すると、水源別に異なる傾向が見て取れる。泉水利用地域については生活に関する研究を除き、ほぼ全般的な考察がなされるのに対して、井水利用地域では生活用水としての利用、河水利用地域では制度、雨水利用地域では信仰が主なテーマとなる。これらの偏りがそれぞれの依拠した史料の種類や性質に由来することは明らかであるが、同時に当該の社会における主たる関心事が諸種の媒体により保存されてきたという理解も可能であろう。今後は多様な主題に関する情報を抽出することができる泉水利用地域の事例を基軸とし、これとの比較を通してそれぞれの地域社会の特性を明らかにするという作業が必要となる。

最後に今後の水と社会をめぐる研究の課題と展望を述べてみたい。まず、課題の一つは時間軸の延伸である。量、種類ともに最大の成果を収めてきた山西の研究に関しては、筆者が前著で指摘したように、水利開発の歴史や伝統を語る中で金元時代にその淵源を求める事例が多い（井黒二〇一三）。くわえて、菅豊が述べる「歴史」を根拠にすることによって形成、獲得される「歴史的」正当性という考え方を用いれば（菅二〇〇六）、集団意識としての伝統形成という過程における金元時代の意義を改めて問う必要があろう。こうした問題意識は、近年の王洋の研究においても見られ、水利と宗族という切り口から中国史上における重要な転換点と位置づける金元時代の山西地域社会に対する考察がなされる（王二〇一二）。

この問題に関連して、王錦萍によれば、元代においては道士や仏僧が水利組織の責任者となり、水路の開削・維持管理に指導的な任を担った。ただし、元末明初における宗教教団への抑制政策や戦乱、自然災害の影響により寺観数は激減し、明代中期以降はもはや水利組織に宗教者や教団が強く関与することはなくなり、水利組織の中核には替わって郷紳が現れてくるとして、水利組織と宗教組織との関係から金元時代の山西地域社会の特徴を明らかにする（王二〇一一）。

また、趙世瑜によれば、春秋晋の賢人竇犨が雨をもたらす水神として祀られるに至る変化の背景には、金元時代から明代に至るまでの沢潞商人の活躍に代表される晋東南と晋南の経済的優勢があった。これが対北辺の情勢変化に伴い、清代中期以降、晋中商人の成長と晋中地域の繁栄によってその座を奪われるという政治、経済的要因が存在していたとして、水神と晋東南地区と関係性という視点から山西における歴史的な変化の時期という問題を取り上げる（趙二〇一一）。

逆の方向性として、明清時代以降への時代的延伸も必要である。個々の論考において明清時代から二〇世紀半ばに至るまでの流れに言及するものもあるが、さらに二〇世紀後半の推移をたどることで、現在の環境問題との関係性をも浮かび上がらせることが可能となろう。これに関連して、韓暁莉は一九五七年の冬から一九六〇年の大躍進期に研究が集中したことに鑑み、山西にて発刊された『山西農民』の記事を利用して、一九五〇年代前半に井戸や貯水池の掘削、水車の設置などの措置が取られ、これが大躍進期における水庫建設へと政策転換されていく過程を明らかにする（韓二〇一二）。また、柴玲は山西南部における一九六〇年代以降の地下水位の低下や地表水の消滅に伴う灌漑の放棄と天水農業の選択といった状況から、集体化時代の高度に集権的な水利用を回顧することでその功罪を評価する。公（国家所有）・共（共同管理）・私（個人使用）の関係性を軸として、水利の時代的特徴をとらえ、集体化時代以前を共―私、集体化時代を公―共、集体化以降を公―私の二項関係から説明できるとする（柴二〇一四）。

もう一つの課題が空間軸の延伸である。華北水利社会史研究の本来的な目的は、水利を切り口として華北の基層社会を分析することにあり、その特徴を浮き上がらせるための比較の対象は中国南方の事例であり、そこで参照されたのは東南中国や台湾、バリ島など湿潤地域の水利方式であった。しかしながら、近年の華北水利社会史研究の成果を自然環境への対応という角度から捉え直してみれば、その質・量両面における豊富な情報の蓄積と多様な分析視角や方法論は、文献史料の稀少なその他の乾燥地における水と社会との歴史的関係を考えるために、またとない比較研究の基盤を提供するものとなる。華北の経験を相対化し、乾燥地歴史研究の一端に位置づけることが求められよう。

最後に時空間軸の延伸の後の展望として、資源共有に関するコモンズ論との対話を挙げておきたい。張佩国もコモンズ論と中国における水利権研究との関係性に言及するが、あたかも水利用に関する「共有の習慣」といった認識が超時代的に存在していたとするような前提は歴史性を欠くものと言わざるをえない（張二〇一二）。水利碑など新たな資料群の出現という好条件のもとで指向されるべきは、公共の水という意味での公水の語がいかなる時代や地域において、さらにはいかなる文脈の中で用いられてきたのかを分析するという地道な議論の積み重ねであり、その上に展開される比較研究の成果は中国の事例を欠いたエリノア・オストロムの議論を補完・訂正するのみならず、新たな境地を切り開く可能性をも示すものとなろう。

注

（1）森田明・藤田勝久・松田吉郎による座談会において日本における中国水利史研究の経緯と主な論点がまとめられる（森田・藤田・松田二〇一二）。

（2）これまでにも水利社会史の研究成果に関する多くの総論やレビューが公表されており、有益な指摘が多い（石二〇〇五、張亜輝二〇〇六、張愛華二〇〇八、廖二〇〇八、晏二〇〇九、松田二〇一一、張俊峰二〇一一・二〇一二B・二〇一九・二〇二二A、杜二〇一六B）。

（3）湖水に関しては、賈海洋と張俊峰、張俊峰と張瑜の研究があり、歴史地理学的な方法にとどまることなく、社会史の手法を用いた湖域型水利社会の考察が指向される（賈・張二〇一三、張・張二〇一三A）。ただし、史料的制限などにより、その目的が十分に達成されたとは言い難い。また、銭杭が提唱した庫域型水利社会に関しても、華北を対象とする研究成果がほとんど現れていないため、ともに考察対象からは除外する。

（4）また、好並隆司や森田明は、新出資料の価値をいち早く理解し、それらを日本の学界に紹介するとともに、地域社会と水資源との関係解明から中国の社会構造の本質に迫るなどして、今後の方向性を指し示した（好並二〇〇五、森田二〇〇九・二〇一〇・二〇一五Ａ・Ｂ）。

（5）水利図碑に関しては、張俊峰が山西における著明な事例を挙げ、その史料的価値の高さを説く（張二〇一七Ａ）。

第二部　灌漑の技術

第二章　呂梁山麓における清濁灌漑

はじめに

水利用に対する安定性の追求は、自然的あるいは人為的な制約のもとでの自然環境への適応や調和という形をとらなければ、獲得された安定性もこれを持続することは難しい。もちろん、そこには多方面からの制約によって生じる、逃れようのない消極的な持続というあり方も存在しよう。ただし、一種の停滞性ともみなしうるそのあり方すらも、人間の選択の結果であるととらえれば、そこに自然と人間との歴史的関係性を読み取ることが可能となる。

本章では、山西省の南西部、呂梁山脈の南麓に位置する三峪地域において数百年以上にもわたり継承された伝統的な水利方式に注目し、その環境適応のあり方を考察する。当該地域を取り上げる理由は、水利碑や地図、水冊など、多様な資料を利用して、泉水（清水）洪水（濁水）という異なる水源をともに用いる「清濁灌漑方式」の具体像を考察し得るからである[1]。

雨水や山域からの溢流水を水源とする濁水灌漑[2]に関しては、乾燥地において広く用いられる水利方式でありながら、小規模かつ分散的に行われたため、その内容が記録に留められることは少なく、研究対象として取り上げられることは稀であった（張俊峰二〇一二A）。ただし、三峪地域における清濁灌漑方式の分析を通して、濁水灌漑の基本的な姿を明らかにすることにより、これまで資料的制約のもとで具体像を知り得なかった、より広範な地域における中小規模の水利用の歴史を復元することが可能となる。

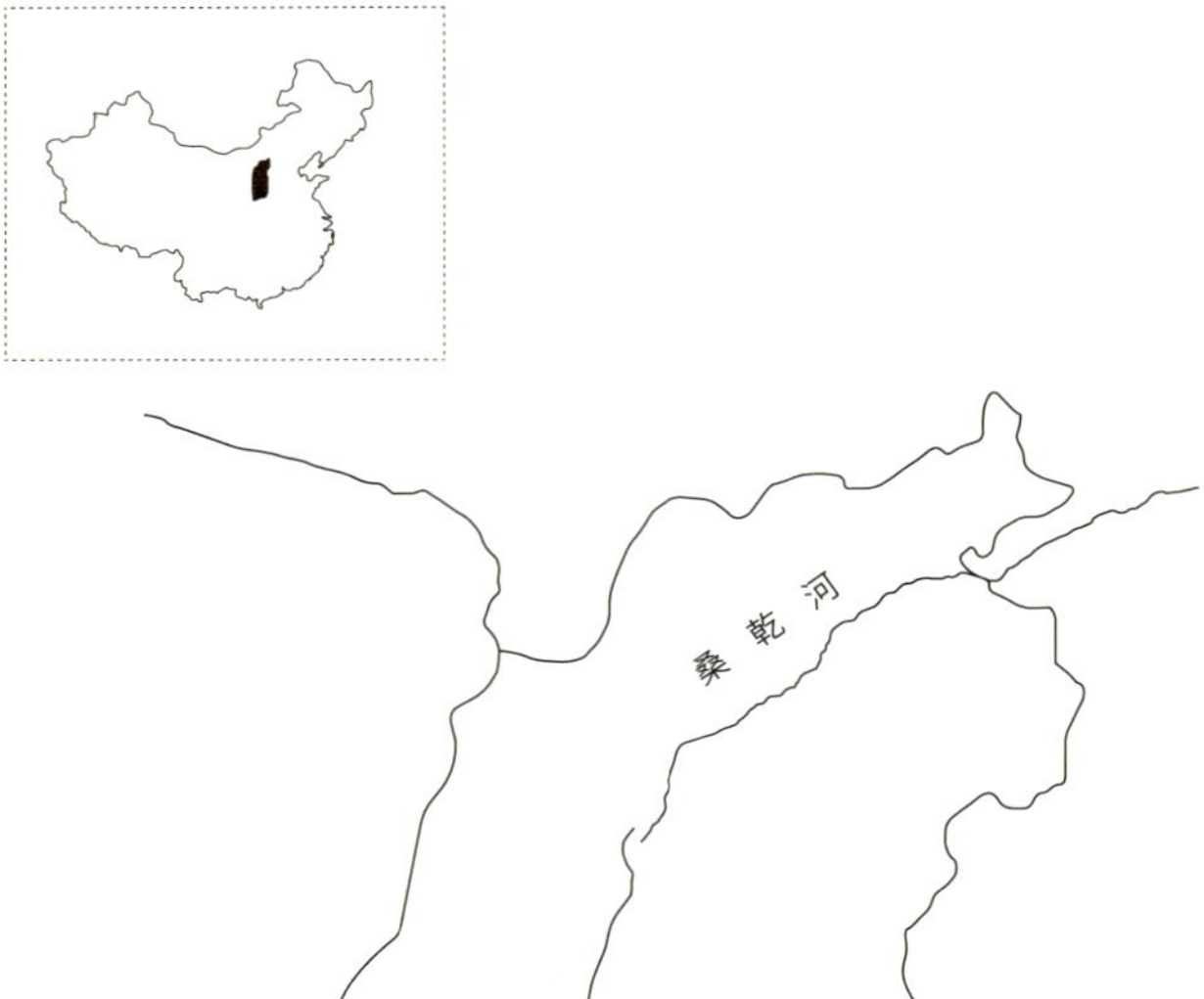

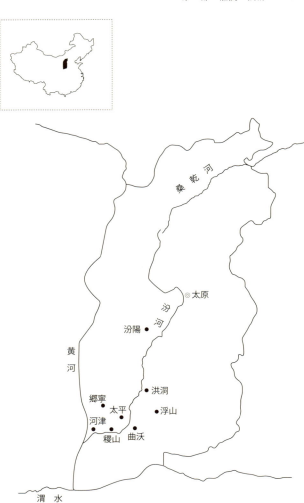

図１：関連地図

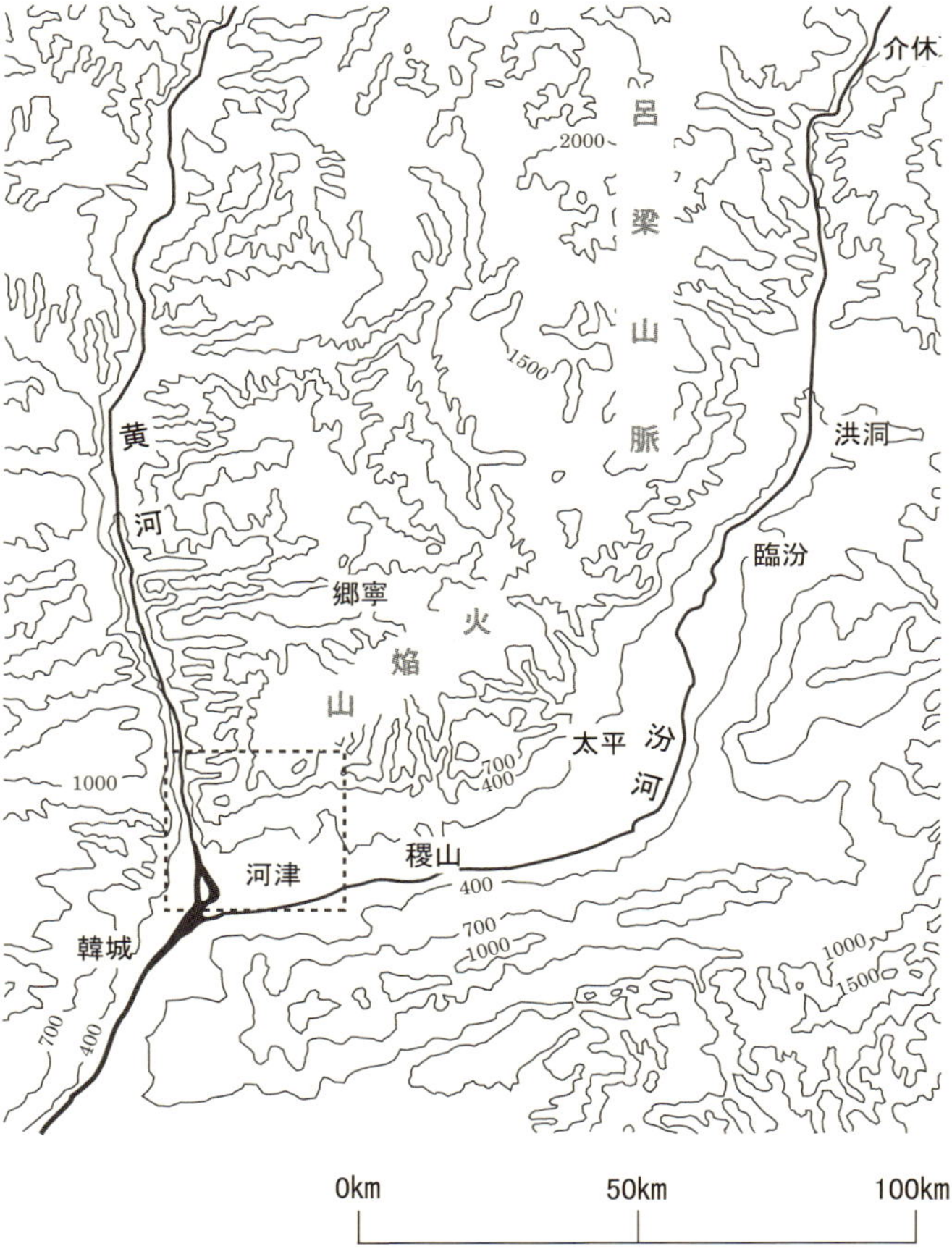

図２：呂梁山脈南麓

第一節　呂梁山脈南麓の水環境と農業

まず、三峪地域の地理および自然環境の概略を見てみよう。三峪地域とは、山西省西部を縦断する呂梁山脈の支脈である火焔山の一角、紫金山の南麓に広がる海抜四五〇～五〇〇メートルの扇状地を指す（図２）。現在の年平均気温は摂氏一三度、年平均降雨量が五一八ミリメートルで、全降雨量の六〇～七〇パーセントが夏秋季

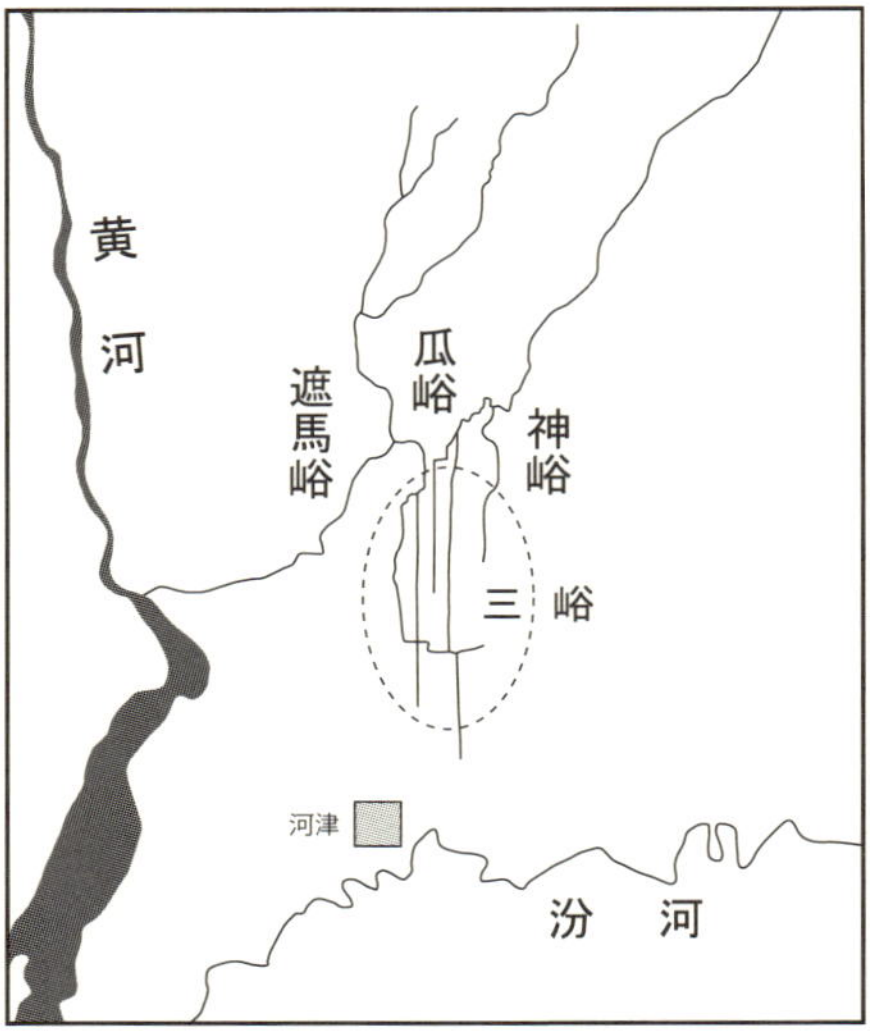

図3：三峪地域

（七～九月）に集中する。[3] 当地では、瓜峪・遮馬峪・神峪の三峡谷からの流出水（泉水と雨水、神峪については泉水のみ）を水路によって導き、扇頂および扇央部において生活および農業用水として用いてきた。ただし、不安定でかつ乏しい水量に加えて、段丘下に位置する黄河や汾河からの引水も不可能であることから、いかに安定的な水源を確保するかが重要な課題であり続けた（図3）。

　太原晋祠の難老泉や洪洞県広勝寺の霍泉などに代表される山西地域の泉水は、質量ともに極めて良好な水資源であり、生活や灌漑用水としてだけでなく、製紙や水力加工などにも用いられてきた（張俊峰二〇〇五A）。一方、地域によって洪水や猛水、渾水、雷鳴水、天河水とも呼ばれる濁水は、夏秋季に山域に降った雨水が峡谷に集まって流れ出るものであり、これを人工の用水路によって耕地に導き、灌漑用水に用いる濁水灌漑は、呂梁山脈東麓から南麓にかけて広く見られるものである。

　この灌漑技術は、乾燥・半乾燥丘陵区の劣悪な環境を克服する有効な手段となるとともに、これを基礎として成り立つ作物の選択や耕作制度、分水制度は流域内の村落に豊かな潤いをもたらし、社会経済の安定と発展の維持に寄与したと評価される（王長命二〇〇七）。また、濁水灌漑は作物の栽培に必要な水分を供給するのみならず、山中の動物の死骸や糞、さらに落葉や腐敗した草木を包摂することで、灌漑地に豊かな養分をもたらすという効能を有した。なお、山地から流れ出す濁水には有機物以外に、窒素やリン、カリウムなどの無機物が大量に含まれる。(4)濁水に含まれる養分を土壌の肥沃化やアルカリ土壌の改良に利用する技術は「引洪淤灌」と呼ばれ、古代関中における涇水の事例が有名であるが、甘粛・陝西・山西・内蒙古・河北・遼寧などの乾燥地のみならず、雲南などの山間部でも広く用いられてきた農業技術である。

呂梁山麓での濁水灌漑に関して『[民国]郷寧県志』巻五・山川考・水利によれば、呂梁山脈のただ中に位置する郷寧県の峡谷（溝）は、冬は涸れているが夏にはあふれるほどに増水するので、近隣の太平・稷山・河津の諸県では水路を用いて導水し、これを灌漑に利用しているという。また『洪洞県水利志補』下巻に収録される康熙二八（一六八九）年「節抄広平渠冊」の序文によれば、地下水位が低い呂梁山麓においては、井戸掘削による地下水の利用は困難であり、濁水が唯一依存すべき灌漑用水であったとされる。

呂梁山脈南麓における濁水灌漑の早期の状況を示す記事として『続資治通鑑長編』巻二七七・煕寧九（一〇七六）年八月庚戌条に見える程師孟の事績を上げることができる。全国の水利行政を預かる権判都水監の任にあった程師孟は、京東路・京西路（現在の山東・河南地域）のアルカリ土壌地改良の方法を進言する中で、自身が提点河東刑獄兼河渠事の任にあった際の経験に言及する。それによれば、毎年の春夏季の大雨によって発生し、山々の水を集めて流れ出した濁流は現地では天河水と呼ばれた。絳州正平県（現在の稷山県）南董村の馬壁谷水の流域において、民に資金を与えて水路を開削させ、天河水を用いて灌漑を行わせたところ、従来と比べて四、五倍の収穫を上げることができた。そこで他の州県においても同様に水路を開削して堰を設置し、天河水や泉水の利用を推進するとともに、その方法を『水利図経』二巻にまとめ、州県に頒布したという。(5)

また、呂梁山脈東麓の汾陽県における濁水灌漑の状況を記すのが、金代泰和五（一二〇五）年「永豊渠記碑」

である。これによれば、家畜の糞尿が渾水（濁水）に包摂され、土壌に水分とともに養分が注ぎ込まれたという。山麓域における牧畜と農業との有機的結合を示す事例である。(6) 同じく呂梁東麓の洪洞県の普潤渠も濁水を水源とする水路であり、その水冊(7)には水資源と山地植生の関連性についての言及がある。これによれば、上流側の村による過度な引水と降雨量の稀少さによって、下流側の村では灌漑を行うことが困難となっていた。降雨量の減少を引き起こす原因としては、民衆の無知による森林の乱伐と育成の不備に由来する山地の樹木減少が挙げられ、植樹と伐採の禁止によって森林植生を復活させることで、降雨量を増加させることができるという。(8)

なお、『[民国]郷寧県志』巻五・山川考・種植条にも、郷寧県における山林荒廃の状況とその対策としての植林に関する記載が見える。郷寧県の産業としては呂梁山地における石炭採掘と陶磁器製造が有名であり、石炭の埋蔵量は山西省内においても有数の規模を誇り、山西・陝西・河南への販路を有した。これら鉱工業開発が森林植生ならびに流出水量に大きな影響を与えたと考えられる。

三峪地域の農業に関する記録はなく詳細は不明であるが、参考のため同じく濁水灌漑地域に当たる呂梁山脈東南麓の太平県と東麓の洪洞県の事例から、その農業形態を見てみよう。なお、戦中期に国立北京大学農学院中国農村経済研究所によってなされた現地調査に基づく農業地域区分では、上記諸県はともに「臨汾汾河流域」として同一のグループに分類される（錦織一九四一）。また、山西地域の主要作物の播種・成育・収穫の時期に関しては、表1のようにまとめられる。

『[道光]太平県志』巻一・輿地・気候条には、道光年間（一八二一～五〇）における当地の気候と月ごとの農作業に関する具体的な記載が見える。これをまとめれば、麦については、九月上旬（白露）に播種し、四月上旬（清明）前後に生長して、六月上旬（芒種）に大麦が実る。小麦の収穫は六月上旬より始まり、雨を避けるため同

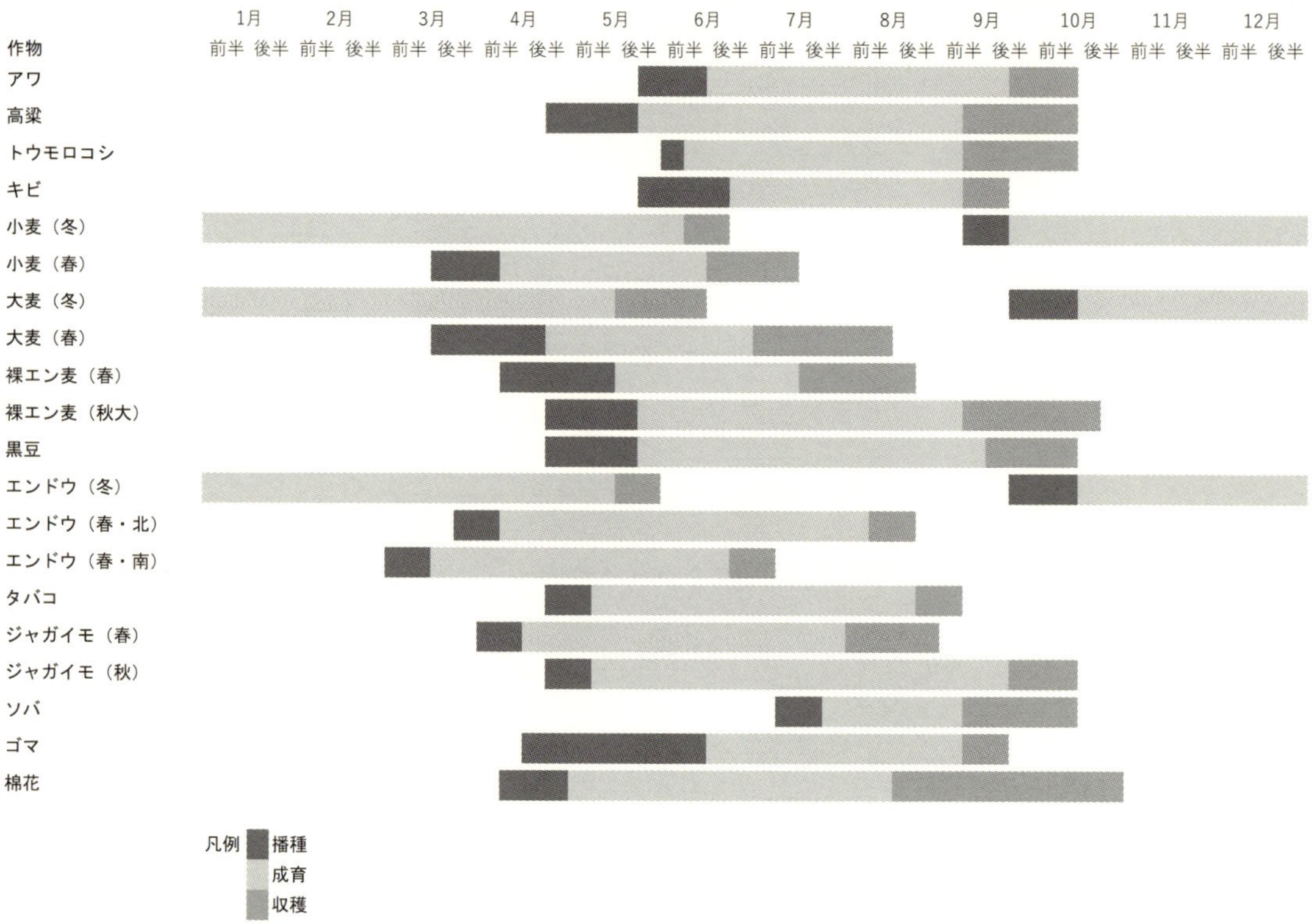

表１：錦織1941、主要作物の耕種時期（p.137）を基に作成

月中旬（夏至）には全てを収穫し終える。キビとアワに関しては、五月に晩生種（早秋）を、六月の麦の収穫後に早生種（晩秋）を播種して九月に収穫する。その他、四月の上旬前後に高粱を播種し、七月中旬から八月上旬（中伏・末伏）にかけて大根とカブを植え、大豆と蔬菜とともに一〇月に収穫するという。このうち、特に供水が必要とされるのは四月と七月の両月であり、四月は小麦の発芽と高粱の作付けの時期に、七月は夏作物の発育期にあたる。

また『洪洞県水利志補』巻下の同治七（一八六八）年序「潤民渠水冊」においても、小麦播種の前に土壌に水分が供給されることが良好な発育の条件であり、冬から春に再度雨雪を経ることで豊作が期待できるという。つまり、六〜八月における濁水の発生により、冬作物である小麦の播種前に土壌に水分が供給され、その含有成分により土壌が肥沃化されることで、小麦栽培に優良な条件が具わることとなる。さらに、当該時期の水分供給はキビやアワに加えて、大根やカブ、大豆、蔬菜など夏作物の栽培にも有効に作用したと考えられる。

安定した水量を維持する泉水を用いた清水灌漑に対して、雨水を水源とする濁水灌漑は量的かつ時期的に極めて不安定な性質を有する。(9)ただし、山地の各所に降った雨水を峡谷に集め、水路によって耕地に導くことで、地域的な降雨に依存する天水農業では利用することのできない、より広域の降水を利用することが可能となる。その集水域の広さは、水量の面における不安定性を一定程度改善するものであり、くわえて有機物のみならず、窒素やリン、カリウムなどの無機物を供給することで土壌を肥沃化し、アルカリ土壌の改良に寄与することも濁水灌漑の優れた効能となる。(10)

第二節　清濁灌漑の技術

第一項　清濁灌漑の制度化

三峪地域における清濁灌漑は、明代初期に一つの画期を迎える。洪武二二（一三八九）年、三峪地域の水利紛争を解決するため、刑部侍郎の凌漢が現地に派遣された(11)。その詳細に関して、洪武二二年「凌漢奏文」(12)および万暦「平陽府蒲州河津水利榜文」(13)によれば、京師（南京）の華蓋殿において、刑部右侍郎の凌漢に山西河津県の水争裁定のために現地へ赴き、争いを裁定するよう命じる聖旨が下された。凌漢は瓜峪流域の水路や耕地を視察し、水争いの当事者である瓜峪の清水を使用する午芹里ら北四里（北午芹・南午芹・干澗・固鎮）と瓜峪の濁水を使用する僧楼里ら南五里（孫彪・僧楼・東長・光徳、残る一里は不明）から関係者を出頭させ調書を作成した。その上で、清水使用の北四里が濁水の流れを阻害し、灌漑地を非灌漑地として申告したとして不正を糾した。その後、裁定結果は榜文に記され、河津県に保管されて永久的な「定式」とされたという。

この定式に関して、万暦「水利榜文叙」では、現地調査の結果を踏まえて凌漢が定めた内容を「清濁遠近の別」と呼ぶ。これは万暦「平陽府蒲州河津水利榜文」では「土地には遠い近いがあり、水には多い少ないがあり、税糧には軽い重いがあって、それぞれ区別がある」(14)と述べられ、地域（遠近）と水源（清濁）とに応じて村々を区別するとともに、それぞれの負担税額を設定したものと解しうる(15)。

このうち、まずは地域（遠近）の区別について見てみよう。図4は民国期の三峪水路図に清濁利用村をプロットしたものである。丸で囲った清水利用村が上流側（扇頂部）に、四角で囲った濁水利用村が中流側（扇央部）に

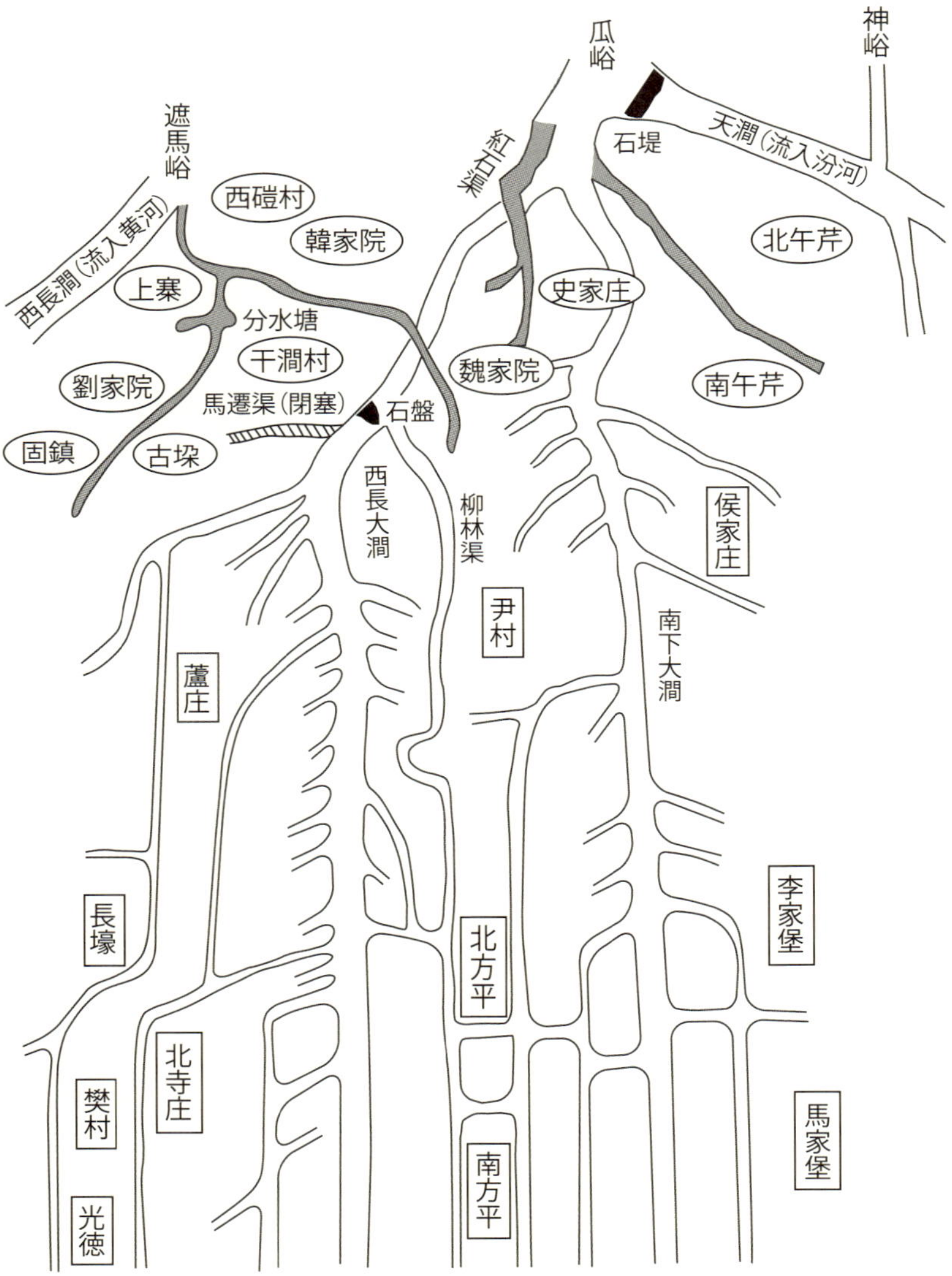

図４：三峪清濁利用別村落分布図（山西省水利庁所蔵の民国「三峪渠道絵図」を基に作成。○は清水利用村、□は濁水利用村、塗り部分は清水の水路を示す。）

位置することが見て取れる。洪武年間の事例に見るように、扇頂部と扇央部の村々との間ではしばしば水争いが発生したが、それは清水と濁水という両水源の性質の違いに由来するものであった。

万暦「平陽府蒲州河津水利榜文」によれば、清水はこんこんと湧き出る源泉を水源とし、昼夜を分かたず常に流れ下り、山麓近辺の人々を潤した。これに対して、濁水は夏秋季の大雨の後に山々からの流出水を集めて流れ出て、山麓から離れた居民がこれを利用したという。凌漢の裁定により、これら特徴を異にする両水源の混用を防ぐため、水源から村までの距離という物理的条件を基に、扇頂部の村が清水を利用し、扇央部の村は濁水を利用するという「遠近の別」が制度として確立されることとなったのである。

こうした水利用の方式自体は、すでに凌漢の裁定以前から存在していたことは、係争関係を生じた村々がそれぞれの瓜峪の清水、もしくは瓜峪の濁水を利用すると表現されていることからも明らかである。つまり洪武年間の裁定の意味は、この従来から用いられてきた水利方式が公権力により正式に認められ権威づけられたことにある。

つぎに、水源（清濁）の区別に関しては、万暦「平陽府蒲州河津水利榜文」および康熙二三（一六八四）年「三峪水規糧則以及渠道詳記碑」(16)に、村ごとに利用可能な水源を「遮馬峪の清水」、あるいは「瓜峪の濁水」とする記載が見える。村と水源の対応関係は、雍正七（一七二九）年「河津県民史良秀等告陳三林等壅塞古渠一案」(17)にも明かである。そこでは、蘆庄の陳三林らが水路を堰き止め、不法に用水を盗んでいると訴え出た原告の干澗村の史良秀の言として、「我らが使うのは遮馬峪の清水であり、陳三林が使うのは瓜峪の濁水」の語が見え、被告側の陳三林もその反論の中で「我らが使うのは瓜峪の濁水であり、史良秀らが使うのは遮馬峪の清水で、我らとは互いに全く無関係(18)」と述べる。

ここで原告と被告の双方が述べる干澗と蘆庄の利用水源に関する認識は完全に一致しており、この時の山西巡撫による裁定も濁水の盗用を行ったとして原告側の史良秀らを処罰する内容となった。この三峪それぞれの清濁両水別に利用可能な水源と村との対応関係を決定するという規定が「清濁の別」の内容である。これが水争いの際には、互いの主張の根拠となり、かつ調停の根本的な判断基準となったのである。

清濁の別に関しては、「清水は渠に帰し、濁水は澗に帰す」（万暦二八（一六〇〇）年「瓜峪渠道碑[19]」）や「我らの濁水には澗があり、彼らの清水には渠があり、両者は互いを侵すことはない[20]」（前掲「河津県民史良秀等告陳三林等壅塞古渠一案」）とあるように、清水の流れる水路を渠、濁水の流れる水路を澗と呼び分け、その流路自体が明確に分かたれた。その区別は厳格であり、清水が濁水の水路である澗を越える際には、架水槽と呼ばれる水道橋や渡水橋と呼ばれる上下二層式（人が上層を歩き水が下層を流れる）の橋が架けられるなど、インフラ面においても両水の混淆が防止された。なお、康熙二三（一六八四）年「重修飛渡橋記[21]」によれば、唐代貞観年間に瓜峪からの取水を始めた際に、清水を魏家院の耕地へと導くために、飛渡橋と呼ばれる水道橋が設置されたという。

凌漠の裁定により瓜峪濁水を利用する村として認定された僧楼里馬家堡村には、万暦二八年の紀年を有する瓜峪の水路を刻した石刻図が現存する（図５）。その碑陽に刻まれるのが前掲の「瓜峪渠道碑」であり、そこには三峪の概況と清濁両水利用村の名、瓜峪濁水の流路である三澗（天澗・西長大澗・南下大澗）および三澗から引水する分水路の名称と利用村の名が記載され、末尾には濁水利用村が負担すべき包糧額（後述）が列挙される。この水路図は三峪地域全域を描くものではなく、あくまで立石地である馬家堡村が属する僧楼里を中心として、その利用水源とされた瓜峪濁水の流域のみを対象としたものである。したがって、図６に掲げた干澗村の「三峪渠図」が画き出す流路や範囲とはおのずと異なる[22]。

図５：瓜峪渠道図（『三晋河津』119頁）

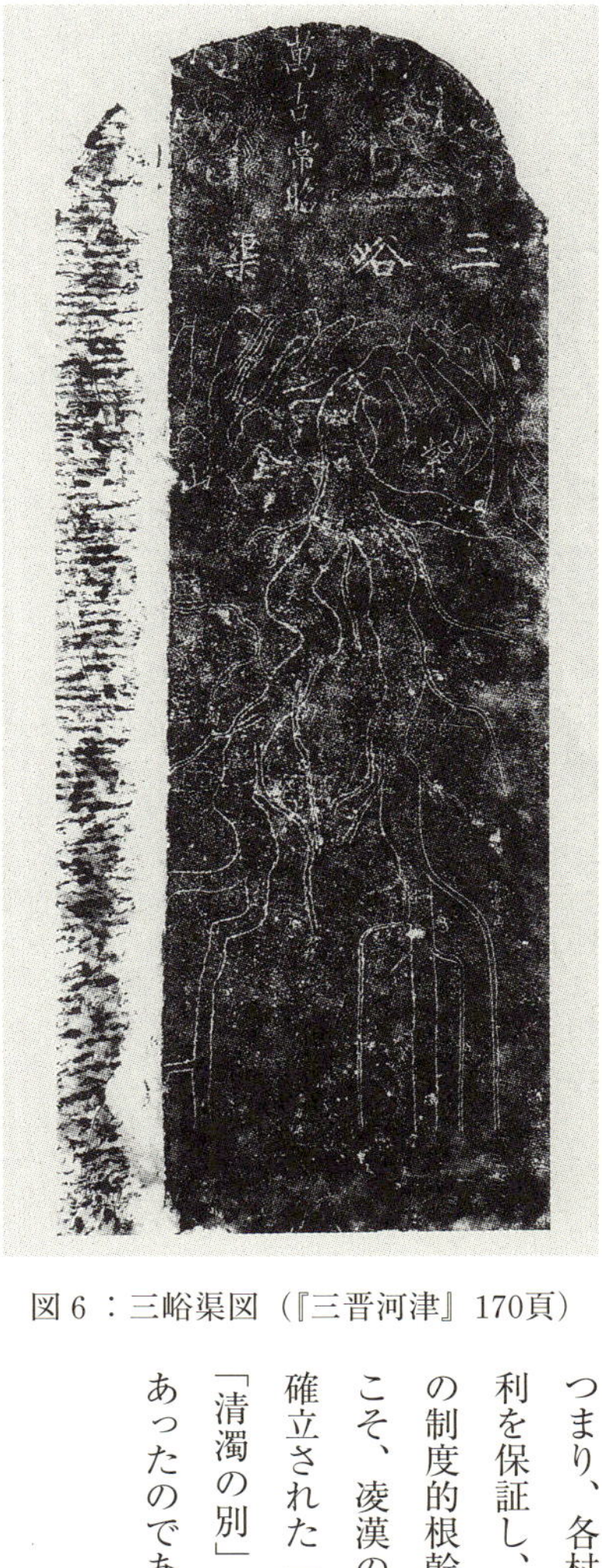

図６：三峪渠図（『三晋河津』170頁）

現存する水路図の数は多くはないが、当時においては凌漢の裁定結果を基に、各村は自らの利用水源と水路の空間分布を明示する絵図を作成し、これを石碑に刻んで立石することで、水利用の権利を自他ともに対して明確化したのであろう。つまり、各村の水利用の権利を保証し、清濁灌漑方式の制度的根幹をなしたものこそ、凌漢の裁定によって確立された「遠近の別」と「清濁の別」という規定であったのである。

第二項　開発の歴史と村落の関係

凌漢によって確定された「清濁遠近の別」であるが、実際にはこの両規定から逸脱した主張を行う村々が存在した。干澗村と固鎮村がその代表格であり、両村は清代に至ってもなお清濁両水の利用権を主張し続けた。同治一一（一八七二）年「開三渠記」(23)に見える干澗村の主張は、同村が瓜峪と遮馬峪の中間に位置するという理由で、これまで一貫して両峪の清濁両水を利用し続けてきたという既成事実を述べるものであった。ただし、この干澗村の主張が「清濁遠近の別」と相反するものであることは明かである。では、干澗村の両水利用の主張にはいかなる背景が存在したのであろうか。これは同時に、清濁灌漑方式の成立とも関わる問題となる。以下、三峪水利開発の歴史的経緯をたどりながら考えてみよう。

康熙「三峪水規糧則以及渠道詳記碑」によれば、三峪地域の最古の水利事業は、唐代貞観年間（六二七〜六四九）の龍門県令長孫恕の事績に遡る。これは『新唐書』巻三九・地理志・河東道条に見える貞観一三（六四九）年の長孫恕による十石壚渠と馬鞍塢渠の開削を指す(24)。同碑において唐代の事蹟に続くのが、モンゴル時代の史承宗による灌漑整備である。金代末期、山西攻略中のムカリに降った史遷は、鎮西帥の肩書きを授けられ、陝西・漢中・河南攻略に大きく貢献した。

史遷を生んだ史氏は、干澗村を地盤とし、当地の農業および水利開発に名を残す人物を輩出した一族である(25)。史遷の次子の史承宗も河津県令として水利事業を振興し、山椒の栽培を推進するなど、地域の指導者として水利・農業振興に携わり、史氏一族は河津県一帯にその影響力を拡大させていった(26)。続く明清時代においても、干澗村は様々な形で三峪地域の水利用に影響力を及ぼしていくが、その要因は遮馬峪と瓜峪の中間に位置するという地理的優位性に加えて、史氏一族の果たした歴史的役割に由来するものであったと考えられる。

伝統としての史氏一族の存在以外に、干澗と固鎮の両村が遮馬峪の清濁両水の使用権を主張する背景には、水利施設の維持管理に対する人的・物的貢献が重要なポイントとなった。遮馬峪水利整備に対する両村の関与については、洪武「淩漢奏文」の固鎮里の光視民の言に見えるように、崖を絶ち切り石積みをし、トンネルをくり抜いて水道を通すという難事業によって導かれた遮馬峪清水の使用権は、工事に携わった両里にのみ認められるものであった。

さらに、道光元（一八二一）年「固鎮水利碑」(27)によれば、泉源から板洞堰に至るおよそ一キロメートルの間には、岩を掘り抜いたトンネル一四本が掘られ、石積みの堤堰が建造された。また、毎年の春の初めには水路の浚渫と堤堰の補修がなされてきた。しかし、正徳七（一五一二）年に、猛水と呼ばれる強烈な濁水の衝撃に耐えかねて清水の堰堤が崩壊すると、干澗と固鎮の両里から車や人夫、銀、灰、木材が供出され修築が行われるとともに、堰の西に龍王廟が創建され、毎年六月一八日に祭祀行事がなされることとなったという(28)。

明代嘉靖（一五二二～六六）・万暦年間（一五七三～一六二〇）にも遮馬峪清水の堰堤と水路はしばしば濁水の衝撃により崩壊し、その都度、補修工事がなされたが、そのいずれもが固鎮と干澗の両里によって実施されている(29)。すなわち、峡谷中における清水の堰堤の修築は暴発する濁水への対応でもあった(30)。水源に近いという地理的優位性に加えて、峡谷口附近における水路や堰など水利施設の建造と維持管理への歴史的貢献という伝統に支えられて、干澗と固鎮の両村は清濁両水の使用を主張したのである。水利インフラの維持管理に対する義務は、清濁両水の利用という特権を裏付ける根拠でもあった。なお、濁水利用村による峡谷口附近での水利施設の建造や整備の事例を史料中に見いだすことはできず、それらは専ら清水利用村に委ねられたと考えられる。

三峪地域における村落形成の推移に関しては、具体的な経緯を明らかにすることは困難であるが、先住権に依拠して上流村が水利に特権を有するという状況が地域を問わず見られることから、灌漑用水としてはもとより、飲料水などの生活用水としても利用可能な清水の引水に優位な扇頂部にまず村が形成され、遅れて扇央部にも居住地域が拡大したと推測することができる。その後、中流域における村落形成が進み、耕地が拡大して灌漑用水の需要量が増大する中、上流村の両水使用に対する是正が求められ、清濁両水を分離して利用する「清濁遠近の別」が設けられるようになったのであろう。これは上流側村落の特権的利用を追認するものではなく、その優位性に対する一定の制限を目的として生み出された規定であり、干澗・固鎮両村の清濁両水使用の主張は上流村における両水使用時代の残滓であったとも言える。

第三項　清濁両水の利用規定

自然環境や政治・経済・社会状況、さらには歴史的背景など、様々な要因によって地域ごとに異なる水利方式の特徴を端的に示すのが、利用に関わる各種の規定である。三峪地域の水利規定に関して詳細な内容を記す康熙「三峪水規糧則以及渠道詳記碑」には、遮馬峪・瓜峪・神峪それぞれの清水利用村の名称と位置関係、耕地面積、引水順、引水量および負担税糧額が記載される。

これによれば、遮馬峪清水の利用村と各引水量は、固鎮に三一日半、劉家院に一〇日、上寨と古堖に合わせて六日、西磑に七日、干澗に一六日、韓家院に半日の計七村、都合七一日にて一巡する。この内、遮馬峪と瓜峪の中間に位置する干澗と韓家院には、それぞれ四日、一一日の瓜峪清水の引水も認められていたように、地域と水源の別は完全なる一村一水源の対応関係を規定するものではなかった。南午芹と北午芹の両村も瓜峪と神峪の中間に位置するという理由で、両峪清水の利用が認められ、それぞれの引水量が設定されていた。

一方、瓜峪清水に関しては「澗四庄五韓十一、南九北九魏六日」と称され、これは干澗（四日）・史家庄（五日）・韓家院（一一日）・南午芹（九日）・北午芹（九日）・魏家院（六日）の村々とその引水量を意味する。これら引水量は、それぞれの灌漑地面積を基に、一頃あたり一日（つまり一畝あたり一刻）として算出された。また、灌漑地への引水に加えて、各村の貯水池への引水量も日数をもって定められていた[31]。例えば、瓜峪清水は四五日にて一巡するとされたが、この内の五日間は各村の貯水池への引水時間とされ、残りの四〇日が灌漑地への引水量として村ごとに割り振られたのである[32]。

遮馬峪清水を使用する固鎮、干澗、西磑の三村に関しては、明代の状況も判明する。嘉靖「遮馬峪重修水利記」および万暦「重修両里遮馬峪水堤記」によれば、固鎮に三一日半、干澗と西磑には合わせて一八日半で、都合五〇日にて一巡するとされる。清代の状況と比較すれば、年間における引水回数がおおよそ七回から五回に減少していることが分かる。その理由は不明ながら、人口と耕地面積の増加による利用量の増大に応じて変更が加えられた可能性が高い。また、引水順については、下流側の固鎮が先に引水し、規定の日時を終えた後に干澗と西磑が引水することとされた。下流側から引水を始め、規定の引水量を引水した後、順に上流側村へと移るという引水順は清水使用村に共通するものである。その目的は、上流側村落による用水の独占を防ぎ、水源を共有する各村の引水量を確保して全体の秩序維持を保つという点にあり、水資源の稀少な地域において広く用いられた方法であった（韓二〇〇六A）。

次に、官に納める税糧に関しては、万暦「平陽府蒲州河津水利榜文」および康熙「三峪水規糧則以及渠道詳記碑」に関連する記載が見える。これらによれば、税目は水使用に対して課せられる使用料である水糧と、灌漑地に課せられる地税である水地糧に分かれ、それぞれ引水時間と耕地面積を基に算出された。明代には、清水の水糧は一時辰（二時間）ごとに一〇畝を灌漑するとして、四斗の水糧を徴収するほか、水地糧は一畝あたり一斗二升であった。ただし、濁水発生時には大量の雨水が一時に峡谷より流れ下り、清水が濁水に飲み込まれてしまうことから、清水使用戸の水地糧を一畝あたり一升五合減免して一斗五合を徴集することとし、清水利用戸の減免分は、濁水利用戸が替わって負担すべき包糧とされた。

包糧（包納銭糧）とは、濁水使用村が自らの耕地に課せられる租税にくわえて、清水使用村の減免分を負担するしくみであり、灌漑条件に応じて村ごとに灌漑地と非灌漑地の割合が設定され、その負担額が定められた。万暦「平陽府蒲州河津水利榜文」によってその具体例を示せば、三峪清水使用村の減免分を補塡するために、孫彪・僧楼・東長・光徳の四里に包糧が課せられ、灌漑条件の優劣に基いて、それぞれ上水地・中水地・下水地・下半水地と分類された。この内、上水地とされた孫彪里は、灌漑地と非灌漑地の割合を四対六として包糧を負担し、以下同様に三対七、二対八、一対九の割合で包糧が課せられた。

村を単位とした厳密な引水量と引水順の規定が確認できる清水灌漑に対して、濁水灌漑に関しては、ある意味ルーズな規定を確認できるに過ぎない。それは濁水発生時に上流側から任意の量を引水するというものである。これは、洪洞県西部の濁水（当地での呼び名は雷鳴水）利用地域において、その引水順が上流から下流へ移ると定められていたこととも一致する（張俊峰二〇一二A）。一見すると、上流側に優位な方法にも見えるが、実際は不安定な降雨に依存するという濁水の欠点を補うために用いられた方法であったと考えられよう。

すなわち、濁水の持つ時期的・量的不安定性は、容易に欠水状態を生み出す一方、大量の土砂を含む雨水が一時に押し寄せることで、家屋や橋・堰・堤防など各種建造物を倒壊させ、作物を水没させるなどの水害を引き起こす危険性を伴うものでもあった[33]。その一例として、嘉靖三五（一五五六）年に河津県知県の高文学によって樊村の北に修築された堤防と土橋は、直後に発生した洪水によって崩壊した。また、康熙四三（一七〇四）年の大雨によって魏家院の堤防は決壊し、下流側に押し寄せた洪水は家屋を倒壊させ、引水口を塞ぐなどの被害をもたらしたのである[34]。

したがって、もし清水と同様に下流側からの規定量に応じて濁水の引水を行ったならば、場合によっては上流側の引水に到る前に全て流れ去ってしまう、あるいは一時に大量の濁水が押し寄せることで下流側に甚大な被害をもたらすという状況も想定し得る。また、他村の引水を禁じて、一村が一時的に全ての濁水を引水した場合、洪水時においてはかえってその被害を拡大させることとなる。濁水利用における上流からの任意量の引水という方法は、欠水と洪水という両極的状況への適応方法であったと理解できる[35]。

濁水の持つ時期的不安定性への対応は、耕地への引水の際の手順にも見てとれる。『三峪誌』所収の「清代固鎮水利八要」によれば、清水利用に当たっては公直が提鑼人に銅鑼をうちならさせ、某月某日に清水が村に至ることを宣布したのに対して、緊急を要する濁水の利用に際しては、夏の降雨集中期に渠長ら水利管理者が空模様を観察し、雷鳴の音を聞いて降雨の時期を見定め、濁水が発生すれば巡渠人に命じて迅速に伝達させた[36]。不定期かつ一過性の濁水を利用する難しさを示すものであるとともに、その不安定性が濁水をめぐる争いを頻発させる原因となったのである。

第三節　水争いと水利契約

第一項　水をめぐる争い

乾燥地における水をめぐる争いは、経済的利益の争奪という意味にとどまらず、自身および一族や子孫の生命をかけた負けを許されない厳しい戦いでもあった。同一の扇状地において異なる水源と水利方式を併用する清濁灌漑方式が用いられた三峪地域においても、異なる水路の間や村落の間、さらには同一の村内など、様々なレベルでの摩擦や軋轢が生じた。問題の克服に向けては、対立と協調の両面からの対応がなされたが、まずは水争いに代表される対立の構図を見てみよう。

万暦「平陽府蒲州河津水利榜文」によれば、三峪地域において水利用に優位な条件を有した清水利用村の中には、濁水発生時にその流れを阻害して自らの耕地に導いたり、あるいは水害を防ぐために堰を開き、濁水を黄河や汾河へと流し去ろうとする者があった。「清濁遠近の別」により、例外を除いては清水使用村による濁水使用は制限されていた。これは清水が恒常的に利用可能であるのに対して、濁水が一時的に発生するものであり、清水利用戸が濁水を利用すれば濁水利用戸との不平等が拡大することを理由とするものであった。しかしながら、清水利用戸は濁水出現時に清水が濁水に飲み込まれることで自らの権益が侵されると主張し、一方、濁水利用村は清水利用戸の損害を補うべく包糧を支払っているにも関わらず、上流側の清水利用戸によって濁水の流れが阻害され、さらには清水と偽って濁水が盗用されていると主張した。こうして両者の間に濁水をめぐる水争いが頻発することとなったのである。

道光「刑部議奏折」には、濁水をめぐる典型的な水争いの経緯が記される。これによれば、原告である瓜峪濁水を利用する尹村の師在午らは、遮馬峪清水を利用する干澗村の史伝清らが豊かな養分を含有する濁水を羨んで、瓜峪濁水の水路である西長大澗の両岸の古い水路（馬遷渠と魏家渠）をひそかに再開削するとともに、金品によって下役の者らを取り込んで水利碑を破壊し、集団で濁水を盗んでいると訴え出た。清水利用村たる干澗村の不法行為に対してなされた原告の尹村の師在午の訴えは、尹村一村にとどまらず、同じく瓜峪濁水を利用水源とする下流側八村の利益をも代弁するものであった。

両村の水争いは、明代洪武年間（一三六八～九八）に始まり、清代に至っても康熙（一六六二～一七二二）・雍正（一七二三～三五）・嘉慶年間（一七九六～一八五〇）に繰り返し訴訟が起こされてきた。この度、刑部は干澗村には両水路を塞ぎ止め永遠に開くことを許さず、一方の尹村には柳林渠（西長大澗の支渠）の取水口の下流側に堰を作ることは認めるが、法外に高く建造して干澗村の田土を水没させてはならないとする裁定を下した。くわえて、もし後に取水口と澗の高低差がさらに広がるならば、澗の底に灰石を敷いて取水口と同じ高さにすることを認めるとした(37)。

この水争いについては、山西巡撫であった徐炘の『吟香書室奏疏』巻八にも関連する記載が見える。そこでは、原告である師在午らの訴えの背景には、被告の史伝清らと結託した丁役が軍需物資としてのラクダの購入や龍門における渡し船の運営に当たって汚職を働いていたという問題があり、その証拠がつかめないので、師在午らは水争いに名を借りて頻繁に訴訟を起こしているとの見解が示される。よって、徐炘の擬案は水争いに関しては師在午らの主張を認めると同時に、中央政庁にまで至る訴えを健訟とみなし、杖八十、加枷号の罰を課すというものであり、刑部もこれを認めたのである。なお、師在午に関しては、『三峪誌』に「師在午的故事」として諸種の伝説が収録される。自らは処罰されたものの、尹村や下八村の瓜峪濁水の水利権を死守したその英雄的行為が語り継がれ、伝説化したことを物語る。

最終的に中央政庁の刑部の裁定にまで発展した干澗村と尹村の水争いであったが、なおもその禍根を断ち切ることはできず、引き続き同治年間（一八六二〜七四）、さらには民国期においても幾度となく同様の水争いが引き起こされる。民国二一（一九三二）年には干澗村の史岳山らが夜陰に乗じて、すでに廃渠となっていた馬遷渠と魏家渠を密かに開削し、西長大澗の両岸から瓜峪の濁水を自らの耕地へと導水しようと試みた。これに対して、尹村らによる訴えがなされ、河津県は開削した両水路を閉塞し、原状を回復するよう命じた(38)。しかしながら、民国二四（一九三五）年には、先の調停に不満を持った干澗村の史掌印らが数百人の村民を率いて警察と団丁ら四名を捕らえ、さらには手に紅旗を持ち、紅布を被って武器を取り、尹村・蘆庄に対する示威行為をなすに至ったのである(39)。

これら水争いの直接的な引き金となったのは、干澗村による馬遷渠と魏家渠の再開削と尹村による堰の設置という双方の行為にあったが、根本的原因は清水が恒常的に利用可能であるが水量が少なく、一方の濁水は時期的な不安定性を有するものの、一旦発生すれば水量は豊富で、かつ豊かな養分を含むという清濁両水の特性にあった。これに対して、清濁遠近の別を設けて村ごとに両水を使い分け、稀少な水資源を共有することが図られたのであるが、降雨量の変化に伴う水量の減少や新たな水利施設の設置などによって容易にそのバランスは崩れ、その度に武力行使をも含めた熾烈な水争いが発生することとなった。特に引水順および引水量に関する規定が明確に定めにくい濁水をめぐっては、清水利用村と濁水利用村の間のみにとどまらず、濁水利用村同士、さらには同じ村の内においても繰り返し水争いが引き起こされたことが分かる(40)。

次に、清水利用にまつわる水争いの状況を民国期の事例に見てみよう。民国一三（一九二四）年「水利条約碑」(41)には、ともに清水利用村である韓家院と魏家院の間に起こった水争いの和解内容が一二条にわたって記される。その内容は、韓家院が幾多の不法行為を行い、魏家院の渠長らに対する殺傷事件を起こすに至った経緯と、これらに対する韓家院側の謝罪および賠償の問題に関するものである。ここに見られる韓家院の不法行為の一つが、嘉慶年間より瓜峪の紅石渠を偽って石壚渠（十石壚渠）と呼び、瓜峪清水を不法利用してきたという問題であった。石壚渠とは神峪の清水の引水を目的とし、唐代貞観年間の龍門県令長孫恕の開削に係ると伝えられる水路である。一方、紅石渠は瓜峪清水の水路であり、魏家院に属する全く別の水路であった。

雍正年間に韓家院の韓元祚は北午芹の武之成が所有する瓜峪清水の使用権と魏家院の瓜峪の水源を用いる灌漑地を典買（買い戻し条件付きの購入）するとともに、紅石渠を流れる魏家院の瓜峪清水を借用して自らの耕作地に供水した。この際には、魏家院に水路使用料である過渠銭を納入することと取り決めていたが、後に灌漑地が広大で消費される用水量が大量であることに加え、韓家院が過渠銭の支払いを拒んだことから、魏家院の側から訴訟が起こされたのである。

これを受けて、樊家坡・干澗・樊村・北午芹らの村長を証人とする調停がなされ、瓜峪の水は瓜峪の土地に対してのみ灌漑することを認めるとして、水源と灌漑地の対応関係が再確認され、韓家院が瓜峪の水をもって遮馬峪の土地を灌漑することが禁止された。さらに、韓家院によって魏家院の澗北渠から水を引く倒澆渠が開削され、もともと非灌漑地であった土地に瓜峪の水が引かれ灌漑用水として利用されたことが問題となり、倒澆渠は直ちに塞がれ、その耕地は西磑村へと売却された。一方の魏家院に対しても、韓家院が魏家院の水路を借りて水を引いていた時に、濁水が発生すると過渠銭を二倍に増やして清水の使用を認めるという措置をとっていたが、これが秩序を乱す原因となるとして、今後は韓家院へ流れる清水を阻害してはならないと取り決められた。

これら水争いの原因は、水路の帰属および水源と灌漑地の対応関係をめぐる問題にあったが、その裁定の結果から見て、水源と村のみならず、水源と灌漑地の対応関係までもが細かく規定されていたことが分かる。水争いの頻発という状況の中、灌漑地と水源との関係を明確化させることで、より厳格な水利管理が施されたと考えられる。

第二項　水利に関わる契約

三峪地域においては、対立の構図のみならず、協調的な対応として水利に関わる諸種の契約が結ばれた。濁水とは異なり、引水順や引水量に関する厳密な規定が存在した清水に関して、水利用地や灌漑用水の売買・貸借契約がなされたのである。それらの契約内容に関して、村と村との間においてなされた相互的契約に基づく清水の売買契約と個人と村、村と村との間で結ばれた水利用地の売買契約の事例について見てみよう。

固鎮村と干澗村の間で取り決められた遮馬峪の清水利用をめぐる合同約である康熙四一（一七〇三）年「干澗固鎮和約」(42)によれば、元代大徳年間（一二九七〜一三〇七）の大地震の後より断続的に起こった固鎮村と干澗村との間の水争いは、洪武二二年および康熙二三年の裁定を経て、康熙四二年に両村の間で合同和約が締結され、ついに終結を迎えることとなる。刻碑立石された合同の内容は、下流側に位置する固鎮村の余剰清水は、まず干澗村に時価で売却され、干澗村が不要の場合のみ他村への売却を認めるとした上で、固鎮村が干澗村から清水を借用することを禁止するというものであった。また、上流側の干澗村に対しても、水路を塞ぎ止めて固鎮村への送水を阻害することが禁止され、違反者に対しては白米一〇石の罰則が課せられた。

さらに、同治「開三渠記」によれば、道光一六（一八三六）年の「欽定章程」として、樊村以下、八村の濁水利用戸による瓜峪および遮馬峪清水の購入が禁止されているが、これは裏を返せば、濁水利用戸による清水の購入や借入が日常的になされていたことを意味する。一方、濁水の売買や貸借に関する事例を資料中に見いだすことはできない。一過性のもので恒常的利用が不可能な濁水に関しては、売買契約が事実上困難であったことにくわえ、そもそも村ごとの利用量が割り振られていないことから見て、濁水を売買する権利すら存在しなかったと考えられよう。

これら清水の売買契約のほかには、水利用地の売買契約も確認することができる。[43] 水利用地は、水地と呼ばれる灌漑地と水路の用地の二種類に分類できる。同治五（一八六六）年「土地売買契約」[44] は売り手である午間里二甲の王亮が固鎮里へ二畝三分の水地を銅銭六〇貫にて売却するという内容の契約である。立会人として、売買幹旋人であり証人でもある中見人に加えて、渠長や公直、提鑼人といった水利管理者、さらに会や社といった民間の任意団体の管理者である首事人や監生数人の名が見える。また、水地の売買に伴い、水地糧二斗四升一合五勺の税負担も固鎮里へと移転されている。なお、ここに見える水地糧額は売買対象地である二畝三分に、先に述べた一畝当たり一斗五合を掛け合わせた値と一致する。

また、明代正徳九（一五一四）年「固鎮水利碑」は水路自体の売買契約であり、弘治一〇（一四九七）年になされた干間里の史愛から故鎮（固鎮）里の水利管理者である王錦らと干間（干澗）里の劉錦らに対してなされた水路売却と、正徳九年の干間里の史英から故鎮里の劉璐らに対してなされた水路売却の契約書二通をまとめて、同年に石碑に刻したものである。いずれも売買の対象は水路とされるが、実際は契約時点では使用されていない旧水路跡地の売買契約である。対象地の面積と価格は、後者については三・六メートル四方で白銀二両四銭とされ、前者の面積は不明ながらその価格が銀五両であることから、約二倍の面積の土地であったと考えられる。さらに、前者については、開削予定の水路を両里がともに用いる予定であるためか、買い手には胡鎮里と干間里の双方の水利管理者が名を連ね、その費用は故鎮里が四両、干澗里が一両として双方より支払われた。

これらの契約は全て買い戻し条件の付かない死買であったが、前項で挙げた韓家院の事例にも見えるように、買い戻し条件を付けた水路典売の事例も確認することができる。『山西省各県渠道表』に収録される民国七（一九一八）年一二月の調査に基づく「河津県渠道表」によれば、瓜峪清水を引水する澗東渠は南午芹と北午芹の両村の灌漑に用いられていたが、南午芹村が自身の利用権を全て北午芹村に典売したことが発端となり、北午芹は南午芹への流入路を途絶し、その水を全て北午芹の耕地へ注ぎ込んだ。後に南午芹が買い戻しを行おうとしたが、北午芹はこれを認めず、かえって支渠十数本を決壊させ、同治七年に澗東渠は廃渠となるに至ったという。

三峪地域においては、個人と村、あるいは村と村との間において、清水や水地、水路の売買・貸借など様々な水利関連の契約が取り交わされた。これにより、時期的・量的な過不足が補われるとともに、限られた水資源を有効利用して灌漑地を維持・拡大させる試みがなされていった。水をめぐる争いを回避し、より優位な利用状況を作り出すために三峪地域で用いられた手段が諸種の水利契約であり、時に「清濁遠近の別」をも越えてなされた清水売買は、清濁灌漑方式の運用面に一定の柔軟性を付加するものであったと考えられる。確認できるだけでも、一四世紀中葉から二一世紀中葉に至る約七〇〇年間もの長きにわたり、三峪地域では清濁灌漑方式が維持された。その長期持続性を支えたものは、「清濁遠近の別」という人為的制約と個人・村落の間に取り交わされた水利契約による融通性にあったと言えよう。

小　結

三峪地域における水問題は、その量的かつ時期的な不安定性にあり、これは一方の水源たる泉水の稀少さと降雨の時期的な偏りに由来するものであった。このうち、量的不安定性に関しては、清水と濁水という異なる水源を併用することでその対応が図られた。特に雨水の有効利用を目的とする濁水灌漑は、その水源を降雨に求めるものではあったが、山地における広い集水域を有することに加えて、各種の有機物や無機物を包摂し土壌を肥沃化させる効能を有することで、扇央部での農業生産に大きく寄与した。また、清水利用村の水源および引水量を規定し、濁水利用村による清水の利用を禁じることで、清水の過度な分割が制限され、大量利用による水源の涸渇という状況を回避して稀少な水資源の共有が図られたのである。

時期的な不安定性に関しては、清水にもましてさらにその影響を強く受ける濁水の利用方法に三峪地域における環境適応の特徴の一つが見いだせる。清水が上流村の独占利用を防ぎ、各村の引水量を確保するために、下流側から規定量の引水が行われたのに対して、濁水利用においては、上流側から任意の量を引水という方法を用いることで、欠水と洪水という両極的状況への対応がなされた。

さらに重要な意味を持つのが、欠水地域における水利用の特徴とも言うべき水利契約である。三峪地域では村と村、村と個人との間で清水および水利用地の売買・貸借がなされ、その過不足が調整された。また、濁水利用村も清水の購入を行うことでその時期的不安定性を一定程度克服することが可能となったと考えられる。ただし、道光年間において濁水利用村の清水購入が禁止され、さらに民国時代には灌漑地と利用水源の対応関係がさらに厳格に規定されるなど、「清濁遠近の別」はよりその厳格さを増していくこととなる。こうした管理面の厳格化は、一方で清濁灌漑方式の持つ柔軟性を阻害し、運用の固定化へと道を開くこととなった。その後、二〇世紀中盤以降の峡谷口におけるダムの建造や深井戸掘削による地下水利用の増大などにより、清濁灌漑方式はその歴史的使命を終えることとなる。

注

（1）著者は二〇〇六年九月と二〇〇七年一一月に河津市北部三峪の村々を訪れ、石刻史料の調査を行った。一度目は舩田善之、飯山知保、小林隆道の三氏と継続して行っていた遼金元石刻調査の一貫として訪れたものであり、この時、当地に多くの水利碑が現存していることを確認することができた。二度目は山西大学社会史研究中心の社会史資料調査の一貫として訪れたものであり、張俊峰氏の聞き取りを含めた現地調査に同行した。二度の調査を通して、固鎮村の診療所に一四～一七世紀の水利碑七点が現存することが確認できた。その後、これらの石碑を含む、河津三峪の水利碑の多くが『三晋石刻大全　運城市河津市巻（上下）』（張金龍主編、三晋出版社、太原、二〇一三年。以下、『三晋河津』と略す）や『黄河流域水利碑刻集成　山西巻』（趙超・行龍総主編、上海交通大学出版社、上海、二〇一一年。以下、『黄河水碑（山西）』と略す）に収録され、その拓影・録文を見ることができるようになった。なお、後者によれば当該石刻の所在地は固鎮村の火神廟内とされるが、診療所との関係は不明である。以下、碑刻の引用に関しては、これら拓影を載せる石刻資料集を優先的に使用する。

（2）こうした技術は溢流灌漑とも称され、現代中国語では一般的に「洪水灌漑」と表現される。ただし、日本語の「洪水」が意味するところとは異なるニュアンスを含むとともに、各種史料においては主に濁水と表記されるため、本章では史料に即して濁水および濁水灌漑の語を用いる。

（3）各データは『三峪誌』（山西省河津市三峪誌編纂委員会編、西安地図出版社、西安、一九九五年）および『河津水利志』（楊盈達編、出版者・出版地不明、一九八四年）による。

（4）『中国大百科全書・水利』（第一版、中国大百科全書出版社、北京、一九九二年）引洪淤灌条。

（5）程師孟の事績に関しては、『宋史』巻九五・河渠志・河北諸水および同書巻三三一・程師孟伝、同巻四二六・循吏伝・程師孟条、『宋会要輯稿』食貨七之二九・水利上・熙寧九年八月二十四日条にも類似する記載が見える。

（6）『汾陽県金石類編』石類・巻五「人多畜牧、雖清泉断流、若渾水一過、既糞且潤、以滋以□（一字原欠）。」

（7）編纂時期は不明であるが、序文の内容から康熙二二（一六八三）年以降と推定できる。

（8）『洪洞県水利志補』下巻・普潤渠。

（9）竹内・羅一九八四には、時に人命を奪うほどの危険性を有した濁水発生時の状況が、語り手である羅漾明自身の経験として生き生きと叙述される。

（10）『三峪誌』のデータにより、現在の三峪の集水面積を示せば、遮馬峪（一一四平方キロメートル）、瓜峪（一六〇・五平方キロメートル）、神峪（〇・五平方キロメートル）である。

（11）『大明太祖高皇帝実録』巻一九三・洪武二一（一三八八）年八月甲寅条及び同書巻二〇二・洪武二三（一三九〇）年六月庚辰条によれば、裁定者とされる刑部侍郎凌とは『明史』巻一三八に立伝される凌漢を指すと考えられる。ただし、『明史』本伝および『国朝献徴録』巻五六「僉都御史凌公漢伝」には当該案件に関する記載は見えない。

（12）拓影と録文を収録する『三晋河津』（五三〜五四頁）では、碑題および首題を持たない同碑を「水利榜文」と名付けるが、内容から判断して榜文ではなく、現地調査および水争いに対する裁定結果を報告する凌漢の奏文を刻したものである可能性が高い。そこで、本章では同碑を洪武「凌漢奏文」と呼ぶ。

（13）碑石自体はすでに散逸したが、その録文が『河東水利碑刻』（一八八〜一九一頁）および『三峪誌』（一五九〜一六三頁）に収められる。万暦三九（一六一一）年「水利榜文叙」（同碑もすでに散逸。録文が『河東水利碑刻』（張学会編、山西人民出版社、太原、二〇〇四年）一九五〜一九六頁および『三峪誌』一六三〜一六四頁に収録）によれば、万暦「平陽府蒲州河津水利榜文」は、洪武年間の凌漢による裁定の後に掲示された榜文が二百年あまりの歳月を経て損壊したため、新たに石碑にその内容を刻んで後世に伝えるために製作されたものであったとするが、洪武「凌漢奏文」との関係は不明である。

（14）原文は「地有遠近、水有繁稀、糧有軽重、各有分別。」

（15）時代は下るが、道光一〇（一八三〇）年「刑部議奏折」（『三晋河津』三四六～三四七頁、『黄河水碑（山西）』一四五八～一四六一頁）にも「自前明洪武二十二年刑部右侍郎淩親詣津邑、勘験明確、分別水源之清濁、相度地勢之高低、按照糧則、酌定水利章程」として、淩漢が自身で現地を訪れて調査を行い、水源を区別し、地理条件を勘案して負担税額と水利規定を定めたとする。

（16）『三晋河津』一六八～一七〇頁、『黄河水碑（山西）』六六〇～六六一頁および二一一〇～二一一一頁。なお、干澗村に現存する同碑の碑陰には、「三峪渠」図（図６）が刻される。

（17）『三峪誌』九一～九二頁。

（18）原文は「我們使的是遮馬峪清水、那陳三林使的瓜峪濁水。…（中略）…我們使的是瓜峪濁水、那史良秀等使的是遮馬峪清水、与我們風馬牛不相及。」

（19）原文は「清水帰渠、濁水帰澗。」当該碑は『三晋河津』一一八～一一九頁および『黄河水碑（山西）』四四二～四四五頁に収録。

（20）原文は「我們濁水有澗、他們清水有渠、是両不相侵的。」

（21）『三晋河津』一七二頁。

（22）碑石に刻まれた水路図以外にも明代および清代の「三峪渠道絵図」（前者は『河津県誌』（河津県志編纂委員会編、山西人民出版社、太原、一九八九年）、後者は『河津水利志』に収録）や民国三五（一九四六）年一二月に曽楼治村村長の高希哲によって製作された「三峪渠道絵図」（山西省水利庁蔵）などの絵図が現存する。その他、『〔光緒〕山西通志』巻九七・金石記に「馬峪泉図題字」・「瓜峪泉図題字」が挙げられ、これらは北宋の大観年間（一一〇七～一一一〇）に河津県衙に立石された石刻の水路図で「今尚在焉」とされるが、現存は確認できない。

（23）『三晋河津』四七四～四七五頁、『黄河水碑（山西）』一八五二～一八五三頁。

（24）『〔雍正〕山西通志』巻三三・水利・河津県では、馬鞍塢渠を神峪清水の水路とするのに対して、十石壚渠については『新唐書』地理志の記載を引用して、河津県の東南二三里にあったと記すに止まることから見て、同通志が編纂された雍正年間にはすでに廃渠となっていた可能性が高い。三峪の水路の開削は、顧炎武『日知録』巻一二・水利条にも言及される事業であり、水路開削と耕地開発によって生み出された糧食は、当地に置かれた龍門倉に集積された後、首都長安へと運搬された。また、『新唐書』巻三九・地理志・河東道・河中府河東郡条によれば、貞観一〇（六三六）年に瓜峪濁水を三澗に分かつ瓜谷山堰が建設されたとする記載があるが、以降の史料に関連記事を見いだすことはできず、『三峪誌』では同堰が機能する前に崩壊したとする。

(25) 段成己「故河津鎮西帥史公墓碣銘」『三晋河津』四四〜四五頁、『［光緒］河津県志』巻一一・芸文所収の劉秉忠「史公墓旁一碑」。前者は干澗村史家墓に現存する。

(26)「故河津鎮西帥史公墓碣銘」によれば、史遷の四子のうち、長子承慶の浮山県令を除くと、用礼が管河津諸軍奥魯、至徳が監河津課の任に就いており、これに承宗の河津県令を加えれば、史氏一族が河津県の要職を占めていたことが分かる。また、干澗村には史氏一族の祖と目される史敬思および史建堂、史簡、史用礼の墓碑（『三晋河津』七〇八〜七一三頁）も存在する。これらによれば、史敬思および史建堂（史建瑭）父子は李克用、李存勗に仕えた著名な武将であり、後者は三峪地域への水供給の喉もとに当たり、さらに北部山区（郷寧）へのルートにも当たる遮馬峪口の上寨村に要塞を築いた。また史遷の祖父に当たる史簡は、金に仕えて忠翊校尉を授けられ、北山（紫金山）の水を導いて耕地の拡大に寄与したという。これらの墓碑は、いずれも元代至治・泰定年間（一三二一〜二八）の地震により倒壊した旧碑を基に、史承慶ら四子によって再建され、さらに清代の重建を経て、一九九〇年に史家の後裔によって再建された重刻碑である。その経緯から見て、元代に史氏一族の祖先に対する大々的な顕彰がなされたことは明らかであるが、あるいは祖先の功績自体がこの際に作り上げられたとも考えられる。なお、元代における地域的伝統の形成過程については、本書第五章にて取り上げる曲沃の靳氏の事例にも確認できる。

(27)『三晋河津』三二一〜三二二頁。

(28)『三峪誌』所収「清代固鎮水利八要」には、水利に関わる要務の第四条として「敬神霊」が挙げられる。これによれば、毎年六月一八日に龍王聖会が催され、六六人の小甲人が輪番で典首をつとめるとともに、六人が供え物を持って峡谷に入り神を迎えるという。この迎神の場が堰の西の龍王廟であったと考えられる。

(29) 嘉靖三（一五二四）年「遮馬峪重修水利記」『三晋河津』八六～八七頁、および万暦二四（一五九六）年「重修両里遮馬峪水堤記」『河東水利碑刻』一六〇～一六二頁。

(30) 万暦「平陽府蒲州河津県水利榜文」によれば、「清濁二水、同出一峪、原非両途」として、峡谷を抜けて扇状地に流れ出る以前においては、清濁二水の流路が明確に分かれている訳ではないとする。

(31) 『[康熙]平陽府志』巻一三・水利・河津県・瓜峪水条によれば、洪武年間の湊漢の裁定の後、清水利用村である午芹里は濁水の被害を恐れて、濁水を直接汾河へと導き入れる水路を新たに開削した。これにより下流側に位置する僧楼里に供給される濁水は減少し、水竇（貯水池）の水位は三〇～六〇センチメートルほど減ってしまったとあり、清水のみならず、濁水も貯水池の水源として利用されたことが分かる。

(32) 胡二〇〇七によれば、一村に平均一、二面の貯水池が設けられ、日常の生活用水として以外に、家畜の飲料水や洗濯、家屋の建設、消防、水泳などの用途に用いられた。また、貯水池は風水の補益や環境の美化、洪水発生時の排水施設としての効用も有した。同治四（一八六五）年「重修村西渠」（『河東水利碑刻』一八一頁）によれば、干澗村が村西渠を補修する際に、泥土の堆積による水路の淤塞や増水による堤防の破損への対処とともに、風水の気の流れに関わる「風脈」との関係が考慮されている。

(33) 李嘎二〇一九は、黄土高原における洪水の問題を取り上げた重要な研究であり、これまでの研究が洪水を特殊な状況とみなし、災害とその対策という視点にのみとらわれてきたと批判する。その問題設定は乾燥地における水害というより普遍的な課題を浮き彫りにさせるものである。

(34) 『[康熙]平陽府志』巻一三・水利・河津県・瓜峪泉および『[嘉慶]河津県志』巻二・山川・水利。

(35) 段二〇〇四によれば、濁水はその発生が予想し難く、くわえて居住地や耕作地に到来するまでの時間が短いため水害を引き起こしやすい。また、水の流れが激しく、水路を破壊し耕地を水没させ、家屋を冠水させ財物を押し流して人命を奪い去るなどの被害をもたらす。しかも、その発生頻度は高く、小規模な水害は毎年、大規模なものに限っても数年に一度は発生する。そのため、濁水を利用する水利思想の中に、予防と利用、つまり水害防止と灌漑利用の結合という特徴が窺えるという。

(36) 巡渠人は、水路管理の責を負う提鑼督水（提鑼人あるいは提督）の下に置かれ、水路を巡回して不法行為や水利施設の破損の発見に努めた。

(37) 異なる水路の事例ではあるが、道光二〇（一八四〇）年「西崖下重開洞口碑」（『三晋河津』三八三頁）によれば、劉家院の西に設けられていた、澗から水を引くための取水トンネル（洞）が水面より高い位置になってしまい取水ができなくなったため、新たにより低い位置にトンネルを掘り直したという。

(38) 民国二一年「白公断案碑」『三晋河津』六三八～六四一頁および『黄河水碑（山西）』一二三五一～一二三五三頁。

(39) 民国二四年「海公断案碑」『三晋河津』六四七～六四九頁および『黄河水碑（山西）』一二三八二～一二三八五頁、碑陰の「請求賠償水利損失案碑」『三晋河津』六四九～六五〇頁。

(40) 嘉慶八（一八〇三）年「乙渠碑記」（『三晋河津』三二五～三二六頁、『黄河水碑（山西）』一三五六～一三五七頁）には、ともに瓜峪濁水を利用する侯家庄と李家堡との水争いの経緯が記される。また、『［康熙］平陽府志』巻一三・瓜峪水条によれば、濁水利用村である樊村において東西に分かれ住んだ任姓の人々は、協力して水路の補修を行わないどころか、かえって水をめぐって訴訟を繰り広げたという。

(41) 『河東水利碑刻』二一一～二一三頁。

(42) 『河東水利碑刻』二〇二頁。

(43) 水利用地の売買については、新庄一九四一に包頭の水地売買に関する多くの契約が挙げられるほか、段二〇〇四において乾隆五四（一七八九）年「築堰碑記」に水地売買の契約二通が刻されることが指摘され、その録文が掲載される。

(44) 『三晋河津』四五七頁。

第三章　関中平原における井戸灌漑

はじめに

二〇世紀において人類は急激な耕地拡大による食糧増産を成し遂げた。これを支えたのは技術発展に基づく灌漑耕地の拡大であり、その水源として河川水や湖水などの表流水のほか、大量の地下水が汲み上げられ続けてきた。しかし、帯水層からの地下水の汲み上げは地下水位の低下や地盤沈下、塩水化などを引き起こすだけでなく、将来的な枯渇の危険性をもはらみ、特に深井戸掘削による井戸灌漑の拡大を危惧する声は強い。

現在、世界有数の地下水灌漑面積を有する中国では、全耕地面積の四割が地下水を水源とし、北部では灌漑耕地の実に六割が地下水灌漑に依存するとも言われる。ただし、歴史的に見れば、地下水が主たる灌漑の水源となったのは、「最近」のことである。歴史学の立場からいち早くその重要性に着目し、清代から民国期にかけての華北における井戸灌漑を考察した森田明によれば、明代以前の華北における井戸灌漑は小規模な園圃農業への利用にとどまるものであり、穀物栽培を主体とした大規模耕地への井戸灌漑が本格的に始まるのは清末民国初期とする（森田一九八〇）。さらに、一九四〇年代初頭に華北平原における灌漑農業の実態を調査した柴三九男や山崎武雄、和田保らは、井戸や揚水器具など井戸灌漑に関連する技術面の考察に加え、灌漑地面積に占める井戸灌漑の割合や地域的分布を明らかにし、その活況を「比較的最近のこと」と述べる（柴一九四一、山崎一九四二、和田一九四二）。

とは言え、清末民初、さらには一九四〇年代に突如として井戸灌漑の技術が生み出された訳ではなく、古代以来、綿々とその技術は継承されてきた。掘削重機や電動ポンプの動きと比較すれば緩慢なものに過ぎないかもしれないが、そこには着実に成長を遂げていく確かな歩みが存在したのである。特に本格的開始期に先立つ明清時代の井戸灌漑は、電動機器の流入以前の技術と知識、蓄積された経験の最終到達点を示すとともに、地下水資源に関する人々の認識や思想など、当時の環境認識を映し出す重要な意味を持つものと評価しうる。

明清時代の井戸灌漑に関しては、陳樹平の研究が先駆的かつ網羅的であり、井戸灌漑が明清時代に発展した理由を森林の乱伐や生態バランスの破壊によって引き起こされた旱害の増加に求めるなど示唆的な見解を示す(1)（陳一九八三）。さらに、古代から現代に至る井戸灌漑の流れを通観する一連の研究を行った張芳は、明清期の井戸灌漑の発展を人口増加率と耕地増加率とのアンバランスな関係の中に位置づけ、その社会的背景を明らかにした（張一九八九・一九九八・二〇〇四）。ただし、これら研究の多くが関連記事を羅列的に並べ、各事例を地域や時代ごとに配列することに終始した感は否めない(2)。特にそれぞれの関係性や連続性に関する考察が手薄である点が問題となる。

よって本章では明清時代の井戸灌漑の試行錯誤の経緯を追い、その理論化と実践がいかになされたのかを明らかにする。井戸灌漑に関する各人の言説と施策とを一連の流れの中に位置づけ、その系譜を明らかにすることがねらいとなる。特に清代における井戸灌漑の代表的研究者である王心敬の言説に着目し、前代からの経緯と同時代の理論と実践、後世に与えた影響という観点から論を進める。

なお、灌漑用水としての井戸水の利用は、地理的に見れば、山麓付近での泉水灌漑や河川流域での河渠灌漑を行うことができない、両者の中間地帯において確認されることが多い。同じ地下水であっても、泉水など自然湧水を利用した灌漑方法とは異なり、井戸灌漑には地上から目に見えない地下水の所在を探り、重力に逆らって地下水を汲み上げる揚水の技術が求められる点でより人為の役割が大きい。こうした意味において、井戸灌漑は人間活動による自然環境の克服という理念、すなわち「人為によって天に打ち勝つ（人為勝天）」を具現化するものともみなされてきた(3)。その歴史をたどりつつ、背後に存在する環境認識をも透かし見ていきたい(4)。

第一節　一つの到達点

第一項　井戸灌漑の推進

古代以来の井戸灌漑（以下、井灌と呼ぶ）の歴史とその技術的変遷をまとめた、周魁一と張芳の研究によれば、早期の井灌の史料としては『呂氏春秋』勿躬篇や『荘子』天地篇があり、より具体的な内容としては『斉民要術』巻三・種葵に見える三〇畝の耕作地に一〇基の井戸を掘り、冬季に灌漑を行うという記載がある。また『太平広記』巻二五〇・詼諧類・鄭玄挺条に引く侯白『啓顔録』にも、唐代の寺院の菜園において木桶を繋げた井車を用いて井戸水を汲み上げ灌漑に用いるという光景が描かれるという(5)（周二〇〇二、張二〇〇九）。

これらはいずれも蔬菜栽培および菜園での利用を説くものであるが、これに対して穀物栽培への井灌の利用を窺わせるのが、『隋書』巻四一・李徳林伝の記載である。文筆の才によって楊堅を補佐し、その覇業成就に貢献した李徳林であったが、天下統一後には文帝の怒りを買って懐州刺史へと転出させられた。その任地での日照りをきっかけに民に勧めて実施させたのが、井戸掘削と井灌であった。(6) あくまで一地方官による地域限定的な取り組みという枠を出るものではないが、その目的が耐旱にあったことには注目すべきである。

政府の農業政策としての井灌推進に関する記事を載せるのが、『金史』巻五〇・食貨志・水田条である。ここでの「水田」は水利田の意味であって灌漑地全般を指し、水稲などを栽培する灌水田には限定されない。以下に述べるように金代における井灌に関しては、これを穀物栽培に用いる点にその新規性が見いだせる。金の章宗の泰和八（一二〇八）年七月、地方監察と勧農業務を担う按察司に灌漑地の開発に関する政策立案が命じられた。これに先立ち、戸部の官員からなされた提案は、河川の流域であれば水路を開削して灌漑を行うべきだが、平陽（現在の山西省臨汾）のように地表水の利用が困難である土地や邳州（江蘇省徐州）や沂州（山東省臨沂）のように河川流域であっても地表水が利用できない土地では井灌を行うよう求めるものであった。

ポイントは各地の水文環境に応じて河川灌漑と井灌を選択的に使い分けるとともに、井灌を用いて穀物栽培を行うことで灌漑地の拡大を目指すという点にあった。この提案を受けて、所轄地域の巡回視察を行う按察司官には水路開削による河川水の取水か、あるいは井戸掘削による地下水の取水のどちらが適当であるかを現地にて問い尋ね、その結果に基づいて灌漑地の開発振興に関する計画を立案し報告するよう命じられたのである。

ここで井灌の代表的な実施地域として挙げられる平陽および山西省西南部に関しては、明清時代においても全国的に井灌の盛んな土地とされることから、その技術が継承されていたことは明らかである。(7) ただし、戸部官の上奏の中で気になるのが、「近河の地」でありながら井灌が行われ、広大な灌漑地が開発されたという邳州と沂州の両地である。ここでは「近河」でありながら「無水」であるという一見矛盾した表現がなされている。

世宗の大定年間に激化した黄河の氾濫と河道の変移は、続く章宗朝においてもやむことなく、黄河下流の水文環境は大きく変化した。それぞれ南流黄河の本流に臨む邳州と支流の沂水に隣接した沂州においても、一部地域で河川水の利用が困難となり、これに代わる水源として井戸掘削による地下水の利用が推進されたと考えられる。つまり、泰和八年の井灌奨励の詔は、黄河河道の変移に伴う地表水の流路変化に対処するための新たな水源として地下水に注目が集まり、その開発のための事前調査と開発計画が準備されたことを意味する(8)。

続くモンゴル時代に編纂された王禎『農書』農器図譜集一三・灌漑門の「桔槹」・「轆轤」・「井」などの揚水器具および井戸に関する説明の中に井灌に関連する記載が現れる(9)。まず、桔槹（跳ね釣瓶）に関しては、水辺の菜園に灌漑する多くの家で昔から使われている揚水器具であり、少ない労力で抜群の効果を生むと評される。附載の桔槹図からも見て取れるように、棒（もしくは紐）の端に括り付けられた桶で水を汲み、容器をはずして作物に水をかけるという方法を用い、「水をかついで作物にそそぐ（負水澆稼）」と表現された。

次に轆轤とは回転軸に縄をまきつけ、取手を回すことで縄につながれた桶を上下させる揚水器具である。一本の回転軸を備える単式轆轤のほか、逆向きに動く二本の回転軸を備えて二つの汲水具が交互に上下運動をする複式轆轤にも言及される。桔槹は紐が短いので浅い所からしか水を汲み上げられないが、轆轤は深くても浅くても対応可能であるという。さらに、その説明文にも増して興味深いのが、附載の轆轤図（図1）である。轆轤を使って井戸から地下水を汲み上げた後、短いながらも水路らしき溝を通って貯水池に至り、さらに耕地に流れ込む様子が描かれる。その耕地に関しても、条播された苗（蔬菜か？）が並ぶ区画とともに穀物を思わせる散播された苗が植わる区画が描き分けられるなど、多様な作物・耕地形態に対する井灌の利用が確認できる。

この井戸から水路を通して耕地へと導水するというしくみは、極めて注目すべきものではあるが、これに対応

図１：轆轤図（王禎『農書』、農業出版社、北京、1981年）

する記載を本文中に確認することができない。なお、王禎『農書』農器図譜集一・田制門・圃田条にも井灌に関する記載が見え、菜園の立地条件として一番良いのは河川や水路の流域などであり、そうでなければ場所を見定めて井戸を掘り灌漑用の水源とすべきであるとされる。ただし、やはり井戸から水路を用いた耕地への導水に関する説明はなく、ここでも容器を用いた水やり（負水澆稼）が想定されていたと考えられる。

同書にはこれら揚水器具と並んで井戸自体の項目も存在する。その説明によれば、人の手によって掘削がなされ、桔槹などの揚水器具によって水を汲み上げるものを人力の井戸とすれば、地下から自然に湧き出る泉は天然の井戸であり、これら人力・天然の両種の井戸を用いた地下水灌漑は欠くべからざる水利技術であるという。さらに注目すべきは「湯王の御代の日照りに際して、伊尹は耕地の端に井戸を掘りその水を灌漑に用いることを民に教えたというが、これが今の桔槹なのである」(10)という記載である。

これが王禎『農書』農器図譜集一・区田条に見える「湯王の御代に日照りが七年も続いたので、伊尹は区田を生み出し、民に施肥や容器に水を汲んで灌漑する技術を教えた」(11)の言に対応し、さらには『氾勝之書』に遡る記述であることも明らかである。すなわち小区画のくぼ地を造成して集中的に施水と施肥を行う集約的農法である区田法との関連の中で井灌が語られ、その揚水・施水方法が跳ね釣瓶を用いた容器での水やりとされるのである(12)。注目すべきは『氾勝之書』の段階においては区田法と井戸との組合せは語られていないという点である。なお、当該箇所を『世本』からの引用とする見解もあるが、正しくはこの前段の「伯益作井」が『世本』作篇からの引用であり、続く「田頭鑿井以溉田」は後世に追加された、恐らくは王禎自身の手になる文章であろう。

クビライの至元七年（一二七〇）に頒布され、以降、幾度となく全国に向けて発令された農政の基本綱領ともいうべき「農桑の制」一四条(13)には区田法に関する条文が含まれる。これによれば、干ばつへの備えとして区田法の実施が勧められ、水源が近くにあればそこで区田法を行い、地表水が得られなければ井戸を掘削して水源とする。ただし、水位が低く地下水を利用できない場合には、区田法の実施の可否は実施者に委ねるとされた。これこそが区田法と井灌との組合せ実施を明言した最初の史料であり、王禎の言説もこうした時代的背景を反映するものであったと考えられる。さらに、モンゴル時代の区田法の技術内容を示した『救荒活民類要』およびカラホト文書に見える「伊尹区田之法」においても、区田法を行う区園地の基本条件は周囲を取り囲む土塀と桑栽培、それに井戸掘削の三項目であった。これは井灌と区田法が極めて親和性の高い技術であったことを物語る。なお、両者の関係、これに桑栽培を交えた三者の関係については後に再び取り上げることとする。

第二項　『農政全書』の出現

王禎が水利の中で欠くべからざるものと評した井灌であるが、以降、関連する記事が史料中に散発的に現れるに過ぎず、まとまった内容は明末の『農政全書』の出現を待つことになる。ここで同書の検討に入る前に、まずは『農政全書』以前の井灌に関する史料を整理しておきたい。李令福の研究において関中における井灌の始まりとして、『［天啓］渭南県志』巻一六・紀事志に見える渭南県城の東関外における実施例と『［万暦］富平県志』巻五・官守志に見える嘉靖年間の富平県知県の楊時泰による井灌奨励の事例が挙げられるが、これらの具体的内容については窺い知れない（李二〇〇四）。

万暦年間に山西の民政官や監察官を歴任した呂坤がまとめた『呂公実政録』民務巻二・小民生計には、全一四条にのぼる民生に関する提言が載せられ、井灌についても以下の内容が確認できる。これによれば、高原が連なり水の確保が難しく、「十年九旱」と称されるほどに旱害が頻発する山西では井戸掘削は最重要課題であり、井灌によってのみ干ばつ時にも命を長らえることができる。さらに一〇〇畝の農地に二〇基の井戸を掘っても、その用地はわずか一畝で済むし、掘削に伴う初期費用は確かに多いけれども、これにより一〇〇年もの間、利益を得ることができる。こうしたメリットを見込んで、かつて政府により井戸掘削が奨励されたことがあり、その時には井戸を一基掘るごとに穀物五斗が与えられた。今後もこれにならって井灌を奨励すべきであるというものである。その他、平陽に井戸が多いのに対して、太原には少ないなど地域的な差異が指摘されるほか、耕地面積と井戸の数との対応関係、そこから割り出される井戸一基あたりの灌漑能力にも言及がなされる。

井戸の灌漑能力に関しては、呂坤の説では一〇〇畝の農地に二〇基の井戸とあることから、井戸一基で五畝の

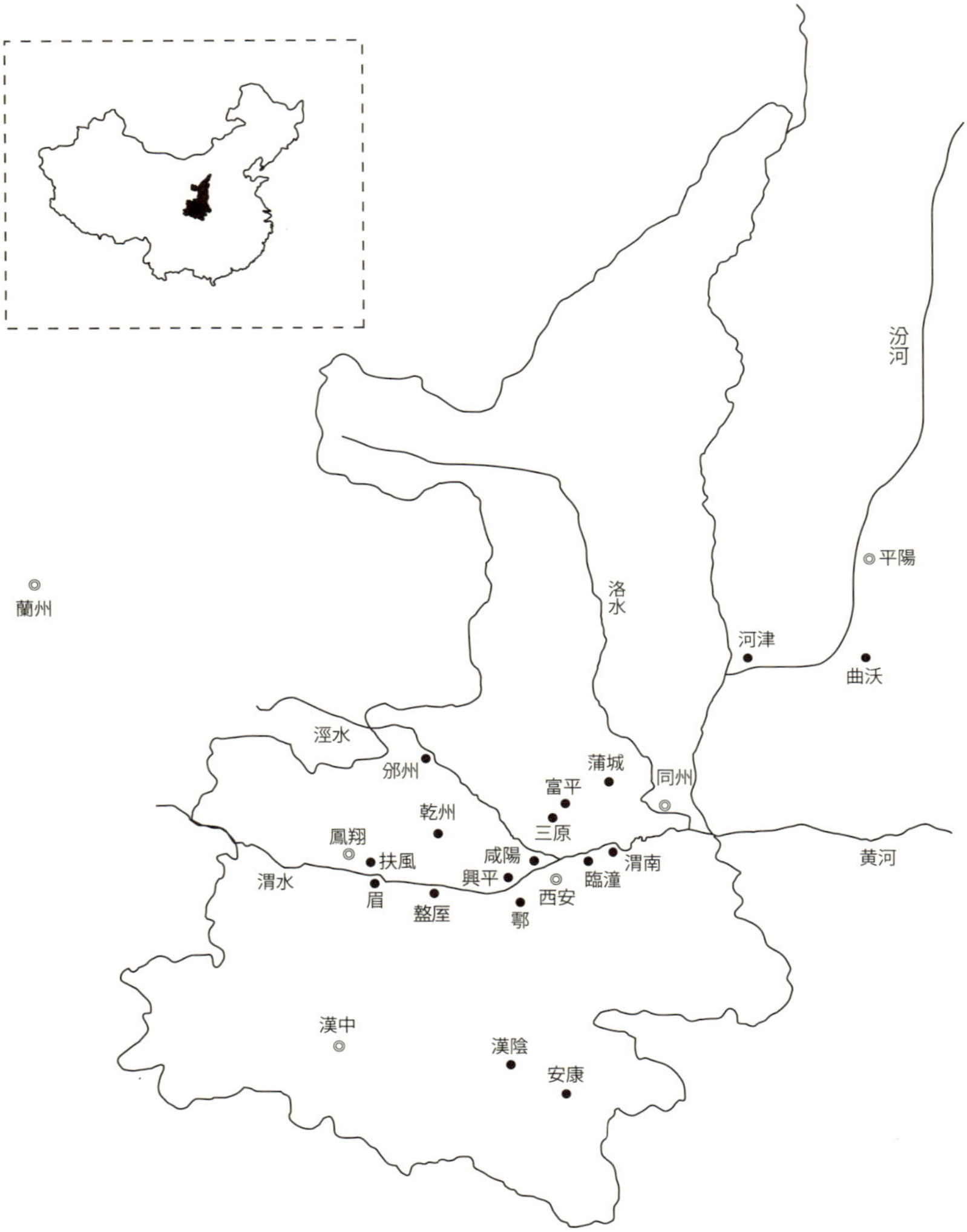

汾河
平陽
蘭州
洛水
河津
曲沃
涇水
邠州
蒲城
同州
富平
乾州
三原
鳳翔
咸陽
扶風
渭南
黄河
渭水
興平
臨潼
西安
眉
盩厔
鄠
漢中
漢陰
安康

図２：関連地図

耕地を灌漑することになる。これに対して、顧炎武が『天下郡国利病書』河南（第一六冊）にて述べるところでは、地表水の利用が困難な地域では古代の井田法にならって一〇〇畝の土地の四隅と中央に井戸を掘り、井戸一基で二〇畝の農地を灌漑し、水が多い時には周囲に掘った溝に放水するという(14)。呂坤の議論においては井戸のための用地がいかにわずかで済むかを強調するために、ことさらに過大な井戸の数が設定されたとも考えられる。ただし、それと同時に地下水位の高さや井戸の規模・構造、揚水器具の種類などによって灌漑能力に幅が生まれることは確かであり、一基あたり五畝から二〇畝という数値の幅自体は参考に値するものと言えよう。

平陽と同じく山西西南部に位置する曲沃県の状況を伝えるのが、何出光『中寰集』巻六・曲沃荒政である。執筆年代は明記されないが、明代万暦一一（一五八三）年の進士である何出光の初任が曲沃県令であることから、その在任中に執筆された可能性が高い。荒政に関して述べた全一五条の第一〇条目に灌漑地に関する内容が見える。これによれば、当地においては灌漑地の開発が急務であるにもかかわらず、民政官の怠慢により進展が見られない。河川や池など地表水の利用が可能な場所では水路を開削するとともに、跳ね釣瓶や井車の設置に力を尽くし、河川から遠く離れて導水が不可能な場所については、井戸を掘削して井灌に努めるよう説く。さらにその末尾においては、水利を「人為によって天に打ち勝つ」と位置づけるなど、旱害頻発地域における災害克服の手段こそが井灌を含む灌漑技術であるとの認識が示される。

これらの史料が等しく述べるように、井灌の主たる目的は旱害対策にあった。この耐旱のための水利技術を総合し、一つの到達点とでも言うべきものにまとめ上げたのが、徐光啓の「旱田用水疏」（『農政全書』巻一六・水利）である(15)。崇禎三（一六三〇）年六月九日に上呈された本疏文において、水利に関わる内容は五項目に見られる。そのうち井戸掘削と井灌に関する内容が「作原作潴以用水」にまとめられる。これによれば、高山や高原など地表水の利用しにくい場所においては、人工的に水源を作り出す必要があり、それが地下水を得るための井戸（「原」）と雨水や雪を貯えるための貯水池・貯水槽（「瀦」）であるという。以下、五つのケースに分けて、それぞれの土地条件とそれに適した水利の技術が述べられる。

まず一つ目は土地が高所に位置していて利用できる地表水はないが、六〇センチメートルから九〇センチメートルほども掘れば地下水が得られる場合である[16]。このケースでは貯水池を作って雨と雪とを貯え、井車を使って水を汲み上げる方法が適している。これは高山や高原だけでなく、江南の海岸沿いの地表水が得にくい場所でも応用が可能である。三メートル以上の深さの池を作り、小さな堤をめぐらせれば良質な耕地を作り出すことができる。

続く二つ目は貯水池を作ったとしても水源がなく、貯えた水が地中に浸透してなくなってしまう場合である。このケースでは貯水池の底に泥を塗り込めて防水のための目張りとすることで対応する。

三つ目は深さ三メートルほどで地下水に達する場合である。このケースでは井戸を作って地下水を汲み上げることで対応する。これは北方の菜園において多く見られるものであるが、近頃では河南や河北の真定府（現在の河北省正定県）などで井灌が大いに振興され、干ばつの年でも多大な収穫を上げていることから、これをより広い地域で推し進めるべきである。井戸は井桁と井戸枠[17]の材質によって、石井・磚井・木井・柳井・葦井・竹井・土井に分類されるが、どれを用いるかはそれぞれの土地の地質や物産などに応じて決定すべきである。揚水器具には跳ね釣瓶や轆轤・龍骨木斗[18]（井車）・恒升筒（吸上ポンプ）などがあり、人力もしくは畜力で汲み上げる。高山や高原などでは風力水車[19]を用いることもある。

四つ目は水位が低く汲み上げが難しいだけでなく、地下水がすぐに涸れてしまう場合である。このケースでは漏水を抑えるために石を積み重ねて石灰や砂で隙間を塞いだ貯水槽を作って雨水や雪を貯えるのがよい。ある地方では三～六メートルほどで水が湧き出るというのに、山西や陝西では六〇メートル以上の深さに至ってようやく地下水に達したと思っても、それが塩水であることがある。貯水池や浅井戸では貯水能力に限界があり、漏水の少ない貯水槽には遠く及ばない。

最後に五つ目として、土地が広くこれに見合った数の井戸を作れないか、もしくは降水量が少なすぎて貯水槽に貯まらない場合である。このケースでは穀物や蔬菜の栽培を諦めて樹木の育成を行うのがよい。樹木の方が施水量も少なくて済み、しかも簡単で水害や旱害、虫害などに遭っても全滅することはない。果実や葉、材などは食糧や薬材、木材として利用可能であり、飢饉の際には落ち葉や木の根、木の皮までもが腹を満たすものとなる。

図３：養素園の井車（関中叢書本『豳風広義』）

徐光啓の西洋技術に関する知識や自然認識はマテオ・リッチらイ

エズス会士との交流の中で培われたものであり、サバティーノ・デ・ウルシスから得られた水利関連の技術と知識は『泰西水法』としてまとめられた。同書においては、井灌に関わる内容として、玉衡車と呼ばれる押上ポンプや恒升車と呼ばれる吸上ポンプの構造が解説されるほか、「水法附余」として、（一）地下水の所在を見極める方法、（二）掘削に用いる技術、（三）水質の善し悪しを判別する方法、（四）水で病気を治療する方法が記される。このうち地下水に直接関わる（一）と（二）について見てみたい。

まず（一）の地下水の所在については、四種の方法が挙げられる。まず、「気試」とは地面に穴を掘って、夜明け頃に穴の中から地面の境を見つめ、立ちのぼる煙の有無で地下水の所在を見極める方法である。これは開けた場所でしか行えないので、街の中や建物のそばでは「盤試」を行う。これは九メートルほどの穴を掘り、穴の底に木製の台をすえ、その上に金だらいを置いて草と土で覆っておく。一日置いて、たらいの底に水が溜まっていればそこに地下水があると判断するものである。金だらいの代わりに陶器や土瓦を置いて水が溜まるかを調べる方法を「缶試」と言うが、撥水性が高い羊の毛で代用してもよい。最後に、「火試」とは穴の底でたき火をして、煙がうねうねとくねりながら立ちのぼったなら、そこに地下水があると判断する方法である。

次に（二）の掘削の技術に関しては、五つの要点が述べられる。まず重要なのは場所を選ぶことである。井戸掘削には山の麓が一番良い場所であり、中でも泉が湧き出しているようなところは陰陽が調和していて良い。次に地下水位を測ることが大事である。地下水と河川水は地中で通じ合っているので、その高さは必ず等しくなる。そこで地下水位の高さを測るには、その時々の乾湿の度合いを見極めた上で、河川水の水位を基準として、これにいくらかの深さを加えることで地下水位を推定する。次に地中の震気を避けることが大切である。地中には気脈が通じているので、気が潜行している場所を掘削すると、その気に当たって死ぬ者も出るし地震を引き起こすもとにもなる。そこで、井戸を掘削していて気がさっと吹くのを感じたならば、すぐに身を避けてしばらく作業をやめておく。灯火の火が消えなくなったら、気が尽きた証拠であるので再び作業を始める。次は地下水脈を見極めることである。井戸を掘削して地下水位に達したなら、土の色をよく判別すべきである。もし土が赤色の粘土質であれば水の味は悪く、砂質であれば水の味は薄い。黒土でやや粘り気があればその水は良質で、砂質で細かい石が混じっていれば最良である。最後に水を澄ませる方法である。井戸底の材としては木が最も質が悪く、磚、石の順で良くなり、鉛が最良である。井戸底を敷いた後、その上に細かな石を敷き詰めると水は澄んで味も良くなる。大きな井戸ではその中に金魚やフナなどを数匹入れておけば、虫や土垢を食べてくれるので水はおいしくなる。

なお、地下水の性質に関しては、問答形式にて水利に関わる諸問題を取り上げた「水法或問」（『泰西水法』巻五）にも興味深い記載が見える。井戸を掘って水が得られるのはなぜかという問いに対して、以下の回答がなされる。地中には水が伏流していて、その源は海か泉であり、流れ着く先は川か海である。この流れは人体における脈絡のようなものである。砂質の土地では伏流水の流れは一筋にまとまっておらず、幅が二メートル五〇センチから三メートル程度、その深さは三センチから六センチほどで溝水と呼ばれる。山や石の下を伏流する場合、流れは一筋であり、これは俗に泉眼と呼ばれる。泉眼が地上に湧き出るところでは、その直径は三センチから六センチ以上になる。井戸を掘削する時、土地が低く湿り気が多い所を選べば必ず水源に行き当たるので、伏流水がどこを流れるかを考える必要はない。一方、土地が高いところで水脈を捜す場合には、伏流水の所在を見極める必要があり、見つけられなければ水源には決して達しない。井戸の掘削を得意とする者は、石の色を見分けて地下の水源のありかを知る。これは玉匠が研磨する前の粗玉を見てその良否を弁別するようなものである。地下の水源の所在が分かれば、石はそのままにしておいて地中の工事を済ませ、その後で石を掘削する。こうすることによって、少ない労力で多くの水を得ることができるという。

徐光啓が記す水利技術と自然認識がこれまでに蓄積されてきた伝統的知見と西洋の先端的知識とを総合した当時の最高の到達点であったことは間違いない。しかしながら、これはあくまで原理原則であって、実際にはこの記載内容に基づいて井灌を実施するには様々な困難が存在したと考えられる。こうした原理原則を実践に移すには途中にもう一段のステップが必要となるのであり、それこそが『農政全書』が残した課題であった。

第二節　王心敬の井灌論

第一項　理論の完成

当時の最高水準の技術を集約した『農政全書』が編纂出版されてからほぼ一〇〇年後、清代乾隆朝の初年に陝西において井灌推進の風が巻き起こる。ただし、この実践段階において、技術上、運用上の拠り所とされたのは『農政全書』でも『泰西水法』でもなかった。それこそが明末清初の関中学派を代表する王心敬の井灌論であった。

王心敬、字は爾緝、号は豊川、関中鄠県の人である。[20] 県学にて頭角を現すが母の勧めもあり、挙業の学を棄て盩厔の大儒として知られた二曲先生李顒のもとで理学を学ぶ。李顒とは河北の孫奇逢、東南の黄宗義とならぶ清初の三大儒に数えられ、眉県の李柏、富平県の李因篤とともに関中の三李と称された関中学派を代表する人物であった。顧炎武をも喝破した「体用」をめぐる議論や「明体適用」の語で表される内省と実践、道徳修養と経世済民をともに重んじるその学問は関中書院を始めとする各地での講学を通して多くの人材に伝えられた。

彼の窮理の対象を礼楽兵刑から賦役農屯、はては『泰西水法』のような西洋の最新の技術にまで押し広げる実学重視の姿勢は、門下から王心敬や『豳風広義』・『修斉直指』・『知本提綱』などの著者としても知られる楊屾らを生み出した[21]。『二曲集』巻七・体用全学には、康熙八（一六六九）年に李顒が弟子の張珥に語った「明体適用之書」が列挙される。そこには明体類として二四種、適用類として一七種の書籍が挙げられ、その末尾には『農政全書』・『呉中水利全書』・『泰西水法』・『地理険要』[22]らの書名が並ぶ。

李顒の高弟、王心敬は井灌に関する自身の知見を「井利説」（『豊川続集』巻八）、「井利補説」（『豊川続集』巻八）、「論井利」（『豊川続集』巻二六）にて開陳する。王心敬の議論における『農政全書』や『泰西水法』の影響に関しては、そもそも師の李顒が経世済民の書として特筆した両書を彼が読んでいなかったとは考えにくい。さらに雍正六（一七二八）年から一二（一七三四）年までの間、鄠県知県を勤めた魯一佐への書簡（「又（答邑宰魯侯）」『豊川続集』巻二二）によれば、『農政全書』を入手したいという魯一佐の要望を受けて門人の劉国泰に捜させたところ同書は確保できたが、『泰西水法』はまだ見つけられていない。『泰西水法』に記される内容は確かにすばらしいものだが、『農政全書』の水利条に記される内容と大差はないので、入手を急がなくてもいいでしょうとの回答がなされている。王心敬が『農政全書』水利および『泰西水法』を基礎として「井利説」を執筆したことは間違いない。

「水法或問」と同じく「或問」で始まる「井利説」の冒頭には、「水利こそ救旱の第一義である」との認識が示される。旱害が続くと河川の水は途絶え池や泉の水も涸れてしまう。そうなれば水路の水も尽き、水が尽きれば渇きや飢えから人々をいかに救うことができようかと述べるのである。ここで「或る人」に仮託して王心敬が述べんとする井灌論の目的は明快である。旱害対策こそが王心敬の井灌論の核心であり、先の問いに対しても「井戸こそが河川の淵源に到達し、天がもたらす雨の恵みの不足を補うことができる方法なのである」との答えが示される。

『農政全書』や『泰西水法』のみならず、王心敬のこうした発想自体も先師李顒を継承するものであった。前西安府知府の董紹孔に宛てた書簡「又（与董郡伯）」[23]（『二曲集』巻一八）において、李顒は六カ条の救荒策を挙げ、旱害による飢饉を救うには以下のように水利を振興して灌漑を行うべきであるとする。それは、山に近く水に臨む場所では水路を開き堰を築いて水を導き、地表水の利用が困難な高原では井戸を掘削して井灌を行うことで、翌年夏の収穫を確保するという内容であった[24]。

さらに、壬申（康熙三一［一六九二］）年に陝西巡撫のブカに宛てた書簡「与布撫台」（『二曲集』巻一八）には康熙二九（一六九〇）年以来、三年間にわたって関中を襲った大干ばつへの対応策七カ条が提言される。そのうち灌漑農業の推進に関しては、農業を監督し水利を管理する専門官の設置を求めた。関中には利用可能な地表水が多く、渭水以北の土地も高燥であるが涇水や洛水、漆沮水（石川河の上流域）、清河（清峪河）、石川河などの諸河川が利用可能である。西安近辺を含めれば、地表水を用いて灌漑できる土地は全体の二、三割程度であり、これに井戸水を加えると全体の三、四割ほどの土地に灌漑を行うことができる。灌漑地は天水農地に較べて三、四割の収穫増が見込め、これにより民を飢饉から救うことができる。そのためには専門官を配置するとともに、州県の丞や主簿、郷紳の中から、大県では四、五人、小県では三、四人の現地監督責任者を選抜して任用する。また、地表水が利用可能であれば堰を築き水路を開削して導水し、なければ井戸を掘削して灌漑を行うよう提言がなされる。なお、ここで井灌のモデルケースとして挙げられるのが、前章で見た呂坤の事績であった。

こうした李顒の提言を基に問題をより多角的かつ具体的に捉え、議論を展開したのが王心敬の井灌論であった。その特徴は土地勘とでも言うべき地域特性の把握と現場感に相当する労働力や資金、資材をいかに調達するかといった現実的課題への対処法にあった。以下、王心敬の井灌論を「井利説」に基づいて分析することとし、適宜「井利補説」・「論井利」の二篇、さらに『豊川文集』・『豊川続集』に収録される関連記事を補足していく。特に断りの無い限りは「井利説」に依拠して論を進めることとする。

まずは、王心敬の井灌論に見る土地勘について考えてみたい。ここで議論の対象となるのは井灌実施地域に対する認識である。陝西出身の王心敬であったが、河南や湖広・江南・江北の地に関しては各地の書院での講学に際して直接見聞きしたことがあり、山西や直隷・山東についてはおおよその状況を聞き知っていた。それらを踏まえて、北五省（河南・山西・直隷・山東・陝西）の地にて広く井戸を掘削し、井灌を振興すべきと主張したのである。北五省における井灌振興に関しては、「論井利」においても国家経営の根幹となるべき政策として地下水の利用振興を挙げ、これが旱害を救う一時的な手立てとなるにとどまらず、降水や地表水の不足を恒久的に補って人々を飢えから救い、国家の財政を豊かにする根本であるとの主張を展開する。

「井利説」の記載に戻ると、北五省のうち、土地が高燥で井戸掘削が困難な河南の西南地域を除くと、その大半では井灌が可能であるのに進展が見られないという状況であった。その理由としては、土地の広さに比して人口が少ないので、人々は井戸掘削を避け、降水に依存して農業を行っているからであり、さらに指導推奨すべき立場にある地方官が旧例墨守を決め込み新規事業を忌避していることの影響も大きかった。ただし、もう一つの例外として挙げられる山西地方に関しては、他の地域とは逆に人口が多く可耕地が少ないので農業を行うことが難しく、人々は早くから井灌に努めてきたので、北五省の中でも最も利用が進んだ地域となっているという。

山西での井灌に関しては、壬寅（康熙六一［一七二二］）年正月二九日の日付を持つ朱軾への返信「答高安朱公」（『豊川続集』巻一八）に以下の内容が見られる。

山西には南方ほどの豊かな河川や湖泊はありませんが、人の努力によって得られる水源には事欠きません。井戸水に関しても、高山や高原の上ではその利用は見込めませんが、平地においては六〜九メートル以内で地下水位に達します。たとえ砂地で崩れやすい地質であっても、井戸枠に石を用い、瓦を敷き詰めたならば利用は可能であり、井戸ができれば民はそれぞれ分に安んじて、その利を享受するものです。民政官が一度その利益を説いて唱導すれば、民は喜んで取り組むことでしょう。貴公が巡察を行う際には、ぜひ各地の郷紳や耆老など識者を集めて井戸掘削の難易度や地下水位の高さ、民の資金力を計り、資金が足らない者には用立ての手段を考えてやるようにすれば、井戸掘削の気運は一気に広まるでしょう。平陽府所轄の洪洞県や安邑県などの土地は砂地が多いけれども井戸があちこちで利用されており、陝西や河南と較べても格段に多くあります。これは土地の人々が井戸の利について熟知しており、出費を惜しむことがないからです。まさにこれが成功の秘訣です。これをモデルとして各地で井戸開発を推奨すれば、高山や高原を除くあらゆる場所で井灌が可能となりましょう。なお、井戸からの揚水に関しては、山西の職人は十分な技術を有していますが、地表水の利用については南方から揚水器具の製造を行う職人を呼び寄せて、現地の状況を見ながら土地にあった器具を製造するように指導すべきです。山西の河川水は確かに多くはないけれども、利用可能な水も少なくはないのです。また、陝西でも地表水は多いが、寧夏でのみ水車を利用して大きな利益を上げており、甘粛では雪水を堰でせきとめて導水するという方法で涼州においてのみ効果を上げています。打ち捨てられ、顧みられない利のなんと多いことでしょう。

山西における井戸開発および井灌の推進に関して、その地理的特性、実施の手順、職人の技術レベルなど細部にわたる目配りがなされている。さらに後半では陝西や甘粛における水利の状況にも言が及ぶほか、河川からの揚水のために水車を製造する職人を江南から呼び寄せる提案がなされる点なども興味深い。

ここに見える朱軾の巡察とは、康熙末年に山西・陝西を襲った干ばつによる大飢饉に際して、都察院左都御史の任にあった朱軾が光禄寺卿の盧詢とともに現地に派遣され貯蔵穀物の放出と賑済を行ったことを指す。巡察の後には、弾劾を受けた現地の司道官以下の官に資金を供出させて飢民を救済すること、さらに富民や商人に資金を供出させて南方から穀物を買い入れること、疫病予防のための治療所を設置することなどが建言され、山西の各県において社倉を建設し、井灌を振興すべきとの上申がなされた。

このうち、水利と社倉に関する上奏については、朱軾の『軺車雑録』巻上に収録される「条陳水利社倉疏」に具体的な内容が確認できる。これによれば、現地調査の際に井灌実施地域における豊かな実りを実見した朱軾であったが、土地の人からは高原を除く平坦な場所ではどこでも井戸の掘削が可能であるのに、人々が互いに井戸掘りを他人任せにしているので作業が進んでいないと聞かされる。そこで井戸一基あたりの灌漑能力を調査して、共同で井戸掘削とその維持補修とに当たらせるよう提案がなされることとなった。この提案内容と王心敬の議論との共通性は明らかであるが、両者の井灌に関する見解の一致は決して偶然ではなかった。

朱軾はこれより先、康熙四八（一七〇九）年に陝西提学として西安に至った際、扶風県において関中学派の祖師である張載を祀った横渠張子廟を訪れ、その学問を称揚するのみならず、『張子全書』一五巻の校正にも携わり、康熙五八（一七一九）年の同書出版に際して序文を寄せた。朱軾が西安に至った時、李顒はすでにこの世を去っており、関学の中心にあったのは先師の葬儀を取り仕切り、『二曲集』の改訂出版を主導した王心敬であった。西安滞在中に幾度も王心敬の居宅を訪れて出仕を請うた朱軾は、(25) 雍正元（一七二三）年に明史編纂の任に着くと王心敬を編纂官に推薦したので、王心敬には上京して明史館にて編纂に従事するよう命が下された。康熙五三（一七一四）年に湖広総督のエレンテイによって山林隠逸の士として推挙された時と同じく、この度も王心敬は出仕を辞退したが、両者の交流は朱軾の康熙末年における山西・陝西での井灌推進を含む水利・救荒策の提言、雍正年間における畿輔水利・農田開発への取り組みに大きな影響を与えたと考えられる。

王心敬の井灌論において最も詳細かつ具体的な分析がなされる地域は、言うまでもなく彼の地元である陝西地方、中でも渭水の南北両岸に広がる関中平原である。井利説においても当時の陝西地方を取り巻く大背景、特にその気象状況と政治状況がまとめられる。これによれば、陝西では六〇年に一回は大規模な水害や旱害が発生し、三〇年に数回は小規模な水害や旱害が発生する。つまり、一〇年に一、二度は必ず日照りと飢饉にさいなまれることとなる。くわえて、近年よりガルダン・ツェレン率いるジュンガルがアルタイ山脈を越えてホブドに侵攻し、フルダンら清軍を打ち破るなど戦況は緊迫の度を強めている。ただでさえ飢饉が発生しやすい状況下にあるだけでなく、前回の小規模災害からはすでに一〇年が経ち、大規模災害からも四五年が経とうとしている。もしこのタイミングで雨が降らなければ、康熙五九（一七二〇）年から二年にわたって続いた大干ばつの再現となる可能性があるだけでなく、康熙二九（一六九〇）年から三〇（一六九一）年にかけて続いた大干ばつとこれにより引き起こされた四年間におよぶ大飢饉の再来ともなりえよう。これを防ぐ手立てとして「尽きることない」地下水を利用すべきであるとの認識が述べられるのである。

では、関中における井灌の進捗状況はいかなる具合であったのだろうか。王心敬の見方によれば、西安府所轄の州県に関しては、渭水以南の地域で井戸水の利用可能な場所が多いにもかかわらず井灌が進展していない。これに対して、渭水以北の富平県や蒲城県では井戸水の利用がたいへん盛んで、一八メートルほども掘り抜いて地下水位に達し、これを水源として灌漑を行っているところもある。したがって、この両県では干ばつにあっても流散し死亡する人は少ない。西安府の所轄地域に対して、鳳翔府所轄の九つの州県では井戸水の利用可能な地域は西安府より多いにも関わらず、利用が進まずに打ち捨てられている場所は逆に西安府よりも多いくらいである。開発が進まない理由は労働力や資金、資材をいかに確保するかという実施・運用面での問題が解決されていないからであるとする。

そこで、次に実施・運用面の問題に関連して、王心敬の井灌論に見るもう一つ特徴、すなわち現場感について考えてみたい。王心敬が説く井灌の手順は以下の通りである。まず、人口調査を行い、人口数に基づいて掘削する井戸の数を算出する。さらに地質や地下水位の高低など掘削地点を選定するための現地調査を実施する。その上で工事にかかる費用をいかに捻出するか、資材はいかに調達するかなどの問題に対処し、必ず工期内に掘削工事を終了させる。なお、調査や工事に当たっては、官民ともに指導者たるにふさわしい人材を得ることが不可欠であるとする。

このうち人口数と井戸の数との比率に関しては、男女の別なく五人で井戸一基とし、これで五畝の土地を灌漑する。したがって一〇人では一〇畝を灌漑する井戸二基が必要となる。二〇人を超える場合には、揚水のための井車を備えた方形の井戸を用いる。さらに現地調査を通して、井戸掘削の成否を決める土地と地下水位の高低を測り、あわせて工事の難易度を決定する要因となる地中の砂や石の含有量を調べる。その上で井戸掘削を行う場所を決定するが、基本的には地下水位が一二メートルから一五メートル以内である地点が選ばれる。ただし、この深さであれば井車での揚水は難しく、轆轤を用いる必要がある。井車を用いることができるのは、せいぜい九メートル前後の深さまでであり、かつ地中に砂や石が少ない場合である。さらにレンガで井戸枠を覆っておかなければならないという条件が付く。

続いて費用に関しては、掘削と井戸枠のレンガ積みにかかる工費と揚水器具の調達にかかる費用が必要となる。工費として浅井戸で七、八両、深井戸では一〇両以上となり、この外に井車に一〇両ほどがかかる。大型の井戸の場合、深井戸一基で二〇畝程度、浅井戸では三〇～四〇畝ほどに供水することができる。合計で二〇～三〇両ほどかかるが、井灌によって得られる収穫は、多いと一〇〇石、少なくとも七〇～八〇石には達するから、その効果は明らかである。また、もし土地が広く人数が多ければ、一家で二、三基の井戸を掘削すべきであり、土地が狭くて人数が少ない場合は、数家が共同で大型の井戸一基を掘るとよい。小型の井戸はレンガ積みをする必要がないので、職人への支払いも数銭で済み、その他の器具も一両ほどで手に入る。また、地中に砂が多くてレンガ積みが必要な場合には、工費は合計で一五両ほどかかるが、井戸一基で五畝の土地に供水することができ、その収穫は少なくとも一四～一五石、多ければ二四～二五石に上るため、その利は明らかである。およそ井戸一基で八人家族が生きていくことができるだけの収量が得られる。なお、経済的に負担が大きい場合には、助成のために官穀の給貸与を行うことも提案する。

井戸掘削の時期に関しては、工期が遅れて干ばつの被害を受けてからでは遅いので、二～三月には必ず郷約が中心となって井戸を掘削し、関連する器具を揃えておかないといけない。さらに建設資材についても、井戸枠を覆うレンガを用立てるため、村にレンガ焼き用の窯場があればいいが、なければ窯場作りから始めなければならない。レンガを焼く燃料としての石炭や薪、職人への給金と食事などの費用に関しても、郷約が郷の中で借りてまかない、秋の収穫の後に返済するか、もしくは官穀を借りて収穫後に返済する。秦嶺近くではレンガの代わりに石を用いる所もある。また、井桁や巻き上げ櫓・井車・轆轤などに用いる材木は郷内の寺観の木を借用するか、あるいは資産家の樹木を借用すればよい。その場合、郷約がその価格を判定して官穀で支払うか、もしくは収穫後に穀物を支払いに充てるなどとする。

これが「井利説」にて述べるところのあらましであるが、こうした主張はこの後も繰り返しなされる。乾隆帝の即位にあたって起草された全五項目、計三八条におよぶ上申書「擬進芻蕘愚忱条目」（『豊川続集』巻一二・擬奏）の「厚国本」と題される全一二条中の一条として、農業と水利を監督する専門官の設置が提言され、井灌に関しても土地および地下水位の高低、土地の含砂量の多寡を見極めて、地下水位一五メートル以上の地点での掘削を勧める。さらに山西や陝西におけるレンガや石積みの井戸をモデルとすることや大型の井戸では揚水器として井車を用い、小型のものには跳ね釣瓶を用いることなど、「井利説」を要約した内容が綴られる。

このように「井利説」においては王心敬の井灌論が縦横に展開されるが、さらにこれを補完するものとして末尾に付されるのが「井利補説」である。これによれば、井戸開発の要点は「正規」と「推広」という二点に集約される。まず、「正規」とは基準を明確化して井戸掘削に当たらせることである。井戸を掘削するには土地の面積や形状などに関わらず、人口を基準にして行うこととし、一〇人以上であれば大型の井戸一基、四、五人であれば小型の井戸一基とする。井戸を掘るべき土地があっても人手が足らなければ、地主が佃戸に掘削させる。逆に人はいても井戸を掘るべき土地がなければ、郷役らに公議させて土地を選び、その土地税については適宜分担することとする。

次に「推広」とは井戸掘りを行うべき人手が不足する場合に共同で掘削を行い、揚水のための井車を製作して井戸開発を推進することである。もし各戸の人口が少ない場合には、隣接する土地を持つ家々が協力して共同で大型の井戸一基を掘って井車を用立てる。井車を備えた大型の井戸は、轆轤や跳ね釣瓶を用いるよりも楽に作業ができるだけでなく、より広い面積に供水することができる。もし自家の人手だけでは耕しきれないほどの土地を有する場合には、土地を持たない、もしくは井戸を持たない人を佃戸として雇い入れることで対応する。特に、土地を有し、井戸を有する家々や税を免除された常住田を持つ寺観は、日照りになると群をなし故郷を棄てて流浪する人々や身寄りを失った老人と幼子に施しを行うだけでなく、その中で働ける人がいるならば佃戸として収容し、自らの井戸を使い灌漑を行わせることで救済を行うべきであると説く。

「井利説」には見られなかった佃戸に井戸掘削を行わせることや井戸用地を確保するため郷役らの公議によって候補地を選定することなど、工事に当たって予想される現実的な問題をより正確に捉え、これに対処する方策が示される。さらに、隣接する土地を持つ数家が共同で作業に当たることや、資産家や寺観による飢民救済の手段として井戸掘削を位置づけることなどにより、さらに積極的に井戸掘削と井灌を奨励する内容となっている。

このうち、小作地における井戸掘削の問題は、一九四〇年代の現地調査を踏まえた研究においても、小規模な耕地の分散と小作関係が井戸開発を制限する要因であると認識されていた（山崎一九四二）。森田明も民国期の状況を述べる中で、小作人が井戸掘削を行った場合、その投資保障がないことが事業の一層の普及を阻む原因となっていると指摘する（森田一九八〇）。後世においても佃戸による井戸掘削は、数家での共同掘削とともに井戸開発の成否を左右する懸案事項であり、つとにその問題点を認識し対処法を提示したという点においても「井利補説」の持つ意義は小さくない。

このように、「井利補説」は「井利説」を一段進めた、王心敬が考える井灌論の最終形というべきものであったが、この議論には具体的な具申先が存在していた。本文中において井戸掘削と井灌を実施に移すために行政官および郷約らが監督に努めることを述べた後に「要領は則ち中丞に在り」の語が現れる。この中丞こそが「井利補説」の具申先であり、かつ王心敬の井灌論に日の目を当て、その理論を実践に移した人物であった。

第二項　実践への歩み

王心敬の井灌論は徐光啓の原理原則に土地勘と現場感とを加えることで実践への階段を一段上らせるものとなった。さらに王心敬の理論を実践へと移した人物こそ、乾隆初年に陝西巡撫を務めた崔紀、字は南有、井灌のメッカともいうべき山西永済の人である。崔紀によって主導された陝西での井戸開発に対しては、これまでにも多くの人々が注目し、その意義を認めてきた。その大筋は『続修陝西通志稿』巻六一・水利・井利条にまとめられるほか、実録や档案史料に見える関連記事も整理されてきた[27]。さらに档案史料を駆使した鈔曉鴻の研究によって、政治的背景や関係人物の主張内容が詳細に描き出され、全容がほぼ明らかとなった（鈔二〇一一）。ただし、王心敬と崔紀との関係性についてはなお補完すべき問題が残されている。まずは鈔曉鴻の研究に基づき、崔紀による陝西での井灌の展開と結果についてまとめてみよう。

崔紀は康熙五七（一七一八）年の進士で、乾隆二（一七三七）年三月に署理陝西巡撫に任じられると、着任後まもない五月一九日には川陝総督のジャランガに井戸開発の推進を求める上奏への連署を求めた。ジャランガがより詳細な現地調査が必要であるなどの理由により連署を拒否すると、六月六日に単独で陝西での井戸開発に関する建議を断行する。この建議が乾隆帝の賞賛を受けると、崔紀はただちに実施へと動きだした。しかしながら、建議の直後より吏部左侍郎の程元章から反対の声が上がり、一一月二七日には甘粛巡撫から湖広総督への転任の途上において現地の状況を目睹したデベイも崔紀の報告とは食い違う効果の低さと民の怨嗟の声とを上奏するに至った。

これに対して、翌日の一一月二八日に崔紀は開発の成果として西安府・鳳翔府・同州府・漢中府の四府および邠州・乾州の二州にあわせて六万八九八〇基あまりの井戸を掘削し、新たに二〇万畝の灌漑地を生み出したとの報告を行った。[28] 具体的な数値を伴う成果報告であったが、乾隆帝の井戸開発に対する熱意を甦らせることはできず、最終的には乾隆三（一七三八）年二月のジャランガの密奏によりその成果は否定され、翌三月に崔紀が湖北巡撫へと転出させられることで井戸開発事業は完全に頓挫することとなる。さらには、後任の陝西巡撫として着任した張楷によって、前任者の崔紀が推し進めた井戸開発が効果を上げるどころか、民にこれを強制することでかえって多大な負担を強いるものであったとする否定的評価が定まったのである。

この崔紀による井灌の推進こそ王心敬の井灌論を実践に移したものであった。『碑伝集』巻七〇・乾隆朝督撫上之上に収録される王善橚撰の崔紀の墓誌銘[29]によれば、乾隆二年、倉場侍郎として甘粛における案件の調査に当たっていた崔紀に陝西巡撫代理として西安に向かうよう命が下された。蘭州から西安へと向かう道すがら、斎戒を行い旱害への対処を神に誓った崔紀は、土砂の堆積によって生じた水路の水漏れや損壊箇所を修繕する必要性を痛感するとともに、山西をモデルとした井灌こそが旱害から民を救う方法であるとの強い思いを抱くに至る。かつてより深い学識と経世済民の才を有しながら、朝廷の幾度かの召致にも応じなかった王心敬の名は聞き及ぶところであったが、涇陽県においてその王心敬に「井利説」の著作があることを聞くと、着任後すぐに使いを出してその著作を求めさせ、その後も再三書簡を送り交流を重ねたのである。

王心敬との交流を経て得られた井戸開発および井灌に関する知見は、乾隆二年六月における乾隆帝への上奏文に盛り込まれた。渭水以南の九つの州県は土地が低く、三～六メートル、あるいは六～九メートルほどで地下水に行き当たるが、渭水以北は土地が高いため、一二～一五メートル、さらに場所によっては一五～一八メートルも掘ってようやく地下水に達するという地域差が存在した。地域ごとに異なる地理条件を把握するとともに、レンガ積みが必要な井戸はどの程度あるのか、逆に地質が強固でレンガ積みが不要な井戸はどれほどあるか、大型の井戸で用いる井車と小型の井戸で用いる跳ね釣瓶の費用はそれぞれどれほどであるかなどについて司道官に調査させ、その結果に基づいて建議がなされたのである。

　上述のように、乾隆帝はこれを嘉して井戸掘削の資金を貸与したほか、井灌を行う耕地に対してはしばらくの間、これを灌漑地として取り扱わず、灌漑地に課せられる税率を適用しないという優遇措置を認めた。崔紀はこれらの諸規定を官吏に遵守させるだけでなく、土地の者の中から人品優れた人物を選んで現地の監督に当たらせるなどして、数ヶ月の間に七万基あまりの井戸を新たに掘削した。中でも鄠県の王知県の成果は最も著しく、夏季に掘削に励み、大小合わせて二〇〇〇基あまりの井戸を掘削するなど、他の追随を許さぬものであったが、これらはすべて同県の王心敬の直接の指導によるものであったという。

　王知県とは、雍正末年から乾隆初年にかけて鄠県知県の任にあった王櫰堂であり、王心敬が彼に宛てた書簡「又（与邑宰櫰堂王侯）」（『豊川続集』巻二四）にも、鄠県における井戸掘削の進展具合に関する見解が見える。

> 鄠県では急ぎ井戸を掘って旱害に備えるべきであり、今の時点での雨の有無をもって掘削の可否を判断するなどあってはならず、一貫した見解をもって人口数に応じて井戸掘削を行わなければなりません。実りの善し悪しは夏至の後の三伏と七月一五日ころの水分供給にかかっており、この実りのころに水を欠かしてはなりません。井戸を早期に準備しておきさえすれば、最も暑さの厳しい三伏の頃に水が必要となっても、すぐにこれを用いることができるのです。もし準備が間に合わなければ、灌漑の時期を逸することとなり収穫は見込めません。貴公は一県を預かる身で、全責任を負っております。まずは急ぎ井戸掘削を実行し、その後

で知府や巡撫に上申しても構わないのです。

同じく、雍正一三（一七三五）年から乾隆九（一七四四）年にかけて扶風県知県をつとめた張素（字は居易）への返信「答扶風居易張侯」（『豊川続集』巻二四）には、扶風県には高原が多いが渭水の南北両岸に広がる低い段丘上には井戸水の利用可能な場所が多いので、三月から六月の間に実施場所を急ぎ選んで掘削を行い、将来の旱害を予防すべきであるとの指摘がなされる。上に見た崔紀の上奏が六月であったことを考えれば、それ以前の段階で各地方官に井戸掘削の実施が説かれていたことになる。それほどに夏季の欠水対策という意義は大きく、あえて事後報告の責を負ってまでも井戸掘削は急ぎ実施すべき事項であると認識されていたのである。

崔紀の議論と王心敬の井灌論との類似性は明らかであるが、より踏み込んで両者の関係を考察するため、両者の間において再三やり取りされた書簡の内容を検討してみよう。『豊川続集』巻二四には王心敬が崔紀に宛てた計九通の書簡が収録される。このうち崔紀からの書簡はわずかに「答中丞崔公書」の冒頭に「附来書」として載る一文だけであり、その質問内容を直接に知ることはできない。ただし、書簡がほぼ王心敬からの返信であることから考えて、王心敬の回答内容から崔紀の問題関心を透かし見ることも可能となろう。まずは、崔紀の来書の内容であるが、挨拶に続いて、

理学のみならず経世済民にも造詣が深い先生に故郷でもある陝西での政治について教えを頂きたく、鄠県知県（王懐堂）を通じて書簡をお送りしました。特に水利と救恤・学政について伺いたく、この点について王知県を通じて返信を頂きたい。井戸掘削と井灌については、先生に専門の著作があるとお聞きしております。ぜひ一冊をこの弟に賜り、勉強させて頂きたい。

と述べる。崔紀の関心事が水利・救恤・学政にあり、西安への着任の途上に聞き知った王心敬の「井利説」に強

い関心を有していたことが表明される。

王心敬の返信にはこの時八二歳とあることから、このやり取りが乾隆二年になされたものであることが分かる。そこでは、陝西では涇陽・三原・咸陽および西安省城など数カ所を除いてはほぼ農業に依存して生計を立てているが、土地は高燥で水路を用いた地表水の重力灌漑を行える場所が限られている。さらにここ二〇年間のジュンガルとの抗争に伴う駐屯兵への食糧や物資の供給によってその貯えも底をついているとして陝西を取り巻く状況が述べられる。

こうした中、王心敬が「第一可慮」としたのが風俗の激変であり、政治の「第一先務」とみなしたのが井戸開発を行い旱害に備えることであった。その文面には、

> 軽薄にして驕慢、奢侈に流れ健訟を事とする現在の風俗を一変して本来の質樸さを取り戻し、財政を健全化して民の困窮を救う方法については、すでに前年に執筆した「厚国本二《マ》十一《マ》条」があるのでこれをご覧頂くとして、井戸開発については「井利冊」を進呈するので適宜参考にして頂きたい。

として、井灌論を含む経世策に対する自信を覗かせる。さらに井戸開発に関連して、これが北五省に共通する救荒の一大要点であるとした上で、

> 新たな事を始めるにあたって困難を憂い苦労を厭うという人の常に流されず、定見をもって事の詳細を明らかにして頂きたい。その具体的内容を添えて奏上し、皇上の許しを得て責任をもって事にあたり、時機を見て事業を推進し、千載の功を打ち立てられんことを祈念致します。

と結ばれるが、この言が乾隆二年六月における崔紀の単独での上奏に繋がることは明らかである。

次にその崔紀の上奏の直後、六月一〇日頃に出された王心敬からの書簡「又（答中丞崔公書）」（三二表、五九三

頁）(30)を見てみよう。

近頃目にした京抄によると、民間における穀物の備蓄量を増やすことで水旱害への備えとしようとして、北五省における農業技術について検討を行うよう命が下り、貴公よりこの問題に関する上奏がなされたとの事でありますが、近いうちにお上の裁可を得て実施の運びとなることは間違いないでしょう。すでに暑熱の候を間近にひかえた今、雨の少なさを憂慮するとともに秋霜も気がかりです。…（中略）…井戸掘削に関して心得ておくべきことは、井戸の中には補強・防水のために井戸枠をレンガ積みすべきものと、地質が堅くしまっているためレンガ積みの必要のないものとの区別があることです。例えば、咸陽を中心とする渭水沿岸の東西六〇キロあまりの地域では、南北六～一二キロメートルほどの土地は最も硬くしまっているので、井戸枠へのレンガ積みの必要はありません。ただ井桁にだけレンガを用いればいいのです。地方官に人口数を基準として井戸を掘らせ、怠けずに行えば五、六日ですべて完成するでしょう。今のうちから取り組みを始めておけば、一〇日以内、遅くても半月の間には井戸開発を許可する聖旨が下るでしょうから、その時にはすでに井戸も揚水器具もすべて準備万端整っており、咸陽は各地のモデル地区となるでしょう。潼関以西の渭水沿岸はどこも井戸掘削に適しているので実施すべきです。その際、井戸掘削と揚水器具製作の技術に関しては、私の「井利説」を参照すれば、三伏までには大半が完成し、さらに二、三カ月の間にはすべての井戸が完成するでしょう。現時点において行うべき事は井戸掘削の予定地において村々にレンガ焼成のための窯場を設けて井戸を掘り進め、三伏の水需要に備えることであります。

皇帝の認可が下る前の段階において一刻も早く取り組みを開始するように提案がなされ、その際には自身がこれまでに研究し「井利説」にまとめた内容に依拠するよう強く主張するのである。

王心敬の予想通り、乾隆二年六月一九日には乾隆帝より崔紀の井戸開発と井灌推進に関する建議を裁可する朱批が下され、前述のように井戸開発が本格的に推進されることとなる。その後も引き続き王心敬は崔紀への書簡において井灌に関するアドバイスを行っている。こうした中、夏の終わりまで続いた日照りが七月初めに急激な変化を見せる。以降、八月初めまでほぼ一カ月間にわたって西安・臨潼・咸陽を大雨が襲い、水害が引き起こされたのである。まさに水害と旱害が交互に襲来するという異常気象の中、それまでの旱害対策としての井戸開発という王心敬の言説も若干の変化を見せる。

崔紀への書面「又（答中丞崔公書）」（三五表、五九四頁）によれば、長雨と洪水によって河川水を用いて灌漑を行っていた土地では晩生の穀物や蔬菜などの九割近くが水に沈んでしまった。しかしながら、河川水が利用不可能なために新たに井戸を掘削して灌漑を行っていた地域では洪水の被害に遭うこともなく、十分に収穫が期待できる状態である。したがって、井灌は旱害のみならず、水害に対しても有効な対策となり得るものであり、この技術は陝西など北五省のみにとどまらず、雲貴や川蜀など西南地域でも適用可能なものとなるとして、井灌推進の対象地域を拡大せんとする見解が示されるのである。

北五省における井戸開発に関しては、乾隆二年閏九月一八日に監察御史の周琰によってその実施を求める上奏がなされ、乾隆帝はこの提案を大臣に検討させるなど、王心敬の理論は一段と実践の場を拡大するかにも見えた。しかしながら、すでに述べた吏部左侍郎程元章の反駁は直接的にはこの周琰の上奏内容に対するものであり、それが地域的差異を考慮していないという点が攻撃対象となった。結果として、程元章の反対案が受け入れられ、国家経費からの助成を伴う北五省での井戸開発の拡大実施の建議は否定されるとともに、崔紀が主導する陝西での井戸開発にも綻びが見え始めるのである。

『豊川続集』巻二四に収録される崔紀宛ての最後の書簡「寄崔公」は、乾隆二年一一月二七日の湖広総督デベイの上奏を経て、一二月の末に崔紀が乾隆帝の譴責を受けた後に発せられたものと考えられる。これより後、乾隆三年二月二〇日のジャランガの密奏弾劾により崔紀は西安を離れることとなるが、この密奏以前の段階、すなわち乾隆二年年末から乾隆三年三月までの間にいかに状況を挽回し、井戸開発を再開するかという点についての意見が交わされた。

この後、乾隆三年三月一〇日頃に王心敬は世を去る。本書簡には死を目前に控えた中での焦りにも似た切迫した思いがにじみ出る。これによれば、井戸の利用こそが民を利し国を利する国家の大計であり、井戸開発反対の議論は単なる誹謗中傷に過ぎない。井戸の効果に対する不信感を払拭し、根拠のない疑惑を打ち消すためには、新たに開削した井戸の具体数を挙げて報告書を作成し上奏するとともに、その内容を各州県に百部ずつも配布して張り出せばよいと主張する。さらに自身の息子までも犠牲にして国のために戦功をあげたにもかかわらず、逆にそれを讒言の口実とされ刑死した戦国魏の楽羊の故事を挙げ、大功には嫉妬が付き物であるから気を落とされぬようにと崔紀を慰めたのであった。その文面からは自身が庶政の根本と捉えた井戸開発を攻撃の的とされ、政争のなかで葬り去られることに対する強烈な憤りが読み取れる。しかしながら、その思いもむなしく、王心敬死去の直後、三月二八日の上諭によって正式に井戸開発の中止が決定されることとなる。

生涯布衣を貫いた王心敬であったが、井灌論に代表される経世策の中には、書簡のやり取りなどによる官員らとの交際を通して実践に移されたものも多い。『碑伝集』巻一二九・理学下に収録される劉青芝「王徵君先生心敬伝」によれば、鄠県知県の金廷襄は王心敬に政治の要諦を尋ねるにとどまらず、その内容をまとめた『忠告篇』を自ら出版し、『豊川全集』の編纂刊行にも尽力した。また、岳鐘琪や陳世倌ら著名な高官たちも陝西への赴任や命を奉じて陝西に至った際に、王心敬を尋ねて軍事や民政など多岐にわたる問題について尋ねている。そのうち、陳世倌とともに王心敬の死後に編纂された『豊川続集』の出版に際して序文を寄せたのが、四度も陝西巡撫を務めた陳宏謀であった。

陳宏謀と王心敬との関係についてはウィリアム・ロウの研究に詳しい（Rowe 2001）。『豊川続集』の序文によれば、陳宏謀と関中学派との関係は朱軾を介して培われたものと推測できる。両者の師生関係は朱軾が張廷玉とともに正考官を務めた雍正元年の恩科会試において陳宏謀が進士合格を果たしたことによる。なお、同じ雍正元年の恩科合格者の中には後に触れる帥念祖らの名も見える。すでに述べたように、朱軾は西安における提学に際して王心敬との交流を深め、後には明史の編纂官として雍正帝に推薦までするほどにその学識を認めていた人物である。ロウによれば、王心敬の「熱心な崇拝者」であった朱軾を「吾が師」とする陳宏謀は、乾隆九（一七四四）年の陝西巡撫就任より「関学への転向者」となり、着任の際には王心敬の生まれ故郷の村を訪れるほどに「大のお気に入り」になったという。関中学派への接近は同じく李顒門下の楊屾を養蚕振興のための「私的なアドバイザー」としたことにも繋がる。

陳宏謀の陝西巡撫への着任直後の乾隆一〇（一七四五）年正月、陝西省内の州県道府の官に管轄地域の村々を視察するよう皇帝の命が下った。その際に陳宏謀は明確な目的や指標もないままに巡回視察を行ったのでは効果がないどころか、かえって民に害を及ぼすこととなると危惧した。そこで、地方官が巡視に必要な情報を風俗民情に基づいて検討し、振興すべき利と排除すべき害とを通知しておくために発せられたのが「巡歴郷村興除事宜檄」（『皇朝経世文編』巻二八・戸政・養民）である。この全二〇条のうち、農事振興に関する項目に井戸掘削と井灌に関する内容が見える。

これによれば、井戸掘削は初期費用がかさむが、完成の後には長期的な利益を得ることができる。山地や高原など地下水位が低い場所では掘削を強制せず、平地における掘削を推進する。井戸一基で数十畝の耕地に灌漑が可能となり、旱害時にも多量の収穫を得ることができるなど、その効果は明らかであるとして、水路開削と河川からの揚水を目的とした水車の設置および井戸掘削の推進を地方官に求めたのである。

さらに、第二次陝西巡撫時代の乾隆一五（一七五〇）年には地下水の開発促進に特化した「通査井泉檄」（『皇朝経世文編』巻三八・戸政・農政下）が発せられた。これによれば、前任中に崔紀の井戸開発が無益であったというおよそ公平とは思えない評価を耳にしたが、王心敬の「井利説」を見た途端、井戸開発を推進すべきという思いは確信に変わった。そこで今回、井戸開発を再開するに先立ち、陝西各地の井戸と泉に関する状況を調査して報告するよう各地に通達を送った。もともと利用していた井戸（旧井）と崔紀の時代に掘削された井戸（新井）の双方の数と場所、それぞれの地下水位の高さについて各地方官に村ごとに現地調査を実施し、数値を添えて報告するよう求める。なお、その際には陝北地域については井戸掘削が困難な事が想定できるため、あらかじめこれを除外するとともに、飲料水として井戸水を利用している井戸についても調査対象からはずし、ただ灌漑目的のために用いられているものだけを対象とするというものであった。

崔紀の前轍に鑑み、綿密な現地調査と関係者への事前通知の徹底という準備段階を経て実施された陳宏謀の井戸開発と井灌推進は、二万八〇〇〇基あまりの新たな井戸を掘削するという成功を収めた。王心敬が唱えた井灌推進論は、崔紀の性急な実施要求と日照りと長雨が連続して発生するという異常気象によってわずか半年あまりで頓挫したが、陳宏謀という後継者を得て再び日の目を見ることとなった。さらにこの両者による井戸開発および井灌の推進は、時代を経て、清末の魏源や張澍、張之洞ら洋務官僚から大いなる賞賛を得ることとなる。(31)

第三項　区田法との結合

崔紀が西安への道すがらその内容を耳にして井戸開発を思い立ち、陳宏謀がこれを見て再開を決意した王心敬の「井利説」には、これまで触れてこなかった部分がある。「井利説」の本文は「壬子（雍正一〇年）初秋識」で終わり、後半の「井利補説」へと移るのだが、実はその中間に「附区田圃田法」と題された文章が挟まれており、その内容は区田法条と圃田法条に分かれる。その冒頭に「区田、按農政書、湯有七年之旱」と記すように区田法条は『農政全書』に依拠しており、圃田法条はより明確に『農政全書』巻五・田制・圃田条からの引用からなる。さらにこれは前節で見た王禎『農書』農器図譜集之一・田制門・圃田条に遡るものとなる。ただし、区田法条に関しては『農政全書』やこれが基づいた王禎『農書』の単なる引き写しではない部分も確認できる。

その異なる部分とは「区《オウ》」と呼ばれる作物を栽培するくぼ地の形状に関する記載である。王心敬の説によれば、従来の区田法の理論では、一畝の土地を縦横四八センチのマス目状に区切り、一畝の耕地全体で計六七五マスのくぼ地を造成し、一マスずつ空けて播種するというものであった。ただし、小面積のくぼ地がマス目状に飛び飛びに存在するという状態は、耕地の中の移動を困難にさせるだけでなく、耕耘や灌漑などの作業をひどく手間のかかるものにした。よって、縦横四八センチ四方のマス目状のくぼ地を作るのではなく、四八センチ幅のくぼ地を帯状に作るように変更する。さらに、くぼ地一列の隣は同じく四八センチの幅をとって通路とする。くぼ地の深さは三二センチとし、その土壌にはこなれた肥料をよく混ぜ込んでおくという。

実際にはすでに漢代の『氾勝之書』段階において、区田法には方形の小区画を形成する坎種法と矩形の区画を形成する溝種法という二種類が存在しており、ここでの王心敬の議論は溝種法を指すこととなる。ただし、王禎

『農書』などに記されるモンゴル時代の溝種法においては、短辺が三二センチとされるだけでなく、長辺を三・二メートルとするという長さの規定があった。したがって短辺のみで長辺の長さに関する規定がない王心敬の説とはこの点において異なっている。

一方、変わらない要素は区田法が持つ耐旱性への評価である。区田法条によれば、王心敬は「庚子・辛丑の大旱」、すなわち康熙五九年から六〇年にかけて発生した大干ばつの際に、自身でも区田法を試みて誠心誠意努力したが、一畝あたり五、六石程度の収穫を上げるにとどまった。この成果から見て、昔から区田法を説く文献に一畝あたり三〇石や六〇石の収穫を上げることができるなどと言うのは、人々の気を引くための誘い文句に過ぎないことは明らかである。ただし、大干ばつの際に周囲の耕地では全く作物がとれなかったことを考えれば、六、七石の収穫でも成果としては十分であり、二、三畝ほどの土地に区田法を行えば一家数人が十分に食いつなぐことができる。豊作と不作の巡りに一定のルールなどないのは天の差配であるから致し方ないが、ただ家に非常の時のための蓄えがないというのが問題である。父母妻子の命はすべて己の一身に係っている。天に災害の責を帰するのではなく、自身がそれを負うべきであり、常日頃から予防をして対策を採ることが肝要であり、それこそが区田法の意義であると述べる。

モンゴル時代においてすでに区田法と井灌とは高い親和性を持つ技術であると認識されていた。その上で耐旱という目的を共通項として、王心敬の中で井戸開発と区田法とが結びついたと考えられる。崔紀による井戸開発が活発な展開を見せ始めていた乾隆二年七月、王心敬が門人に対して今の世の大慶・大喜・大幸なる理由を説いた「疏意」（『豊川続集』巻二九）によれば、人口の増加が慶ぶべき一大事であり、四海の平和が喜ぶべき状況であるとするならば、井戸開発の進展こそが幸いとすべき大事業である。皇帝陛下が上におり、崔公が熱心に井戸開発と灌漑の推進に当たっているおかげで、人々は天に自らの命を委ねてしまうような状況から抜け出し、生き生きとその生命力を横溢させている。ただし、すべての場所で井戸開発が行えるわけではない。人手が足らないなら佃戸を雇えばよいが、もし地下水位が低く、傾斜の大きい土地で井灌を行うことが難しい場合は、古来の農法を参照し、その地形を勘案して、区田法を実施し「井利に通融すべき」であるという。これが古来より悩みや苦しみのもとであった旱害から人々を救う方法であるとして、水旱害対策を目的とした北五省における井戸開発と区田法の拡大実施を主張するのである。

では、ここで区田法のあり方として表現される「井利に通融する」とは具体的にはいかなる内容を意味しているのであろうか。前節でも取り上げた崔紀への書簡「又（答中丞崔公書）」（三三表、五九三頁）にその内容を示唆する記載が存在する。

夏からの干ばつが続く渭水以北の高原に暮らす人々への対処として、移動が可能な者については井戸がある場所で小作させることとするが、人数を分散させて近隣の浅井戸を備えた耕地で小作させれば、住み慣れた土地を遠く離れずに済みます。もし遠方まで小作に行くことができる働き手がおらず、老人や女子供の所帯でその土地を離れられない場合には、区田法を用いることで大人から子供まで全てが農作業に携わることができるでしょう。さらに区田法は水路を引いて水を掛け流すのではなく、容器で運んで水を注ぐ方法を用いるので、山地や丘陵地であっても実施が可能となります。ましてより条件の良い高原で行えないはずはなく、ただ地下水位が低く揚水が難しいというだけです。区田法を行えば、陝西省の全人口の六、七割が水の利を享受することとなり、八、九割の命がこれにより救われます。さらには、井戸を掘ったならその周囲に木陰を作り出す木々を植えるようにし、それぞれの耕作地でも植樹や蔬菜の栽培を行えば、五、六年の間に樹木が鬱蒼と茂る状態になるでしょう。また、山や谷のそばにも大根や山芋などの作物を栽培すれば、もし天候が不順でも以前のように民が飢えることはなくなるでしょう。

同様に別の書簡「又（答中丞崔公書）」（三五表、五九四頁）においても、大井には井車を用い、小井には轆轤と跳ね釣瓶を用いて揚水し、高原で区田法を行えば、陝西四府（西安・鳳翔・同州・漢中）の五、六割が水の利を享受できるとする。

これらの文意から判断して、「井利に通融する」とは井灌の方法を柔軟に選択し、その適用範囲を広げるという意味となろう。つまり、地下水が得にくい高原においても、容器を用いて小区画の耕地に水を注ぐという区田法を採用し、家人総出で作業に当たるなどして、より広範囲に地下水の利用を促進するという効果が見込まれたのである。地理条件に基づく問題点を克服するという意味において、区田法は井灌を補完するものであり、王心敬の井灌論はこうした二段構えをとることでその効果をより強くアピールすることとなった。

井戸開発や井灌の実施に積極的な姿勢を見せた崔紀や陳宏謀であったが、その施策として区田法を推進したという事実を確認することはできない。特に陳宏謀に関しては、陝西巡撫時代に農政面に関するブレーンともいうべき立場にあった楊屾にも区田法への言及があり、(32) さらに雍正元年の同年の進士であり、乾隆三年から九年まで陝西布政使として西安にあった帥念祖も自身の区田法に関する研究を『区田編』にまとめ、乾隆七（一七四二）年に完成させている。それにも関わらず、区田法が実践されなかった理由については不明とせざるを得ないが、この時点において区田法は井灌を補完するためのものに過ぎず、陳宏謀にとって井戸掘削こそがあくまで優先事項であったとも考えられる。

ただし、後世において王心敬の区田法を評価する人物が現れる。咸豊七（一八五七）年に陝西巡撫として西安に赴任した曾望顔によって王心敬の「区田法」と「荒政考」を併せて一巻とし、これに「四礼寧倹編」を附した『豊川雑著』が出版された。[33] その目的が耐旱救荒とその先にある「知礼節」の普及にあったことは言うまでもない。[34] この段階では、救荒策として「井利説」から抜き出された区田法であったが、その後、両者は再び以前よりもより強く結び付けられることとなる。

第三節　王心敬を継ぐ者たち

第一項　区田から区種へ

道光二七（一八四七）年二月、陝西巡撫の林則徐が関中における水利開発を推進するため、関中書院の月課として出題し、学生らからアイデアを募るとともに、挙人や貢生、生員、監生のうちで水利に通じた者に対して、その見解を書院を通じて巡撫衙門に上呈するよう命じた。これに応じて、当時、すでに六五歳であった張鵬飛が執筆したのが「関中水利議」である。

漢中安康の人、張鵬飛によって執筆された『関中水利議』では、耐旱救荒のために緊急に実施すべき方策として、区田・区芋・削井の三項目が挙げられる。このうち、区芋とは救荒作物としての甘藷（紅藷と白藷）とジャガイモ（洋芋）を区田法によって栽培するという意味である。ここには王心敬の区田法や井利説への言及も見られることから、その議論を踏まえて区田と井戸掘削がセットで主張されたことは明白である。

脱稿の後、張鵬飛は人を送ってこれを西安へと届けさせたが、やはり直接持参し、機をとらえて林則徐に手交すべきと考えなおし、みずから西安へと至る。林則徐に面会する機会をうかがったものの果たせず、やむなく書院にその原稿を提出したところ、これが林則徐の目にとまった。林則徐は「関中水利議」の数条に圏点を附し、さらには著者である張鵬飛の宿所を人を使って探させるなど、両人が相まみえる機会が訪れるかに見えた。しかしながら、途中で何者かの邪魔が入り、面会を果たせぬまま、林則徐には雲貴総督への昇任の命が下り、西安を離れることとなる。張鵬飛の提案はついに日の目を見ることはなかった。

その後、光緒朝に至って王心敬の理論を高く評価するにとどまらず、これを広く実践に移す人物が現れる。一八六〇年代半ばより急速に勢力を拡大していたヤークーブ・ベグや混乱の中でイリ周辺を占領したロシアに対抗し、新疆の再征服のために派遣され粛州に駐屯していた左宗棠であった。光緒二（一八七六）年八月末、ウルムチを奪回して北疆回復をほぼ完成させ、ついで南疆攻略の計をめぐらせていた左宗棠であったが、彼を背後から脅かしたのは連年にわたって華北全域、特に直隷・河南・山西・陝西を襲った大干ばつ、いわゆる丁戊奇荒であった。本格的には光緒三（一八七七）年に始まり、翌四（一八七八）年まで続いた干ばつと飢饉によって、上記の地域では想像を絶する地獄絵図さながらの惨状を呈した。左宗棠軍の兵站を支えた陝西も例外ではなく、雨水どころか河川水や泉水までもが涸渇し始める。こうして耐旱救旱策の見直しが叫ばれる中、再び王心敬の井灌論が復活を遂げることとなるのである。

『左文襄公全集』書牘・巻一九には光緒三年七月から一二月までの書簡が収録される。そのうち、蘭州にあって兵站および後方支援を担当した太僕寺卿の劉典と西安にあった陝西巡撫の譚鍾麟に宛てた書簡に井灌と「区種」に関連する文言が繰り返し現れる。例えば、劉典への書簡「答劉克庵」（三一裏、三三四八頁）[35]によれば、陝西では干ばつによって昨年播くべき冬麦をほとんど播けておらず、いくらか播いた分も芽を出していない。今こそ見習うべきは崔紀と陳宏謀が救旱策として実施した井灌である。これはもともと王心敬が提唱したものであり、井灌は区種とともに救荒の良策であるという。

また、譚鍾麟に宛てた返書である「答譚文卿」（四三表、三三五四頁）によれば、井戸掘削と区種を並行して行うことで雨や雪が少なくても来年には必ず収穫の見込みがある。井戸掘削は崔紀や陳宏謀が任を去った後もその遺産ともいうべき利益が残されたのであり、区種に関しても王心敬が自らの経験に基づいて記した内容で、疑いを差し挟むところはないとの自信を示す。これらの書簡に見える区種に関しては、これを文字通りにとらえれば区田法を用いた播種の意味となろうが、左宗棠においてこれは区田法とは区別されるべき技術であり、その差異こそが大きな意味を持つものであった。

その違いに関して、左宗棠が譚鍾麟に宛てた書簡「答譚文卿」（六四表、三三六四頁）によれば、古くからの区田法がマス目状の小区画のくぼ地を形成して一マスごとに播種を行ったのに対して、王心敬の改良法はくぼ地を一マスではなく一列とした上で、一列に播種して一列を空けるという方法を用いる。その形態はまさに漢代の趙過が考案したと言われる代田法と同じである。ただし、代田法が耕作地と通路とを毎年入れ替えることから付けられた名であるのに対して、ここで区種というのはあくまで単年度の栽培技術を言っているのであり、区田法を改良して代田法の意味をも持たせるといったようなものではない。従来通りの意味であれば、区田と言い代田と言えばいいのである。これらとは一緒にはできないからこそ、区田ではなく区種と呼ぶのであるとの説明がなされる。つまり、左宗棠は王心敬の理解に基づき、くぼ地の形状をマス目から列状へと変更した改良区田法を区種と呼んだのである。ただし、これだけでは区種の説明としては十分ではない。その内容を理解するためには、左宗棠の農学研究に関する歩みをたどり、その思考の展開を解明する必要がある。

譚鍾麟に宛てた書簡「与譚文卿」（三二裏、三三四八頁）によれば、粛州の軍営にて眠れぬ中、崔紀と陳宏謀の事績を思い出した左宗棠は、王心敬が論じた井戸掘削と区種の技術についての文章がどこにあるのかを左右に調べさせていた。ちょうどその時、軍営に到着した劉沢遠[36]と息子の左孝寛が行李の中に『皇朝経世文編』[37]を携えてきており求めていた文章を見ることができたが、まるで旧知に会ったような気がしたという。ここで左宗棠が区種を旧知と語ったのには訳がある。道光一八（一八三八）年、三度目の会試に失敗し、落胆して郷里の湖南湘陰に戻った左宗棠は、科挙を諦め農学や地理の研究に専心する。歴代の農書を分析する中、左宗棠がそこに大きな意義を見いだしたものこそ「六善」「三便」を兼ね備えた、伝統的な農業技術の精髄としての区田法であった。その研究は「広区田制図説」にまとめられたとされるが[38]、当該文章は各種文集等にも確認できず、わずかにその自序「広区田制図説序」（『左文襄公文集』巻一）によって内容を窺い知ることができるだけである。

これによれば、区田法の六善とは、（一）水害に耐え、（二）土壌を肥沃にし、（三）風害に耐えて水を節約し、（四）虫害に耐え、（五）葉の茂りと根の張りを良くし、（六）地力を保持するという六点の特長である。一方、三便とは（一）男性のみならず老幼婦女までも耕作に関わることができ、（二）高い収量を得ることができ、（三）読書の家から孤児に至るまで自活を可能にし、ひいては天下の食を満たすことができるという三点の効能である。

粛州にて自身の農学研究の原点ともいうべき区田法に立ち戻った左宗棠であったが、これは単なる過去への回想にとどまるものではなかった。実はこの「広区田制図説序」には水源に関する記載はほぼ見えない。これは農学の研鑽に励んだ湘陰の湿潤な気候風土に影響されたとも考えられるが、今や西北の地にあって大干ばつへの対応を逼られた左宗棠にとって、何にもまして重要な問題が水源の確保であり、これを解決する手段こそが井戸掘削であった。つまり、王心敬の井灌論と区田法の組み合せこそが、「広区田制図説」における水源問題という不備を補うものであり、ここに区田法から区種への変化の核心が存在していたのである。

譚鍾麟への書簡「与譚文卿」（六〇裏、三三六二頁）にその具体的内容が記される。これによれば、王心敬の区田法には見られなかった導水の方法、すなわち井戸から汲み上げた水を総溝に流し入れ、総溝からそれぞれの小溝に流し込むことで手間を省き効率を向上させるというものであった。さらに、割り注によれば、総溝とは南方で言うところの包田圳に相当し、小溝こそが王心敬が言う作物を植える溝に相当するものであるという(39)。

　つまり、王心敬の段階においては、容器を用いた水やりを伴う区田法とその水源としての井戸水の活用が求められたのに対して、左宗棠は水源としての井戸を備えるのみならず、帯状のくぼ地を造成し、そこに水路を通して井戸水を流し込むという「区種」の方法へとこれを変化させたのである(40)。区種とはまさに井灌と区田法との完全なる融合であり、干ばつ対策を目的として、その節水・省力効果が期待されたことは間違いない(41)。残る問題はこれをいかに実践に移すかという点にあった。

　井戸掘削に関しては、「答劉克庵」（四一裏、三三五三頁）によれば、甘粛では井戸掘削が可能なのは隴東の慶陽一帯に限られるが、陝西をモデルとして開発を推進する必要がある。掘削の技術を記したパンフレットを版刻したので、司道官を経由して州県官へとこれを伝え、陝西モデルに依拠して井戸掘削および窮民への賑済を行うようにとの指示がなされる。さらに、杭州の豪商で左宗棠の経済的支援者としても著名な胡光墉に宛てた書面「与胡雪巌」（五九裏、三三六二頁）によれば、陝西モデルによって井戸掘削と区種を甘粛にて推し進めるため、沈葆楨に西洋の掘削機を買い求めさせたが不首尾であるので、代わりに胡光墉に購入を依頼するとともに西洋の技術者数人を雇い入れて甘粛まで派遣するよう求めている(42)。

　また、「答譚文卿」（三九表、三三五二頁）によれば、井戸掘削と区種の両法こそが陝西を旱害から救う良策である。この両法を実施する旨を記した告示を一張、これに両法の具体的内容を記した別冊のパンフレットを添えて、所属の司道官に送付し州県にて実施させたところ、蒲城県知県の李世瑛[43]が早くも井戸開発の成果を挙げたとの報告があった。しかしながら、本来、井戸掘削と区種とは一つのものである。井戸に依らなければ水を得ることはできず、区種を用いなければ水を節約できないので、区種を伴わない井戸掘削は効果がないとの認識を述べる。

これらの書簡にて言及されるパンフレットについては、各地で異なるヴァージョンが版刻印刷され、その指導と普及のために繰り返し頒布されたようである。例えば、「与譚文卿」（六〇裏、三三六二頁）によれば、近頃、陝西布政使の蔣凝学のもとから送られてきた井戸掘削と区種のパンフレットはとても出来がよい。以前に粛州の軍営にて作成したことがあるが、やはり西安の職人と較べると雲泥の差である。ただし、その名を「鑿井区田成法」としているのはよろしくない。区田は区種に改め、末尾に附される「区田図式」の一葉も誤解を生じるので削除すべきであるとの指示がなされる。

次に左宗棠らの動きと並行してなされた地方官の取り組みについて見ておきたい。『譚文勤公奏稿』巻五に収録される「各省勧辦区種幷飭属開井片」によれば、司経局洗馬の温忠翰から干ばつの被害が大きい山西・陝西・河南において区田法の実施を奨励するよう求める上奏がなされたことを受けて[44]、譚鍾麟を含む上記各省の巡撫に状況を調査して適宜処置せよとの上諭が光緒三年一一月二〇日に下された。これに対する譚鍾麟の回答として以下の内容が綴られる。

今年の夏以来、長く日照りが続いたので、六月には所轄の全域で民間にて井戸を掘り灌漑を行うように指導してきました。ちょうどこの頃、大茘県知県の周銘旗が区田法の試行を求めて上申して参り、ついで陝甘総督の左宗棠からも書簡が届き、井戸掘削を推奨するために一基を掘るごとに報償として銀一両を与えるようにすれば、新たに一〇万基の開削が見込め、井戸が十分に揃えば区田法と組み合わせて互いに補完しあうように実施できると述べられております。さらに書簡には崔紀と陳宏謀が陝西にて行った井戸開発に関する資料と王心敬の「井泉区田圃田説」の鈔録が附されており、こちらで版刻印刷せよとの指示がありました。左宗棠自身もすでに粛州の軍営で五千部を印刷しており、私との連名で配布して実施を勧めたことがあり、これまでに一万部ほども民間に配布したことになります。左宗棠は農学に秀でその指導はすべて効果を現しています。区田法に関しても従来のマス目状のくぼ地を改めて王心敬が説いた帯状のくぼ地を造成することでより効果が期待できるといいます。私自身も故郷の湖南省で農民が芋を栽培するのに一列ずつ間をあけて一列に植え、一畝で実に二〇〜三〇石もの収穫をあげていたのを覚えております。この秋に大荔県知県の周銘旗が生員の潘殿選や張道芬らを率いて区田法を試行したところ、一畝あたり二石といった通常の農地の倍以上の収穫を得たといいます。これでもまだ十分にその技術が尽くされているとは言い難い状態です。まだ今年の大麦や小麦を播種していない地域も多いので、平涼府あたりで春麦の種を購入してこれを各地に支給し、郷紳や耆老を率いて井戸を掘り、頒布したパンフレットにのっとって区種を実施させるよう農民に強く勧めるべきであります。(45)

文中に見える大荔県（同州府の倚郭）知県の周銘旗が行った救荒策は、大飢饉が終息しつつあった光緒五（一八七九）年に『荔原保賑事略』として出版された。そこに記された多岐に亘る救荒策は義倉・郷団・祈禱・賑済・施粥および開井・区種に大別される。このうち開井・区種に関する文書が「勧民掘井示」、「再論掘井並広種区田示」、「再論掘井灌田示」、「遵覆左爵相掘井情形並勧行区田代田稟」、「再覆左爵相釐井区種情形稟」、「遵査掘井数目並出力紳民分別請奨稟」、「区田代田図説」、「大荔県保賑碑記」である。同書冒頭の左寿棠の序文と「再覆左爵相釐井区種情形稟」によれば、周銘旗は自身の農書の研究を通して区田法と代田法の効果に着目し、光緒三年の(46)

図４：区田図（『荔原保賑事略』中国荒政書集成・第８冊）

図５：代田図（『荔原保賑事略』中国荒政書集成・第８冊）

秋には生員の潘殿選と張道芬らとともに区田法に取り組み、日照りで減収だったにもかかわらず、一畝あたり二石あまりの収穫を得るという成功を収めた。その後も周銘旗自身が同州府城の東関において数畝の土地を借り、豆と麦を区田法によって栽培するなどして、その方法を民に教示し理解させるとともに、その技術を図化して版刻して頒布した。これらの成果が先に見たように陝西巡撫の譚鍾麟に報告されたのである。さらに『荔原保賑事略』に附される張禄堂の跋文によれば、その成果は左宗棠の耳にも届き、大いに賞賛を受けるだけでなく、王心敬の区種の説が周銘旗に勧められたという[47]。

左宗棠から周銘旗への指示に関しては、「再覆左爵相鑿井区種情形稟」の末尾に附される「爵相批示」とこれに続く「区田代田図説」に明らかである。前者によれば、周銘旗からの報告と区田法の「図説」を受け取ったが、井戸開発の指示を発するより前にすでにこれに取り組んで三〇〇〇基もの井戸を掘削し、さらに区田と代田の法を勧めるなど民のためになる素晴らしく適切な措置であったと評価する。ただし区田法と代田法については、周銘旗が実施したのは王禎『農書』や『農政全書』に収録された旧法であり、より重要な王心敬の区種の説とは異なっている。それはマス目状ではなく帯状にくぼ地を造成するというやり方であり、これこそが遵行すべき方法であるという内容であった。さらに続けて、「区田代田図説」には市松模様の「区田図」（図4）と白黒の縞状の「代田図」（図5）の二種類の図が載せられ、後者の説明には「白はみぞ、黒はうね。左相（左宗棠）が指示する区種法はこれと同じであるけれどもそれを区種と呼ぶのは、ただその年一年の栽培方法について言うのであり、同じ形状であっても代田とは呼ばないのである」との注記も見える。

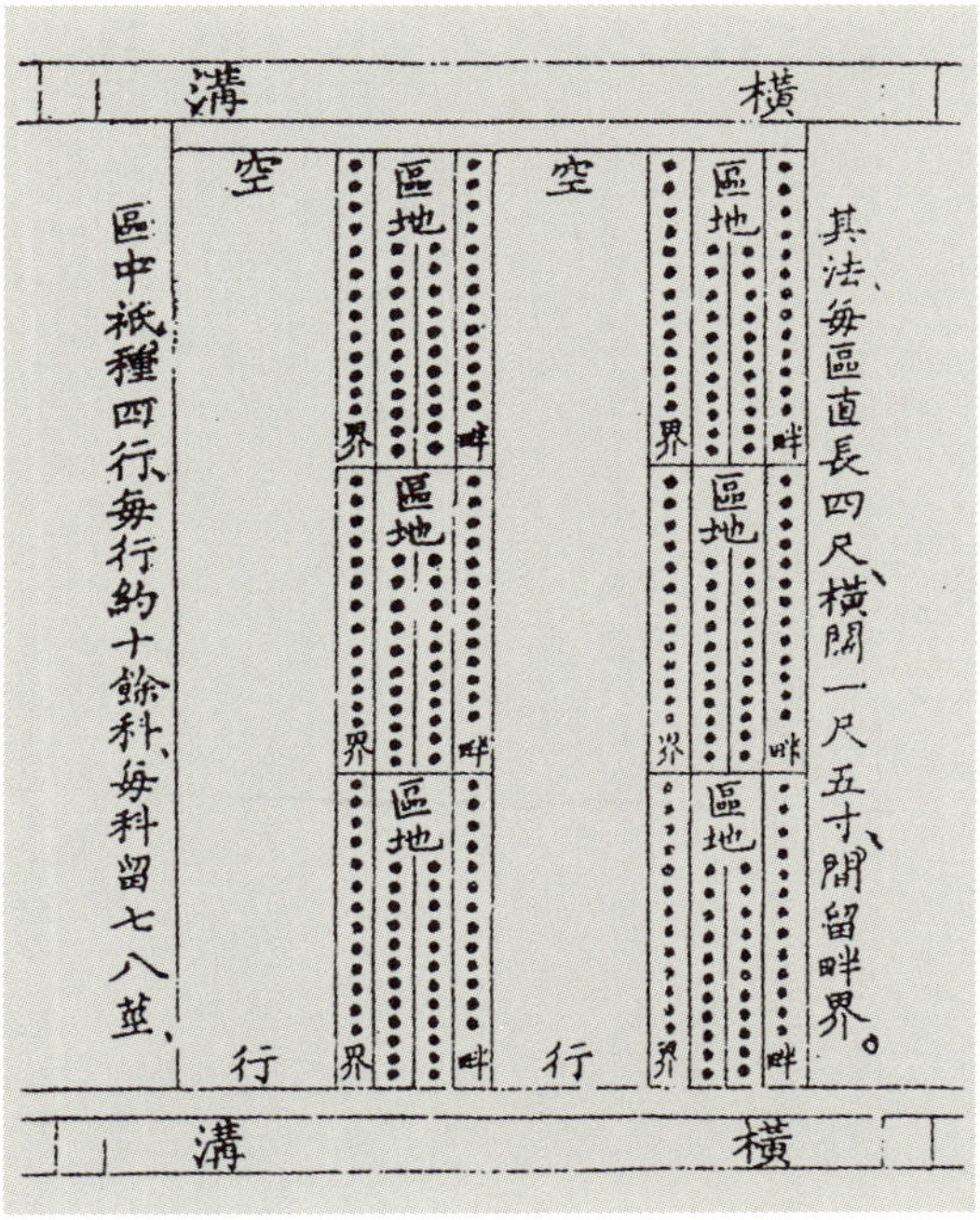

図6：区種図式（『救荒六十策』中国荒政書集成・第6冊）

また、『荔原保賑事略』が出版された光緒五年には、余沢春（寄湘漁夫と自称）によって編纂された『救荒六十策』が出版され、そこにも救荒の良策として区種法が説かれるとともに、これを図化した「区種図式」（図6）が収録された。余沢春は同治二（一八六三）年に湘軍とともに甘粛に至り、静寧州や秦州の知州、甘州府知府を歴任した人物であり、その間に魏禧の『救荒策』(48)を

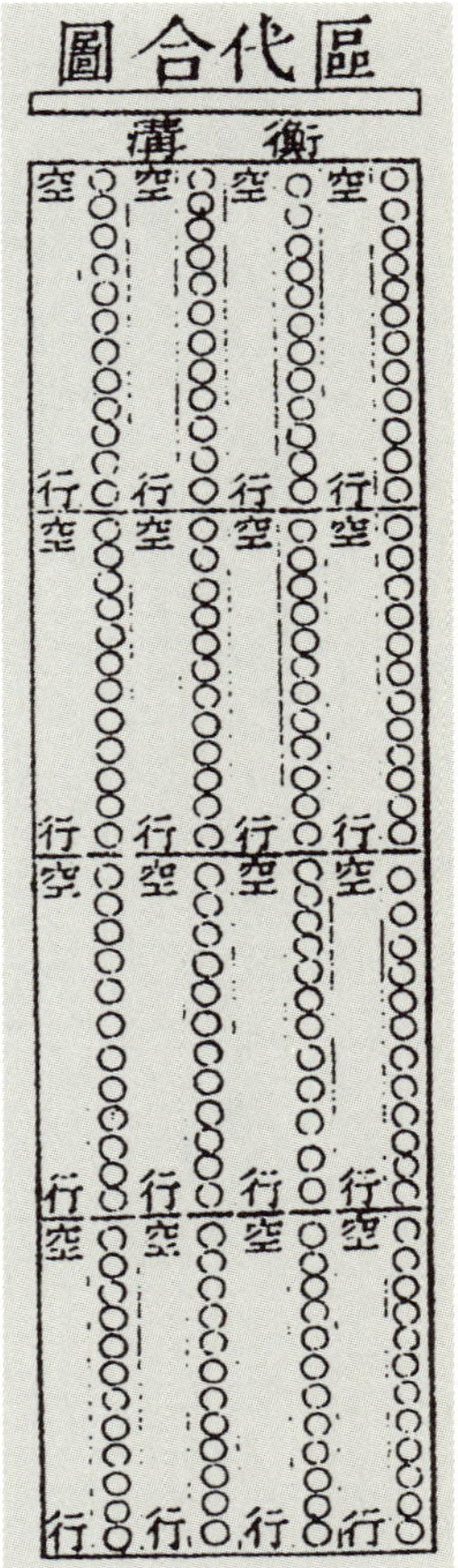

図7：区代合図（『救荒百策』中国荒政書集成・第9冊）

もとにして本書が編纂された。さらに光緒一〇（一八八四）年に上梓した増補版の『救荒百策』には、「区田図」や「代田図」とともに「区代合図」（図7）が収録された。これは本文中において「区田の制に遵い、代田の意を参」える「区代田法」と説明されるものであり、左宗棠の区種との違いは明らかである。『救荒六十策』に寄せられた蓬莱瘦樵（詳細は不明）の序文によれば、同書は同治四（一八六五）年には完成していることから、左宗棠の指示とは別に地方官などによる独自の取り組みも並行してなされていたことが分かる。

第二項　救荒から実業へ

『中国農業大百科全書・農業歴史巻』[49]によれば、『茘原保賑事略』の編者である周銘旂には『井利図説』という著作があったとして、解題を付し図版一枚（後掲図8）を掲載する。その説明によれば、『井利図説』は井灌と区田、代田法を記録した一巻の書籍であり、周氏（名号は不明）によって編纂された。これに続けて周氏は光緒二年に陝西大茘県の知県をつとめ、光緒三～四年の大干ばつに際して民衆を組織して井灌を実施し、地下水を引いて区田法や代田法を推進して成果を挙げ、左宗棠に賞賛された人物であるというのであるから、まさに周銘旂その人を指すこととなる。また、同書は光緒一八～一九年にかけて再び大干ばつが発生した際に関係の資料を一書にまとめたものであり、かつて出版されたようであるが、現在は抄本が流伝するだけであるとする[50]。井戸や井灌に関する史料自体が少ない中、『井利図説』を取り上げて解題を付し、図版を公開した功績は大きいが、以下に述べるようにその撰者も含め正確ではない記載内容が散見するのも事実である。

一方、張波と馮風の陝西の古農書に関する研究（張・馮一九九〇）および『山西文献総目提要』[51]における同書の書誌情報と内容の解説は簡潔ではあるもののより正確である。特に後者の説明は秀逸であり、現存する版本として山西大学図書館に「光緒刻、劉光蕡《ママ》重印本」が所蔵されることを指摘するなど、多くの有用な情報が含まれる。以下、『山西文献総目提要』と山西大学図書館所蔵本（以下、山大本という）を用いて、本書の内容と出版に関する情報をあらためて確認していきたい[52]。

まずはその書名と撰者に関して、『山西文献総目提要』によれば、「農桑備要四巻附井利図説一巻。清劉青藜輯。青藜、字は乙観。大同の人。同治十（一八七一）年の進士。陝西淳化知県を授けられ、光緒の時陝西三原知県に任」じられたという。一方、山大本によれば、その書名は『蚕桑備要』であり、末尾に『井利図説』一巻が附されるという。撰者に関しては劉青藜で誤りはないが、正確には『蚕桑備要』の本文冒頭に「署藩憲臬憲曾編纂、知三原県事雲中劉青藜補輯、咸寧副貢生固菴蔣善訓校訂」とあることから、光緒二〇（一八九四）年正月から同年一二月まで[53]陝西按察使、署陝西布政使をつとめた曾鉌によって編纂がなされ、劉青藜によって追加編修がなされたことが分かる[54]。なお、『蚕桑備要』の版本には確認できたものだけでも（一）光緒二一（一八九五）年小墟書院本[55]、（二）華東師範大学図書館所蔵本（続修四庫全書本）[56]、（三）山大本の三種があるが、『井利図説』を載せるのは（三）山大本のみである[57]。

『井利図説』一巻は「鑿井成案」、「区田代田図説」、「種穀早熟法」、「王豊川先生区田圃田説」、「王豊川先生井利説」、「鑿滑車井澆地図説」、「鑿滑車井示」、「高原築窖儲水示」からなり、末尾に出版の経緯を示す光緒丙申（二二［一八九六］）年の劉光蕡の識語を載せる。このうち、「鑿井成案」は乾隆二年の崔紀の井灌推進の建議と乾隆一五年の陳宏謀「通査井檄」に加えて、光緒四年の周銘旗の「遵覆左爵相掘井情形並勧行区田代田稟」と左宗棠の「批示」から成る。

続く「区田代田図説」と「種穀早熟法」は『茘原保賑事略』に収録される(58)。後者は種籾の選抜と保管、播種に関する技術を説く内容で、区田法や代田法と組み合わせてより効果を生むとされる。この他、「王豊川先生区田圃田説」と「王豊川先生井利説」が王心敬の「区田圃田説」・「井利説」を指すことは明白であることから、残る「鑿滑車井澆地図説」、「鑿滑車井示」、「高原築窖儲水示」が『井利図説』のオリジナルであり、劉青藜によって執筆された文章となる。「鑿滑車井澆地図説」の本文によれば、

> 井灌の成果を如実に示すのはやはり光緒三～四年の大干ばつ、丁戊奇荒の際の状況である。陝西省と山西省では死者が八、九割に登るのほどの惨状を呈する中、井戸を備えた土地だけは一畝あたり三石の収穫を得て、家中でこれを食べてもあり余るほどであったことは皆が見て知っている。ただし、以前の揚水の方法は、あまり深くからは汲み上げられない複式轆轤か井車、跳ね釣瓶を用いるだけであったので、地下水位が高いもので一五～一八メートル、低いものでは三〇メートル以下ともなると、もうお手上げでなす術がなかった。私、劉青藜が光緒一七年に三原県知県に着任した際、連年の干ばつに悩まされていたので、水路を整備して泉を浚うなどして灌漑に努めた。河川水や泉水を利用することができる地域では水利事業を推し進め、…（中略）…天水耕地に比して十倍もの収量を上げるようになった。しかしながら、清峪河流域の沐張渠より

下流側では、河川の水位が低く、汲み上げて灌漑に用いることができない地域もあり、そのような場所では井戸を掘って地下水を水源とするしか方法がないにもかかわらず、民は地下水位が低いことを恐れて井戸掘削に取り組もうとしない。この頃、隣県の涇陽県からの移民が滑車井の方法を用いて、一五～一八メートルの深さから水を汲み上げて一日に五畝の土地に灌漑し、一畝あたり三石もの収量を上げていることを聞き及んだ。……（中略）……この技術はすでに故人となられた涇陽県の涂知県がその普及に努めたものであった。最初は官地において井戸掘削を行い、人々がこれに倣うようになった。金持ちには自力で掘削を行わせ、貧しい者には官銭を援助した。これにより三〇〇基あまりの井戸が新たに掘削され、その水位は高くて一二～一五メートル、低いものでは三〇メートル前後に及び、一日に三～六畝の耕地を灌漑した。施水に関しては地表面から数えて三層目まで灌漑水が滲透するようにする。地下水が滾々と涸れることなく涌き続けるからといって、二層目まで水が溜まった場合、これはやり過ぎであるので、半日待って次の日にまた灌漑を行うべきである。農民は互いに助け合って工事を行えば、各自が負担する材料費も十貫程度で済み、これで天水耕地が灌漑耕地へと生まれ変わるのである。一人が牛一頭を使って二つの大きな水桶を引き上げればいいので、轆轤を回して揚水するのに較べて仕事も楽で効率もよい。まことに切り札とも言うべき方法である。三原県内の中原や西原などでは地下水位が六〇メートル以下になってしまうので試みていないが、清峪河の南北と東原では深くても三〇メートルほどなので、すでにこのやり方で井灌を行っている。耕地には蔬菜を植え、その周囲には桑を植えれば利益は大きいし、土地に多くの井戸が掘られていると軍馬の動きを制限することにもなり、防衛のためにも一石二鳥である。よってこの滑車井の方法を図化して版刻し、農民に頒布し周知させることとする。

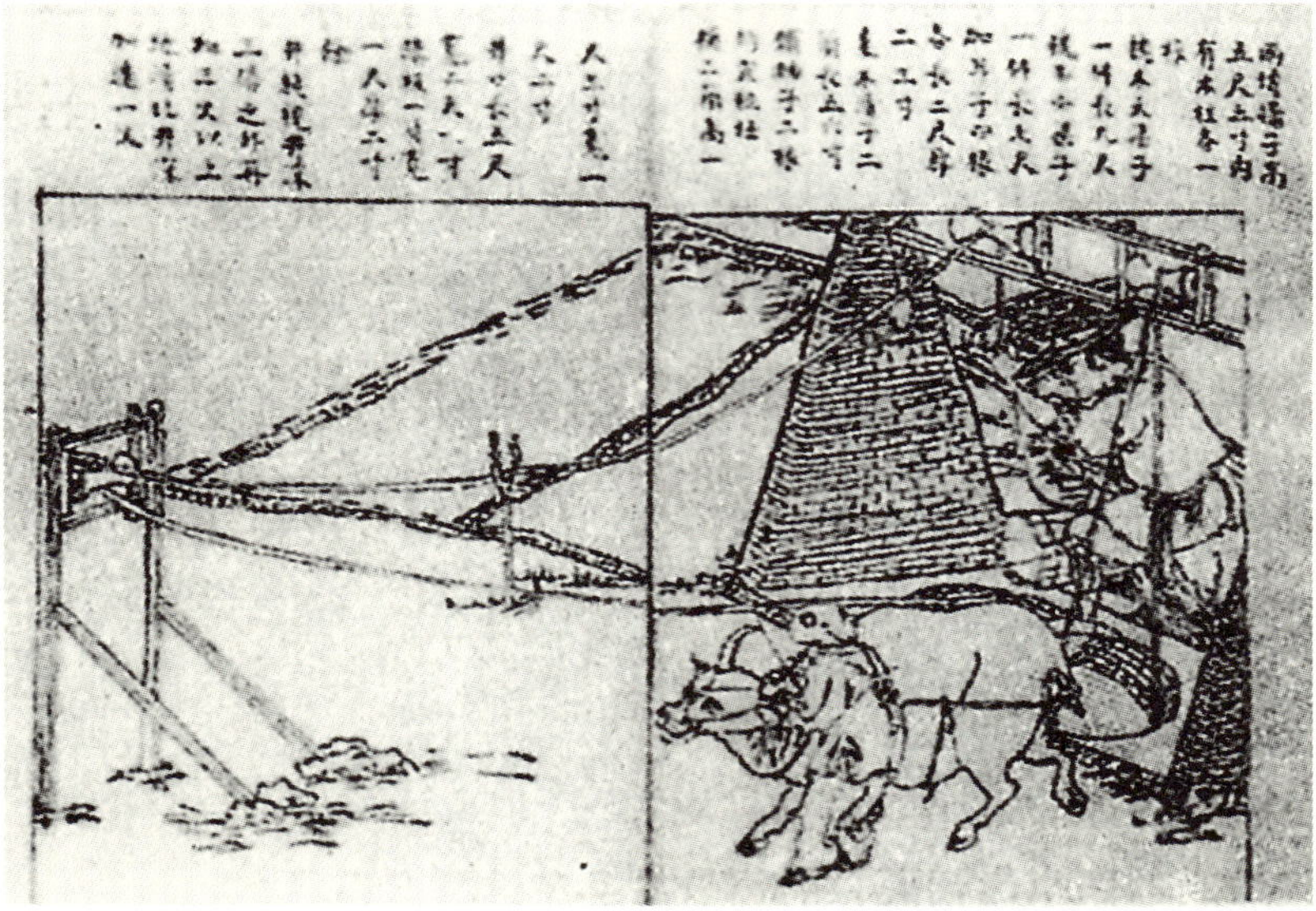

図８：滑車井澆地図（『中国農業大百科全書・農業歴史巻』172頁）

この内容を図化したものが本文の後に載せられる二種の「滑車井澆地図」（図８）である。その原理は井戸の上に滑車を備えた梯子状の梁を渡し、童子に引かれた牛の力によって縄を引き、滑車に吊された二つの水桶を交互に井戸から引き上げるというものである。

図上の説明によってその構造を復元すると、梁を支える両側のレンガ積みの壁は高さ一メートル七〇センチ程度で内部には木の柱を一本通しておく。梁には槐の木を用い、二メートル八〇センチと二メートル二〇センチの長さの異なる二本を、それぞれ長さ六〇センチ、厚さ六～九センチほどの四本の短い木材でつなぐ。滑車は二個で、棗の木を用い、長さは一五～一八センチで中に鉄の軸を通しておく。水桶は二個、高さは四二センチ、口幅は三八センチとする。井戸は楕円形で長軸は一メートル六〇センチ、短軸は八三センチとする。短軸に通す踏み板は一枚、幅は三二センチ、厚さは六センチほどとする。最後に木桶と牛とをつなぐ井戸縄は、井戸の深さの三倍に九メートル六〇センチを加えた長さとし、井戸縄を通す地上のもう一つの滑車は井戸の深さに三メートル二〇センチを加えた距離だけ井戸から離しておく。

もう一種の図は原理としては前図と同じであるが、異なる点としては村から遠く離れた井戸で用いる方法であり、梁をかけるレンガ積みの壁を設けず、持ち運びができるように木材四本で八の字型に組んでこれに梁を渡すという構造である。また、固定式の場合には童子が牛を引いたが、ここでは一人ですべての作業を行う必要があるため、牛には二本の縄が結ばれ、作業者がこれら二本を操ることで牛を前後に動かし分ける。桶も持ち運びに便利なように木桶ではなく、牛の皮で作られた桶を用いる。この牛皮の桶は木製の鈎で引っかけられており、地面まで持ち上げると自動的に水がこぼれるようになっており、木桶よりも手間がかからないという。

本文以外に図から読み取れる情報として重要なのが、井戸のすぐ脇に水路が通っており、桶によって汲み上げられた水が作業者によって水路へと注がれている点である。つまり、左宗棠が区田法とは異なる区種として述べた、井戸から水路を通して耕地へと導水する方法がここに描かれるのである。なお、図の後にはいずれも四字句でつづられた「鑿滑車井示」二篇と「高原築窖儲水示」が載せられる。前者は本文の要約であり、滑車井の構造に関する理解と記憶のために作られたものと考えられるが、「七月中に井戸掘削を行うこと」と「桑園」での利用を唱うことは本文には見えない。また、「高原築窖儲水示」は、高原に住む民に貯水槽を用いて水を蓄え、桑の木への灌漑を推奨する内容であり、徐光啓「旱田用水疏」の内容を彷彿とさせる。

桑栽培と区田法と井戸、『井利図説』に記されるこの三項目はモンゴル時代の区園地を思い起こさせる組み合わせである。すでに触れたように区田法を実施する区園地の三条件が土塀と桑と井戸を備えることであった。土塀を除くその他の項目は確かに『井利図説』と一致するが、その関係性は明らかに異なっている。モンゴル時代の区園地においては区田法の実施があくまで主であり、桑栽培と井灌はそれを補助する、もしくは隙間を埋めるという従の位置づけにあるものであった。これに対して、『井利図説』における三者の関係は異なる。

同書があくまで『蚕桑備要』の附説として添えられたものであるということが物語るように、王心敬が国家の大計、庶政の根本とみなした井灌とこれを補うべき区田法も、さらには左宗棠がその実践と普及に努めた区種も、ここでは桑栽培を補う役割を担うものに過ぎない。もちろん、干ばつや飢饉といった災害発生時において、その主たる役割と従としての役割、すなわち桑栽培のための水源と耐旱救荒のための水源という両者の優先順位が入れ替わることはあったであろう。しかしながら、これも以下に述べる時代背景としての実業振興とそのための地下水利用という大きな傾向自体を左右するものではなかった。

『井利図説』に見える井戸開発および井灌の役割に関しては、その末尾に載せられる劉光蕡の識語にも明らかである。これによれば、『蚕桑備要』四巻は大同の劉青藜（字は乙観）によって編輯されたものである。劉青藜は辛未（同治一〇［一八七一］）年の進士で、長く陝西三原県知県の任にあった。その間、涇陽県知県の涂官俊（字は劭卿）が保甲の整理と穀物の備蓄に意を用いたのに対して、劉青藜は三原県において養蚕と栽桑に力を尽くし率先して人々を教え導いた。この書物にまとめられた内容は、楊屾の『豳風広義』の精髄をもれなくつかみ取るだけでなく、最新の説や劉青藜自身が試みた内容をも含むものであった。その指導の宜しきを得て、三原県では養蚕・栽桑ともに大成功を収め、野には桑が生い茂り、町では生糸が市に満ち足りるといったあり様で、名吏として名高い涂官俊も病床にて涇陽県の養蚕が三原県に及ばないことをいたく残念がったという。劉青藜は伯兄が没したために官を辞して郷里の大同へと帰るに当たり、この書籍の版木を刊書処に送ってきた。この他に涂官俊が版刻させた楊屾の『豳風広義』の版木もこの刊書処にあり、出版の前に私、劉光蕡に識語を記すよう求めてきたため、光緒丙申（二二［一八九六］）年七月にこれを記したと述べる。『山西文献総目提要』にて言及されるように、光緒二一年に劉青藜が告帰する前にその版木を刊書処に送り、同二二年に咸陽の人であり刊書処主であった劉光蕡が出版を行ったのである。

光緒九（一八八三）年より光緒二二年までの長きにわたり三原県知県を務めた劉青藜には、本書のほかにも『蚕桑全図』および『蚕桑指誤』の著作があるが、その事蹟には不明な点が多い（張允中一九九四）。一方、涇陽県知県を務めた涂官俊に関しては、その優れた治績により死後には史館に生前の事績が報告されるなど、能吏として著名な人物であり、『清史稿』巻四七九・循吏伝にも立伝される。これによれば、水利開発に当たっては周囲の反対を押し切って龍洞渠の浚渫を行い、旧来に比して三割増の水量を得るという成功を収めた。さらに清峪河や冶峪河流域の廃渠を改修するとともに、河川水が利用できない場所では井戸掘削を奨励して五百基あまりの井戸を新たに得て民を干ばつから救ったという。

この涂官俊の墓誌銘を撰述したのも『井利図説』に識語を附した劉光蕡である。劉光蕡、字は煥唐（あるいは煥堂）、号は古愚、咸陽の人で清末の思想家、教育者として著名な人物である。関中学派の最後の大儒として梁啓超によって「関中後鎮」と称され、その門下からは国民党の元老であり、書家としても有名な于右任や『大公報』の編集、論説で知られるジャーナリストの張季鸞、民国期の水利行政をリードした水利工学者の李儀祉など多彩な人材を輩出した（任・武一九九七、武二〇一五）。『井利図説』を附した『蚕桑備要』の出版にあたり識語を寄せたことについては上述の通りであるが、その前年に小墟書院から曾鉌編纂の同書が出版される際には校訂をつとめており、劉青藜による追補以前から同書に関与していた(59)。

さらに劉光蕡は楊屾の著作『修斉直指』に評語を附して『修斉直指評』として出版している。そのうち区田法に関わる「好畝抵十之法」の評語によれば、マス目状にくぼ地を作るのはとても手間がかかるので、代田法のように帯状にくぼ地を作る方が手間もかからず、灌漑もしやすくてよい。こうした方法は現在では渭水以南と咸陽県・興平県の農民が多く行っている。さらに渭水以北は土地が高燥であるので水の確保に手を尽くす必要がある。光緒一九年に陝西省は干ばつに襲われたが、涇陽の民は「猴井」という井戸によって被害を免れた。井戸を掘るには地下水位が一二メートルほどの高さの場所を選び、そこから一二メートル離れた場所にもう一基井戸を掘って、それぞれの井戸には滑車を一つずつ設置する。縄の長さは二四メートルほどで両端にはそれぞれ桶を結わえておき、片方の桶が井戸に入る時にはもう片方の井戸から桶が上がってくるようにする。縄の中間には牛か馬をつないでこれを牽かせ、こちらに行けばあちらの桶が上がり、あちらに行けばこちらの桶が上がるようにする。それぞれの井戸端に一人ずつ立って水を耕地に注ぎ入れ、一人の子供が牛を引いて動かす。このようにすれば、井車などと較べて人手は要るが費用は安くすみ、簡単に実施することができる救荒の良策であるという。

ここで説明される「猴井」は一二メートルもの距離を置いて並べられた二基の井戸を用いるという点では異なるものの、原理的にはすでに見た『井利図説』の「滑車井」と同じものである。どちらも涇陽県の経験に基づくものであることから、やはり涂官俊によって奨励された技術に由来するものと考えられる。

劉青藜の『蚕桑備要』や楊屾の『豳風広義』らの書籍を出版した刊書処とは、涇陽県の味経書院に附置された味経刊書処である。当時、「南康北劉」として康有為と並び称され、西北における変法運動の中心人物の一人であった劉光蕡が十三経や二十四史などの経書や史書に校勘・注釈を施して出版するとともに、康有為の『桂学答問』や『強学会序』、梁啓超の『幼学能議』を出版して変法派の思想普及につとめ、厳復訳のトマス・ハクスリー『天演論』やアダム・スミス『原富』などの出版を通して西北における西学導入の拠点となった場所であった

(王天根二〇〇九)。

農学の分野でもすでに述べた『蚕桑備要』や『豳風広義』以外に劉光蕡自身の手になる『蚕桑歌訣』など、いずれも養蚕製糸に関わる書籍が出版されている(60)(侯一九九四)。『井利図説』が『蚕桑備要』の附説として出版されたこともこうした流れの中に位置づけられる。つまり井灌には耐旱救荒という従来の目的以外に、養蚕製糸業という実業を支える桑栽培のための水源という役割が求められるようになったのである。李顒から王心敬へと継承された井灌論は、清末においてその主たる目的を耐旱救荒から実業振興へと変えていったのであり、井灌論の系譜から見ても劉光蕡はまさに「関学後鎮」の名に相応しい人物であったと言えよう。

小　結

古代・中世における井灌が主に園圃農業において用いられる技術であったのに対して、金代には水文環境の変化に伴い、農業政策の一環として穀物栽培への井灌の導入とその推進が図られた。モンゴル時代においても王禎『農書』の叙述や所載の図からは穀物栽培に対する井灌の利用が窺えるものの、明確な記載としては区田法を行う上での水源という役割が与えられるにとどまった。

明末には徐光啓によって井灌と地下水開発に関する知見が『農政全書』にまとめられ、西洋の水利技術が『泰西水法』として紹介されたが、これらは地下水の利用に関する原理原則を示すものであり、人体に例えれば骨組みや骨格のようなものであった。これに肉を与え、血を通わせたのが王心敬である。『農政全書』や『泰西水法』を基礎として、これに土地勘と現場感をプラスすることによって井戸掘削と井灌の理論化が完成され、崔紀や陳宏謀らによってこれが実践に移されたのである。

また、王心敬の理論化と崔紀・陳宏謀らの実践化の段階においては、区田法はあくまで井灌の適用範囲を広げるための補完的な位置づけが与えられるものに過ぎなかった。しかしながら、丁戊奇荒への対処に迫られ、再び井灌を強く推し進めた左宗棠にとって、区種は井灌を補うだけのものには止まらず、井灌と区田法との完全なる融合を意味していた。水源としての井戸から汲み上げられた水は、水路を通して帯状のくぼ地に流し込まれることで区種の水源が確保されるとともに、これが井灌に節水効果をもたらすという相乗効果を生み出すことが期待されたのである。さらに、その効果をより高めるためには井戸からの揚水量を増加させ、井戸水を効率的に耕地へと導く必要が生まれた。ここに改良型の井戸として滑車井や猴井などが導入されることとなり、井灌の主たる目的も時代とともに養蚕製糸のための桑栽培という実業振興へと移り変わっていったのである。

注

（1）同様の観点として、蕭一九九八においては地表水資源の欠乏が地下水利用への関心を促し、井灌の提唱と推進に至ったとされる。

（2）王培華二〇〇二では、明清時代の井戸灌漑に関する代表的な理論とその実践の事例が整理される。

（3）その一例として、光緒二二（一八九六）年に出版された郭雲陞『救荒簡易書』巻三には「井水灌田、以人勝天、莫謂古有今無也」として、各地での井戸灌漑の事例が列挙される。

（4）本章では地下水を灌漑目的に利用するものに限定して考察を行い、飲料水や生活用水としての井戸水の利用については、本書第八章にて考察を行う。

（5）井車とは井戸に付設された回転式の揚水器を意味する。史料中においては、しばしば「水車」とも表記されるが、河川などから水を汲み上げたり、動力として利用される水車と区別するため、本章では以降、回転式の揚水器を井車の語で表現する。

（6）『北史』巻七二・李徳林伝にも関連する記載が見える。これによれば、井灌の実施は湖州刺史在任中とも読み取れるが、『隋書』本伝と比較すれば『北史』の脱文は明らかである。

（7）後段にて改めて取り上げるが、呂坤は『呂公実政録』民務巻二・小民生計において平陽における井戸数の多さに言及し、王心敬が朱軾に宛てた書簡「答高安朱公」（『豊川続集』巻一八）の中でも、平陽一帯の洪洞県や安邑県などの数十の県で井戸が掘られていないところはないと述べる。なお、梁・韓二〇〇六では、明清時代に山西において井灌が発展した原因を、（一）自然生態系の変化、（二）森林の大量伐採による水源の減少、（三）人口増加と耕地面積の減少による矛盾、（四）社会経済の発展、（五）国家による奨励・推進の五点に求める。

（8）金・モンゴル時代における黄河河道の変遷とそれに伴う環境変化については、井黒二〇二三を参照。

（9）当該項目については佐藤武敏の訳注（佐藤一九九一）がある。

（10）原文は「湯旱、伊尹教民田頭鑿井以漑田、今之桔槹是也。」

（11）原文は「湯有七年之旱、伊尹作為区田、教民糞種、負水澆稼。」

（12）区田法における施水が容器を用いた水やりという方法を採らざるを得ないことは、原一九八二に述べられる通りである。

（13）『元史』巻九三・食貨志・農桑、『通制条格』巻一六・田令・農桑、『元典章』典章二三・戸部巻九・農桑・立社、『救荒活民類要』元制・条格、『至正条格』巻三五・条格・田令に収録されるほか、カラホト文書にも残巻が確認できる。金・モンゴル時代における区田法の推進に関しては、井黒二〇一三を参照されたい。

（14）「井」の文字が井田法を想起させ、この復古的、理想主義的な土地利用法へと議論が引き付けられる傾向は、顧炎武ひとりに限ったことではない。

（15）『徐光啓集』巻五・屯田疏稿・欽奉明旨条格屯田疏にその全文が載せられる。

（16）原文では「数尺」とするが、ここでは仮に二、三尺として換算した。

(17) ここでは鐘方二〇〇三の定義によって、井戸の地上部分の構造物を井桁、地下部分を井戸枠を呼ぶ。
(18) 龍骨木斗とは井車の一種であり、木桶などの汲水器を連結させた環状の連鎖を歯車につないで回転させる揚水器具であり、和田一九四二はこれを活鏈水車（チェーンポンプ）と表現する。二種の歯車を組み合わせることで、地上での水平回転を水直運動へ変えて水を汲み上げるタイプもある。その写真と図が二瓶・松田一九四二や李元蟠二〇一二に見えるほか、楊屾『豳風広義』所載の養素園の図（図3）にも描かれる。
(19) 風力水車を用いた揚水に関しては、清末の李東沅「治旱条議」（成康『皇朝経世文続編』巻四二・戸政・農政）によれば、干ばつに際しては井戸を掘り風力によって水を汲み上げて灌漑を行うのに対して、長雨の際には水路を開いて風力によって排水を行うという。
(20) 『清史稿』巻四八〇・王心敬伝および『碑伝集』巻一二九・王徴君先生心敬伝。
(21) 王心敬や楊屾など李顒門下の人士については、謝一九三四を参照。ただし、楊屾に関しては、その年代から李顒への師事を疑問視する見解もある（Ong 2008）。なお、楊屾とその灌漑に関する思想については、井黒二〇二四を参照。
(22) 『地理険要』に関しては、これに該当する書籍を特定できない。
(23) 原文にはタイトルの「与董郡伯」の後に「辛未」の語が附される。李顒の生卒年から判断して康熙三〇（一六九一）年を指すと考えられる。また、書簡の内容から判断して、「郡伯」が西安府知府を指すことは明らかであり、康熙二〇（一六八一）年から同二九（一六九〇）年まで西安府知府を務めた董紹孔である可能性が高い。『［乾隆］西安府志』巻二六・職官志・本朝・西安府知府条を参照。
(24) もちろん井灌への着目という事柄自体は李顒にのみ見られるものではない。ほぼ同時期の事例として、朱子学を尊び陽明学を指弾する立場から、李顒の折衷性を強烈に批判した李光地も康熙三七（一六九八）年に直隷巡撫として「飭興水利牒」（賀長齢『皇朝経世文編』巻四三・戸政・荒政）を発している。これによれば、北方における旱害に対処するため、山の近くでは湧き出る泉を利用してこれを溝で導き、河川の近くでは渠を開削して水を導く。山も川も近くにない場合には、井戸を掘削して灌漑用水とするとの指導がなされる。また、その試算によれば、一県に一万基の井戸を開削すれば一〇万畝の土地を灌漑することができ、一畝ごとに米一石を収穫すれば、一〇県の収穫量で直隷全省の倉を満たすことができる。一〇〇基の井戸は一本の溝に、一〇本の溝は一本の渠に相当する灌漑能力を持つという。また、同じく直隷での状況を語るものとして、『御製棉花図』に「種棉必先鑿井、一井可漑四十畝」とあり、棉花栽培の水源としてもしばしば井戸水の利用が提唱される。

(25) 江藩『国朝宋学淵源記』巻上・李中孚条。

(26) 王心敬の井灌論においては、「浅井」と「深井」の区別は不明瞭であり、数値を伴った定義はなされない。浅井戸と深井戸の性格的な違いに関して、張芳は浅井戸は水位が高く雨水が混じりやすいが、地下水位を低下させることで土壌への塩分の侵入を防ぎ、アルカリ土壌の改良に効果があるとする。また、深井戸は深層地下水を利用するもので、補給には長い時間がかかり、地盤沈下を引き起こすという（張二〇〇四）。

(27) 陳振漢等編『清実録経済史資料　順治—嘉慶朝　一六四四—一八二〇　農業編　第二分冊』北京大学出版社、北京、一九八九年、中国第一歴史档案館編「乾隆初西安巡撫崔紀強民鑿井史料」、『歴史档案』第四期、一九九六年、九〜一四頁。

(28) 同州府での井灌に関しては、『清代陝西地区生態環境档案』雍正朝水利に収録される雍正三（一七二五）年八月一四日「四川陝西総督岳鐘琪等報陝属同州府開鑿新井情形折」（水利類三四四巻、縮微号一—〇〇七八）によれば、洮岷道道員に任じられた呉廷偉より同州での井戸開削および貯水と灌漑の提案がなされ、同州知州の陳時賢によって現状調査および井戸掘削が進められた。その結果、当時すでに八七九基の井戸が存在し、新たに七〇基が掘削されたとある。

(29) 正式名称は「資政大夫提督江蘇学政都察院左副都御史前兵部右侍郎巡撫陝西湖北崔公紀墓誌銘」。

(30) 『豊川続集』巻二九に収録される崔紀宛の九通の書簡の内、五通は題名に「又」とのみ記される。以下、それぞれの書簡を区別するため、巻二九の葉数と『四庫全書存目叢書』集部・第二七九冊の頁数をあわせて記載する。

(31) 魏源や張澍、張之洞らの崔紀および陳宏謀の両人に対する高い評価については、鈔二〇一一を参照。

(32) 楊屾著、斉倬註『修斉直指』好畝抵十之法。

(33) 同書はさらに民国二四（一九三五）年に『関中叢書』に収録された。宋聯奎や王健、林朝元らの跋文には、飢饉に備えるには必ず井戸開発を行うべきであり、区田法も井戸開発の一端であるとの認識が示される。また、出版に至る経緯に関しても、王心敬の著作を『関中叢書』に収録するにあたり、劉春谷が所蔵するという崔紀の「井田説」の抄本一冊と王心敬との往復書簡こそが灌漑と荒政の要諦を記すものであり、これを借り受けようとしたが手に入れることができなかった。そこで、曾望顔が版刻した『豊川雑著』を用いて、これを『関中叢書』に収録することとしたという。なお、管見の限り、崔紀による井田法に関する著作および言説を確認できない。あるいは王心敬の「井利説」の誤りである可能性もある。

(34) なお、現行の『豊川雑著』（『関中叢書』所収）においては「区田法」の後に帥念祖『区田編』もあわせて収録される。これには同治五（一八六六）年に涿州知州の郝聯徴によって版刻された際に追補された許汝済「区田註」が見えないことから、『豊川雑著』への帥念祖『区田編』の録入は民国期の『関中叢書』編纂の際ではなく、咸豊年間の曾望顔による編纂に際してなされたものである可能性が高い。

(35) 厳正鈞纂『左文襄公全集』書牘・巻一九に同名の書簡が多数並ぶことから、以下、その区別のために葉数と頁数（近代中国史料叢刊続編本）を示す。

(36) 原文では「劉考軒太守」と記される。この書簡が発せられた光緒三年には左宗棠は粛州に駐屯していることから、「太守」を近隣の甘州府知府と考えた場合、光緒三年に同職に就任した劉沢遠（『甘粛新通志』巻五二）である可能性が高い。

(37) 王心敬「井利説」、『皇朝経世文編』巻三八・戸政・農政下。

(38) 『左文襄公年譜』巻一・道光一八年戊戌公二七歳の事として、「始留意農事、於農書探討甚勤、以区種為良、作区田図説、指陳其利」とある。

(39) 時代・地域ともに異なる事例ではあるが、李章堉「勧農穿井説」（『［道光］伊陽県志』巻六）には、井戸水を水源としてこれを耕地の端に通された小溝を通して四通八達させるとある。

(40) ただし、この水路の組み合わせがすべて左宗棠の独自の発想であったということではない。後述する余沢春の「区種図式」（図6）や「区代合図」（図7）においても耕地の脇に「横溝」、「衡溝」といった記載が見えるように、一部では区田地への水路を用いた導水はすでに行われていたと考えられる。それらを下敷きにして左宗棠の見解がまとめられたということであろう。

(41) 馬二〇〇三によれば、左宗棠が効果を挙げると考えた井戸掘削と区種の両法を同時に用いるという方式は、今日の節水耐旱型の高効率の農業とも共通性を持つという。

(42) 陳一九八三によれば左宗棠はドイツ製の掘削機を購入したが、小型すぎたためか効果があがらなかったという。

(43) 李世瑛の名は『[光緒]蒲城県新志』巻八・職官志による。

(44) 『光緒朝上諭档』光緒三年七月初四日および同一一月二〇日、『光緒朝東華録』光緒三年秋七月丁巳、『徳宗景皇帝実録』巻五三・光緒三年七月丁巳条および同巻六二・光緒三年一一月条によれば、光緒三年七月四日に温忠翰によって干ばつの被害が特に大きい山西省への救済措置についての上奏がなされ、その片奏として山西・陝西・河南の各省において区田法を計画施行するよう提言がなされたという経緯が分かる。

(45) 春麦の種を購入するとされた平涼一帯は他の地域に比して飢饉と干ばつの影響が少なかったのであろう。なお、平涼を中心とする隴東一帯は掘削機を用いた水路開削など、左宗棠によって積極的に水利事業が展開された地域であり、これもその効果の一端と考えられる。

(46) 『甘粛新通志』巻五九・職官志・循卓・涇州直隷州にその略伝が見える。これによれば、左寿棠、字は子謙、湖南長沙の人である。挙人から大挑県知県を経て同治一一年に鎮原県知県に任じられる。左宗棠との関係は不明である。なお、鎮原県に隣接する固原直隷州では輩行字を同じくする左寿昆（字は美齋、湖南長沙の人）が同治一〇年に通判に任じられ、回民の安撫に努めている。

(47) 『続陝西通志稿』巻七一・名宦に載せられる略伝によれば、井戸掘削と区田代田法の実施など諸種の救荒策を駆使して大荔の民を救った周銘旗は、左宗棠の推薦により署漢陰庁通判に録用されるなど、前後三〇年間にわたって陝西省内の知州や知府を歴任した。光緒二六（一九九〇）年には義和団事変によって西安に蒙塵した光緒帝と西太后に大荔県知県時代の治績が報告されると、再び署同州府知府に任じられ、当年に発生した飢饉の救済に当たった。

(48) 四〇条におよぶ救荒策が挙げられるが、区田や区種の法に関する記載はない。

（49）中国農業百科全書総編輯委員会農業歴史巻編輯委員会・中国農業百科全書編輯部編、農業出版社、北京、一九九五年。

（50）張芳二〇〇九においても、ほぼ同様の説明がなされる。

（51）劉緯毅主編、山西人民出版社、太原、一九九八年。

（52）山西大学図書館所蔵本の閲覧・利用にあたっては、山西大学中国社会史研究中心張俊峰教授に多大なる尽力を得た。ここに特記して、衷心よりの謝意を表す。

（53）曾鉌は二度陝西按察使に任じられており、一度目は光緒一三（一八八七）年一一月から一四（一八八八）年九月までである。なお、光緒一四年には署陝西布政使にも任じられている。

（54）同書には所々欄外に追記が見えるが、これが劉青藜の追補部分と考えられる。

（55）一橋大学図書館に所蔵される。曾鉌輯、劉光蕡攷訂、柏震蕃等校、光緒二一（一八九五）年に少墟書館より刊行。劉青藜が追補する以前のヴァージョンと考えられる。同本にも末尾に「図説一巻」が附されるが、こちらは「蚕桑図説」であり「井利図説」ではない。

（56）「光緒丙申秋孟味経刊書処刻」の刊記がある。内容はほぼ（二）山大本と同じであるが、『井利図説』は附されない。

（57）これら版本以外にも『中国農業古籍目録』（中国農業科学院・南京農業大学中国農業遺産研究室編、北京図書館出版社、北京、二〇〇三年）によれば、華南農業大学農史研究室に抄本一冊が所蔵されるというが未見。

（58）左宗棠が版刻印刷して頒布した五千部のパンフレットも崔紀・陳宏謀らの「鑿井成案」と王心敬の「区田圃田法」からなるものであったことを考えれば、この『井利図説』の出所もこの当たりに求められよう。

（59）一橋大学図書館所蔵本に校者として名を連ねる柏震蕃や山大本に校勘者として見える蒋善訓はいずれも劉光蕡の弟子である。

（60）出版関係以外にも味経書院には復豳館という綿繅機製造工場が設置されている（黄一九三〇）。

第四章　大同盆地における淤泥灌漑

はじめに

山西省の北部、いわゆる晋北[1]の地は年間降水量四〇〇ミリメートル程度の半乾燥地域で、遊牧世界と農耕世界が交錯する農牧接壌地帯に位置し、古来より様々な集団や国々がその支配をめぐり角逐を繰り広げた舞台であった。一七世紀末に清朝が漠北の地を支配下に収めると、遊牧集団との軍事的緊張は緩和されたが、なおも水資源の不足が農業開発を阻害する要因であり続けた。この地域において水供給の安定を実現し、生産性を維持・向上させるためには、水資源の開発と管理が不可欠であった。

前近代の中国において、多額の資金と大量の労働力を必要とする水利施設の建造や水路の開削などの大規模水利事業を発案し実施した主体は、多くの場合、中央もしくは地方の官員たちであり公権力であった。一方で、水資源の管理主体は、個別の村もしくは村々が連合した水利連合、実質的な維持管理を担う水利組織、村を代表する有力宗族などであった。二〇世紀初頭、こうした旧来の図式に新たなステークスホルダーとして株式会社の形態を取る水利公司が加わる。

清朝末期、まずは製造業や金融業の分野に株式会社の形態を持つ公司が現れる。これは義和団の乱と八カ国連合軍の北京占領を経て、衰退した国家経済を立て直し、軍事力の強化を実現するため、西洋式の改革を導入して経済政策を推し進めようとする政府の後押しによるものであった。法制面においてもその整備は進められ、一九〇四（光緒二九）年一二月には商人通例と公司律からなる呉廷芳らの商律案が裁許され、欽定大清商律として頒行される。この公司律の第一条には、資本を集めて商取引を共同経営するものを公司と呼ぶとし、合資公司、合資有限公司、股份公司、股份有限公司に分類する。その後、一九一四年に袁世凱政権のもとで公司条例が制定され、企業には法人格が付与されることとなった（Liu and Mackinnon 1980, 富澤二〇〇九）。

清末民初の著名な政治家であり、起業家・教育者としても知られる張謇は、一九〇九（宣統元）年に淮河の治水と水運を主たる業務とする江淮水利公司を設立し、国家的課題とも言うべき導淮事業の基礎となる測量に取り組むこととなる（李鳳華二〇一三）。一方、これとほぼ時を同じくして、晋北の地にも灌漑事業を主たる業務とする複数の水利公司が誕生した。およそ二〇～三〇年間におよぶ水利公司の企業活動を通して、長らく開発が遅れた晋北の水利事業が推進され、灌漑水利の整備や土壌の改良がなされていくのである。

晋北の水利公司を取り上げた研究に、曲憲湯、張荷、李夏、高建民らの論考があり、代表的な水利公司の沿革と組織、事業内容などが明らかにされた（曲一九八二、張一九八六、李一九八八、高一九九七）。また、孔祥毅、丁克、馬月林・劉治昌らの研究では、水利公司の関係者からの聞き取りの成果なども交えて、個別事例の検討がなされる（孔一九八二、丁一九八二、馬・劉一九八九）。これらの研究によって得られる情報はいずれも有益ではあるが、依拠した資料が提示されないなど、実証面に課題を残すものも多い。

これに対して、王愷瑞は閻錫山が取り組んだ六政三事[2]の内容をまとめた『山西六政三事滙編』やその水利分野に関する成果である『山西省各県渠道表』のほか、『華北水利月刊』などの雑誌記事を用いて、従来とは異なるレベルでの考察を行った（王二〇〇七A）。歴史的事実の掘り起こしだけでなく、水利公司の持つ歴史的意義や伝統的水管理制度との差違に関する見解などにも傾聴すべき点は多いが、やはり一次資料の利用という点においてはいまだ十分ではない。本章ではこれら研究成果を参照しつつ、中央研究院近代史研究所所蔵の民国期档案や日本人による現地調査の報告書などを用いて、晋北の水利公司の設立の経緯と組織、定款、事業内容、土地利用の状況から、その実像に迫ってみたい。

第一節　水利公司設立の経緯

晋北の中心を南西―北東方向に伸びる大同盆地は、内モンゴルに通じる北方を除く三方を山々に囲まれ、その間を桑乾河が貫流する山西省内最大の盆地である。黄土高原からの土砂流出に起因する高い土砂含有率に加えて、降雨が集中する夏季の増水期と冬季から春季にかけての渇水期の間の大きな水量変動などの原因により、長らく同河川流域の開発は進まず、省内において最も深刻な水不足に悩まされる地域の一つであった。

桑乾河およびその支流域には、水不足と乾燥に起因する荒蕪地や砂質土壌、アルカリ土壌が広がり、丘陵と渓谷が連続する地形的要因も相まって、清朝政府の農業奨励策もほとんど成果を上げることはなかった。水利事業の遅れと干ばつの頻発、人口の流出は負のサイクルを形成し、清代を通じて耕地面積は明代万暦期の数値を超えず、乾隆初期に最大値を示すもののその後は下降線をたどる（王愷瑞二〇〇七B、張・王二〇一四）。こうした悪条件を克服するには、大規模な水利事業を通した河谷部への用水の供給と土壌の改良が必須の条件となり、その担

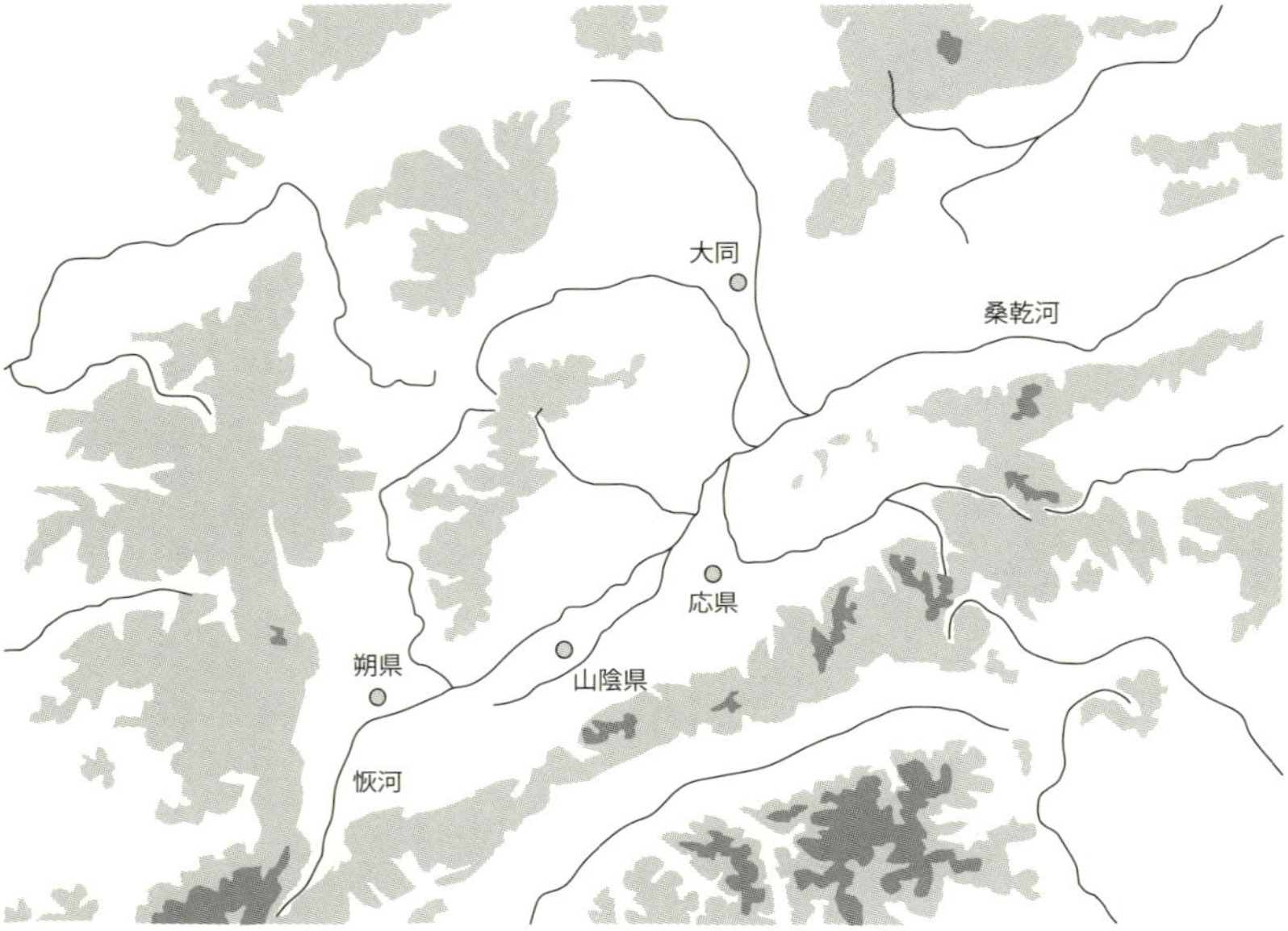

図１：大同盆地

い手として水利公司が出現するのである。

一九〇七（光緒三三）年、朔県に六合水利股份有限公司が設立され、さらに一九一〇年に朔県の広裕水利股份有限公司と山陰県の富山水利股份有限公司、一九一三年には応県の広済水利股份有限公司が相次いで設立された。その後、一九一五年には六合水利公司が広裕水利公司に吸収され、広裕水利公司第二支店として事業を継続することとなる。広裕・富山・広済のいわゆる三大水利公司による桑乾河流域の水利事業は「北三渠」と呼ばれ、汾河流域の晋中盆地における水利事業「南八堰」と並ぶ重要事業と位置づけられた（李夏一九八八）。

王愷瑞の整理によれば、『山西各県渠道表』が編纂された一九一九年までに、晋北の一二県[3]に計三一社が設立された。さらに一九三五年の状況として、大同・陽高・朔・応・天鎮・山陰の六県に計一四社の名が確認できる（王二〇〇七A）[4]。これらは事業主体によって民弁と商弁に大別され、前者が九社、後者が五社の割合となる。

灌漑面積の点から見れば、商弁の灌漑面積がいずれも数千頃にのぼるのに対して、民弁は山陰県の民生水利公司（二千頃）、大同県の漢済水利公司（千頃）と裕田水利公司（二百頃）を除いて、そのほとんどは数十頃にとどまる規模である。また、民弁の中には、農民組合もしくは農民団体としての性格が強く、公司ではなく「組合」や「社」と称するものもあった。さらに、村々の合資によって設立され、村人により事業運営がなされたり、会社組織が確認できず伝統的な商取引の組合組織である合股との区分が不明瞭なものも含まれる(5)。

県名	水利公司数	灌漑面積(畝)	備考
大同県	5	160,000	
懐仁県	8	340,000	
山陰県	2	380,000	
応県	3	451,000	
陽高県	2	8,000	
広霊県	1	600	
左雲県	2	8,500	公司数はp.172に依る
朔県	4	417,900	
霊邱県	2	1,500	
計	29	1,767,500	左雲県の公司数を加える

表１：水利公司数および灌漑面積（県別）（和田1942、pp.146-147・172をもとに作成）

一九三七年より興亜院の技師として晋北における土壌改良事業に従事した和田保によれば、当時の晋北政庁管内の一三県の内、九県（大同・懐仁・山陰・応・陽高・広霊・左雲・朔・霊邱）に計二九の水利公司が存在した（和田一九四二）。その県別の数とそれぞれの灌漑面積は表1の通りである。また、水利公司の名称・所在地・灌漑面積・成立年・組織形態については表2にまとめた。資本や事業規模が大きい商弁の水利公司の中には、関連する一次資料が少なからず残るものもある。以下、それらのうち、山陰県富山水利公司と朔県阜豊水利公司を取り上げ、その設立から政府による認可に至る経緯を見ていこう。

一九一五年一〇月二二日に農林部が受理した梁万春らの呈文(6)には、桑乾河の水利開発を行い、民の生計を助けるために設立した富山水利

№.	名称	所在地	灌漑面積(畝)	成立(年)	組織形態
1	大同晋記公司	大同県	10,000	—	株式組織
2	大同兵華公司	大同県	—	1911	株式組織
3	裕田公司	大同県	20,000	1931	株式組織
4	集義公司	大同県	30,000	—	農民団体組織
5	大兵公司	大同県	100,000	1915	
6	阜民公司	懐仁県	30,000	1914	
7	益民公司	懐仁県	30,000	1924	
8	弘裕公司	懐仁県	100,000	1917	
9	広裕公司	懐仁県	20,000	1924	
10	大峪公司	懐仁県	20,000	1919	
11	小峪公司	懐仁県	20,000	1920	
12	斉民公司	懐仁県	80,000	1937	
13	広豊公司	懐仁県	40,000	—	株式組織
14	山陰水利組合社	山陰県	370,000	1939	富山公司と華北水利公司が合併
15	民生渠	山陰県	10,000	1931	
16	広済公司	応県	300,000	1914	
17	応山里泉公司	応県	150,000	1931	農民団体組織
18	応懐大弘裕公司	応県	1,000	1931	
19	水利組合会	陽高県	5,000	清代	農民団体組織
20	和済公司	陽高県	3,000	1930	
21	民生渠	広霊県	600	1935	農民団体組織
22	富場公司	左雲県	3,500	1930	三村合資組織
23	公義公司	左雲県	5,000	1919	村民合資組織
24	広裕公司	朔県	210,000	1910	
25	六合公司	朔県	197,000	1907	
26	玉成公司	朔県	10,000	1924	
27	玉興公司	朔県	900	1927	

表２：水利公司一覧（和田1942、pp. 167-173をもとに作成）

公司に対する認可の要請がなされる。これによれば、山陰県の李県長の唱導によって組織された普済水利公司を前身として、桑乾河北岸の紳商の梁万春らにより公司条例に基づいて富山水利公司が設立された。梁万春らは桑乾河に取水口を建設し、水路を開いて淤泥灌漑の条件を整えるという方法で、桑乾河南岸のアルカリ土壌の改良と荒蕪地の開発を目指した。資金面においては実業家の杜上化と劉懋賞、胡雋に株主の募集を委ねるとともに、技術面に関しては農商部の水利顧問を務めていた王同春[7]を招いて測量を行った。こうして、桑乾河からの引水地点を興龍湾に定めると、現地の地主たちからの承諾も取り付け、その内容を契約書にまとめた。その後、農商部からの水利公司設立に対する認可を得るため、章程と水路図を添えて、山陰県、雁門道、山西巡按使を経て上申がなされたのである。

農林部宛一〇月三一日付の山西巡按使金永の咨陳[8]には、梁万春の認可申請に関するより具体的な経緯が記される。これによれば、梁万春の呈文を受理した山陰県長の戎良翰は自身で取水口や水路を視察するとともに、章程の内容が公司条例と合致するかどうかを調べた。その上で、農商部において許可を行うことべきとの見解を添えて、雁門道に上申した。しかし、雁門道尹があらためて章程を調べたところ、公司条例と合致しない点があり、くわえて収支概算書と登録費も提出されていないことが判明した。

これを受けて、一〇月一九日に再度、山陰県知事を経て、改訂された章程と新たに作成された収支概算書と登記表、および登録費として大洋二五元が提出された。雁門道尹は、一〇月二一日に山陰県での手続きに係る費用として五元を取り置いて県に送り返し、章程と地図、収支概算書と登記表、登録費として大洋二〇元を山西巡按使に提出した。その後、巡按使から農商部へと上申がなされたが、農商部の工商農林司においてふたたび章程と公司条例との不一致が問題となり、山西巡按使に再調査が命じられた[9]。あわせて、梁万春には公司条例に準拠して公司名に「股份」の二字を付け加えることや株主への自己資本利子（官利）の支払いに関する問題点を改正することなど、修正要求がなされた[10]。最終的には一九一六年一月一九日に農商部から山西巡按使に対して註冊および執照を附した咨文が送られ認可が下りた[11]。

認可申請の際に附属資料として提出された登記表によれば、富山水利股份有限公司の設立年月日は一九一五年八月二二日、資本金は五万元（一株五〇元）で、本店は山陰県安営村に置かれた。発起人には梁万春ら二二名が名を連ねたが、その中から董事として杜上化（霊邱県上寨鎮）、劉懋賞（平魯県安太堡村）、梁万春（山陰県第四舗）、王同春（五原県烏蘭格爾）、郭嵩山（山陰県安営村）、田応璜（渾源県海村）の六名と発起人以外から劉徳馨（大同県孤店村）の計七名が選任され、監察には孟元文（霊邱県塔児溝門村）、狄麟仁（大同県大王村）の両名が選ばれた。

発起人の一人でもある劉懋賞は、民国初期の著名な政治家・起業家であり、令徳堂中学専斎（後の山西大学堂）に学んだ後、日本にわたり明治大学に留学した。日本では中国同盟会に参加し、帰国後には資政院議員を務めるなどしたが、袁世凱が臨時大総統となると山西へ戻り、山西省議会の議長の任に就く。これと前後して、一九一一年から一九一六年の間に資金五万一千元を集めるなどして、三大水利公司のすべての設立に関与した（劉一九八七）。

富山水利公司の認可に関する呇陳を発した翌日の一一月一日、山西巡按使の金永はついで朔県の阜豊水利股份有限公司の認可に関する呇陳を農商部に宛てて発している（農商部収字第八八二七号）[12]。これに引かれる朔県知事の詳文によれば、荒蕪地が広がる恢河流域の馬邑郷の開発を考えていた朔県知事の耳に入ったのは、同県の劉懋賞らが十万元で広裕水利公司を設立して見事な成果を上げているとの情報であった。これに刺激を受けた県知事は紳民らと協議の上で資本金を集めて水利公司を設立することに意を決する。実際には、県知事の意を受けた王同春や姚寅達らによって資本金一万元が集められ、馬邑郷神頭鎮に阜豊水利公司が設立される。その後、農商部からの認可を得るため、章程と水路図を附して申請書が上呈されたのである。

詳文には、水利事業前後における変化として、水路開削と淤泥灌漑の効果が以下のように述べられる。

（一）神頭鎮一帯にはアルカリ土壌が広がり穀物が実らなかったが、水路が開削されると、山域からの溢流水が

図２：水利公司と関連地名（*Irrigation Improvements on Sang Kan Ho, Hu To Ho, Chang Ho, and Chin Ho*所収のPlan of Sang Kan Ho（桑乾河平面図）をもとに作成）

流れ込み、泥土を多量に含んだ「洪水」(13)が耕地に注ぎ込まれ、毎回六～九センチメートルほどの淤泥が堆積して痩せた土地が肥沃な地へと生まれ変わった。

（二）雁門関以北の地は雨が少なく、農民はつねに干ばつに苦しんでいたが、水路が開削されると、水を引き入れて灌漑を行うことで、干ばつに苦しむことはなくなった。

（三）雨量が多い年には河川の水が溢れ、耕地は水に浸かり、家屋は水中に漂う状況であったが、水路が開削されると、雨水は水路を通って流れ去ったので、土地や家屋が水没する危険はなくなった。

（四）山西の北部一帯には荒漠たる土地が広がっており、どこの山も丸裸で木は生えていなかったが、水路が開削されると、水利公司による植樹によって堤防が強固になるだけでなく、水路の水を注いで育林に役立たせたので、農業と林業がともに発展した。

（五）県内を流れる恢河を調べたところ、その本流に当たる桑乾河の下流域は直隷の保安県を経て北京の盧溝橋に達し、さらに天津にて海に流れ込んでいる。近年、北京や天津で水害が起こっているのは、上流域において流れが滞ってしまっているためであったが、水路が開削されると、上流域の水は水路によって枝分かれして耕地を潤すこととなり、これにより下流域に当たる北京や天津での氾濫を引き起こすことはなくなった。

朔県知事によってその意義が強く訴えられた阜豊水利公司の設立に対する認可申請は、雁門道農桑総局へと送られ、審査の後、山西巡按使を経て農商部への咨陳がなされた。先に見た富山水利公司の設立の経緯と比較して、より直接的な県知事の関与が見て取れる。その際、設立のきっかけとなったのが同じ朔県の広裕水利公司の存在であり、劉懋賞らの活動であった点も興味深い。また、阜豊水利公司の章程が富山水利公司の章程をモデルとして制定され、その発起人に名を連ねる八名の中には富山水利公司の発起人であり董事でもあった劉懋賞と王同春が含まれるなど、両公司の密接な関係性も明らかである。県知事ら官側の直接的、間接的な働きかけと劉懋賞ら士紳の人的ネットワークに基づく資金調達、技術支援が水利公司の設立の基調であった。

第二節　組織および事業運営

次に富山水利公司の認可申請時に附属資料として提出された章程、地図、収支概算書、登記表などから、その組織と定款を確認し、設立時にいかなる形態の会社組織および事業運営が意図されていたのかを見てみよう。

全一六章五三条からなる富山水利公司の章程によれば、公司の経営に責任を負う執行役員に関しては、任期三年の董事七人と任期一年の監察二人が株主総会の決議により株主の中から選任され、選任された董事によって実際の業務に当たる経理の人事が行われた。毎年決算後一ヶ月以内に定時の株主総会が開催されるほか、必要があれば董事もしくは監察によって臨時に招集される。董事は公司を代表してすべての事務を統轄し、経理は一切の事務を執り行う。監察には随時に業務内容および各種の帳簿を検査し、株主からの質問に答える職務が課せられた。執行役員が義務を怠り公司に損失を与えた場合は、公司に対する賠償責任を負う（第一三章）。

株主には自己資本利子（官利）として年五パーセントの利息のほか、三年ごとに配当金（紅利）が支払われた。配当金はその七五パーセントが株主に支払われ、残りのうち七・五パーセントは内部留保、一七・五パーセントは発起人および執行役員への報酬や賞与に充てられた（第一五章）。このうち、自己資本利子に関しては、当時の通例通り、利潤の有無に拘わらず支給されることとなっていたが、これに関しては、農商部からの修正要求として、営業利益がない場合には当該の利子を支給しない旨を章程に明記するよう指示がなされた。

なお、阜豊水利公司の章程（全一〇章一七条）によれば、株主への自己資本利子は六パーセント、配当金の七五パーセントを株主に支給し、残る五パーセントを内部留保、二〇パーセントを発起人および公司の職員への報酬および賞与に充てる（第八章）。執行役員は総理一人、協理一人、董事四人からなる（第九章）。ただし、執行役員に関しては公司条例第一五七条に基づいて、董事の人員を奇数にすることや監察の項目を記載するよう求める改訂案が農商部にて作成されている(14)。

富山水利公司の事業区域は、「富山水利公司地界平面全図」の附記によれば、北は桑乾河の北岸、南は黄水河、西は朔県の興龍湾から山陰県城の西を経て、県城の東の黄水河が北に向かって桑乾河に流れ込むまでの範囲とされる。その東西の距離は六五里（一里はおよそ五七六メートル）、南北の幅は一五〜一八里で、その間に荒地・半熟地・熟地の灌漑地約四五〇〇頃（一頃はおよそ六・一四ヘクタール）が広がる。その間に、桑乾河南岸の興龍湾から南に延びる総渠一本と分かれて黄水河に入り桑乾河に合流する大支渠三本が描かれる。この図は発起人の一人でもある葉涵潤によって作成され、総工程師の王同春の検査を経たものであった。

公司が用水を供給する灌漑区域に関しては、公司の水路が通過する範囲の村を対象とし、山陰県内で水路流域に当たる村々は契約を結ぶことで対象区域と認定される。また、村が隣県の所轄であっても、流域内にある村が契約をし署名押字を行えば、対象区域に認定される（第五章）。

灌漑区域においては、公司の設立に対する認可が下りた後、ただちに地方長官に人員の派遣を願い出て、公司の職員と各村の代表とが合同で土地調査を行う。この調査により、土地を官荒（官有の荒蕪地）、民荒（民有の荒蕪地）、熟地、半熟地の四種に分類し、それぞれにしるしとなる界標が建てられ境には界溝が掘られた。さらに地主の姓名と耕地の四至、面積をリストにまとめて、調査員の署名と公司の捺印を得た上で地方長官に上呈し、これにより土地の類別が認定された。なお、土地調査に先立って、地方長官は村々に調査の日時を通知し、地主にはそれぞれの土地に関する契約書を準備させておく。その際、契約書を遺失した者については、同村の人がそれを認めたならば、申告書を提出して地方長官がその可否を判断し、公司はこれに関与しないとされた（第六章）。

公司による供水は、恒常的な河川を水源を有する清水と臨時的な雨水および溢流水を水源とする洪水の二種に大別される。詳細は次節に譲るが、清水の供給が水分の供給と地表面のアルカリ分の除去を目的とするのに対して、洪水の供給には水中に含まれる泥土（淤泥）を耕地に流し込み、客土を形成することで土壌の改良を行うという目的があり、その技術は淤泥灌漑と称された(15)。これら目的の違いに応じて、利用者には異なる負担が求められた。その一つに配水料（水租）がある。これは水分の供給に対する負担であり、清水・洪水ともに配水料を支払う義務が発生した。価格は清水の灌漑は一回一畝ごとに銅銭五〇文、洪水は一〇〇文と定められ、新たに水稲田を開いて通年の用水を行う場合は、一畝ごとに二〇〇文とされた。

通年灌漑を行う水稲田以外の土地に関しては、毎年、清水と洪水とをそれぞれ一回ずつ供給し、その供給量は表土が灌水する状態を基準とした。もし地主が供給量が十分ではないと判断した場合は、村が過半数を代表して請求を行えば、それぞれにもう一度ずつ灌漑を行うことが認められた。配水料の負担者は地主であり、その納付期限は旧暦を用いて七月中に一度、一二月にもう一度とされ、公司の本店と支店から催促がなされた（第一〇条）。公司によっては配水料の物納を認めることもあった（馬・劉一九八九）。

また、洪水を利用した場合、利用者には配水料以外にも負担が課された。それが淤泥灌漑による土壌改良の後に改良済みの土地を一定の割合で公司と地主とで分割する「分地」というしくみであった。この方法にこそ水利公司による農業水利開発事業の最大の特徴があると言っても過言ではない。淤泥灌漑による土壌改良を通して可耕地を造成し、耕地面積を拡大させることが狙いであり、これにより水利公司は配水料を得るとともに、自社が所有する耕作地を毎年増加させていくこととなるのである。

分地の割合は土地の開発の度合いによって異なっていた。最も公司への分与率が高いのは、アルカリ土壌の荒地を淤泥灌漑する場合であり、土壌改良の後に公司が五、六割、地主が四、五割の割合で分地が行われた。逆に地主への分与率が高いのは、それまでに一定の耕作がなされた熟地と半熟地で、熟地では地主が七、八割、公司が二、三割の割合、半熟地では地主が六、七割、公司が三、四割の割合で分地がなされた（第八章）。

また、阜豊水利公司では、灌漑用水の利用地が熟地か荒地・半熟地であるかによって利用者の負担の種類が分かれた。熟地に灌漑を希望する者には、配水料の支払いが求められたが、清水の利用にかかる配水料は時期によって変動し、春夏秋冬の季節ごとに郷老との話し合いによって価格が決定された。決定された価格は通りに掲示され、公司や地主が任意にこれを増減することは禁止された。洪水に関しては、引水を願う者はあらかじめその意思を表明し、話し合いにより価格を決定するとされ、勝手に引水して淤泥灌漑を行うことは禁じられた。一方、荒地と半熟地に洪水を用いた淤泥灌漑を行う場合には、土壌改良がなされた後、土地を耕作度に応じて五等級に分けて分地が行われた。最高ランクの一等地は、地主と公司の分地の割合が七対三、二等地は六対四、三等地は五対五、四等地は四対六、五等地は三対七と定められた（第七章）。

富山水利公司による水資源管理の体制と組織に関しては、渠夫や水巡と呼ばれる人員が設けられた以外は不明である（第一〇章）。その他の水利公司の事例ではあるが、定襄県の広済水利有限公司では、各水路には一定区間ごとに監水房が設置され、監水員一人と臨時巡渠工三〜五人が配置され、水路の巡視に当たった。また、用水を利用する村には渠長一人が置かれ、村の水管理に責任を負った。配水料は季節ごとに各村の渠長と公司との会議によって決定され、金銭以外に糧食や衣料などの生活用品での代納も認められていた（馬・劉一九八九）。

この他、朔県の広裕水利公司には、水経手と呼ばれる人員が存在した。彼らは村から選出されて公司と村民の間に立ち、配水料金の決定や配水契約書の作成、配水料金の徴収を行った者たちであり、灌漑面積に応じて規定の取り分を得て、その他を公司に納めた。通常、水利公司は毎年正月に水経手会議を開き、そこで決定された洪水利用の際の土地分割率と清水利用の配水料金が村民に通知された。その後、引水を希望する者は水経手を通じて、公司との間でその年の配水契約を結んだ。洪水利用の土地分割については、耕地の肥瘠の度合いに応じて五等級に分けられ、公司と地主との分配率が定められた（興亜院技術部編一九四〇）。こうして水利公司は水利インフラの建造のみならず、用水の供給と配水料の徴収を通して、水資源管理や分配の面でもその運営の主体となったのである。

第三節　事業内容とその成果

続いて、定款に記される事業内容が実際にはどのような形で実施されたのかを確認するため、灌漑水利や土壌改良に関する一九三〇年代の現地調査の成果を用いて、当時の水利公司の事業内容とその成果について考察を加えてみたい。

まずは、一九三三年より山西省の河川測量調査に派遣された中国華洋義賑救済総会（China International Famine Relief Commission）のチーフエンジニアであったアメリカ人技師のトッド（O.J. Todd）[16]が、山西省水利工程委員会の徐永昌委員長に提出した *Irrigation Improvements on Sang Kan Ho, Hu To Ho, Chang Ho, and Chin Ho: A Report Prepared from Surveys made in 1933-1934*（中文タイトルは「晋省桑乾滹沱漳沁四河測量報告」）を取り上げる[17]。これは山西省北部および東南部を流れる桑乾河・滹沱河・漳河・沁河の四河川に関する調査報告である[18]。

これによれば、調査対象となった四河川のうち、桑乾河の持つ可能性に対する評価が最も高く、調査時における灌漑面積四一万五千畝（一畝はおよそ六・一四アール）に対して、灌漑可能面積はその四倍以上ともなる一九〇万畝と見積もられる。ただし、晋北地域の土壌のアルカリ化は深刻であり、くわえて雁門関以南と比べて低い気温と強い北風によって吹き寄せられた砂土が地表に堆積するなど、農耕には不利な条件が重なっていた。こうした自然環境的要因に基づく悪条件を克服するため、水利公司による水利施設の建造と淤泥灌漑による土壌改良が試みられたのである。

すでに述べたように、淤泥灌漑とは淤泥（水中の堆積物）を含む用水をアルカリ土壌地に流し込むことにより、地表面のアルカリ分を洗脱すると同時に、淤泥を一定の深さに沈積させることで客土とし、播種を行う新たな土壌を形成するという技術である。これには地表面に集積されたアルカリ分を除去するための排水溝を掘削することが不可欠であった。しかしながら、排水に関する知識や経験の不足により、晋北では用水の過剰供給による再生アルカリ化が進行するなど、その効果は極めて限定的であった。

また、水利公司によって水路が開削され、堰堤や水門など水利施設が建設されたが、水路の勾配を調整し河床を安定させるための落差工や制水門が建設されず、次第に浸食による水路の破損が進行した。報告ではこうした導排水や水利施設に関する技術力の不足が、水利公司による桑乾河流域での土壌改良事業を阻害した原因であったとされ、あわせて春季の河川減水期に対処するための冬期貯水の必要性が説かれる。

次に取り上げるのは、興亜院嘱託農林技師の師岡政夫と同院助手の松井信雄、同院雇の戸塚正夫によって、一九三九年八月二四日から一一月二三日にかけて行われた現地調査の報告書『蒙疆に於ける土地改良に関する調査』[19]である。この時、蒙疆における農畜産開発を目的として、土地改良の基礎となる水利と土壌に関する調査が行われた。晋北地域の調査期間は九月六日から一八日までで、水路や水質、土壌などの基礎データの収集がなされるとともに、水利公司の事業内容に関する調査が行われた。

本報告書の「灌漑排水の状況」の中の一節「水利公司の組織」の内容は、朔県の広裕水利公司の沿革と当時の状況をまとめたものである。これは朔県県公署厚生科長の熊煥生、地政股長の奏子岐、元六合水利公司の曹晋（発起人の一人）、元広裕公司常工頭の王玲士らからの聞き取りに基づくものである[20]。なお、『水を中心として見たる北支那の農業』にも章程を設けた株式組織による事例として本公司の概要が示される（和田一九四二）。すでに前節で述べたところと重複する部分もあるが、これらの資料によって運営の実態を確認してみよう。

広裕水利公司、正式名称は商弁広裕墾牧有限股份水利公司と言い、一九一〇年三月の設立時における資本金は銀二十万両で、株主は官吏や豪農、紳商たちであり、事務所は朔県老君廟に置かれた。発起人は大同県の人で当時、太原大汾汽車公司の経理を務めていた鄭平甫、朔県の豪農である蔚大海、同じく朔県の人で衆議院議員であった劉懋賞の三名であった。劉懋賞は公司の事務を統括する総弁を一九一一年から一九一九年まで務めた(21)。鄭平甫と蔚大海は総弁を補佐する協理の任を一九二六年まで務め、その後は新たに設けられた監察の任に就いた。そのほか、大株主が任命される名誉職として董事若干名が置かれた。

主要な水利事業として、桑乾河の上流域に当たる恢河と桑乾河本流からの引水を行う三本の幹渠（旧幹渠は全長五〇キロメートル、大幹渠は一五キロ、新幹渠は三五キロで、幅はそれぞれ一五～一八メートル）と幹渠から水を分ける一六本の支渠（総延長五〇キロあまり、幅は六～九メートル）の開削が挙げられる。ただし調査時においてすでに一部の水路は泥土の堆積による河床の上昇によって廃渠となっていた。

また、各幹渠の取水口は土製もしくは石製であったが、調査時には崩壊し放置されていた。すべて石製であった堰や水門は、その一部が破損していたが、余剰水を放流するための余水吐は完全な状態であった。このほかに幹渠から支渠への分水のために大丁頭と呼ばれる堰が設置されたが、その多くは恒久的な施設ではなく土製で一過性のものであった。調査時には三大村（三二村）の二一〇〇頃が灌漑対象区域とされ、このうち過去数年間における一年間の洪水と清水（青水と春水、後述）を合わせた灌漑面積は一五〇〇～二〇〇〇頃であった。それぞれの用水の利用割合は洪水が五〇パーセント、清水が五〇パーセント（青水二五パーセント、春水二五パーセント）である。

清水と洪水に大別される灌漑用水には、さらに以下のような種別が存在した。清水に属する春水とは、陰暦正月中旬から三月中旬までの播種前に耕地に引かれる水を指す。通常、氷の破片を含んでおり、耕地には地下九センチメートルに浸水するまで水を引き、地中に水分を浸透させて作物が発芽しやすい土壌環境を作る。同じく清水に属する青水とは、陰暦四月下旬から五月中旬までの間に苗に施す水を指し、春から初夏にかけての乾燥期に幼苗の生育を促進するという目的を持つ。四月穀雨前後のものを桃花水、五月立夏前後のものを熱水と呼んだ。これらのほか、陰暦九月上旬から一〇月下旬にかけて地下九センチほどまで浸水させて、翌年の播種期の乾燥に備える秋水と一一月から一二月にかけて引水される冬水があり、いずれも清水に属する。

これら清水に対して、洪水とは陰暦五月下旬から七月下旬までの雨季の泥土を大量に含んだ水流を指す。洪水に含まれる淤泥をアルカリ土壌や砂土などに注ぎ入れ、九センチほど堆積させて客土とすることで土壌改良を行う。客土の厚さに関しては、灌水の後に公司の職員と村長、水経手らが土地所有者の立ち会いのもとで測定を行った。洪水がもたらす施肥効果は大きく、淤泥灌漑を一度行えば三年間はその収量を増加させると言われた。

洪水を用いた灌漑によって淤泥が供給され、九センチ以上の新たな土壌が形成された場合、公司と農民とによって以下の割合で土地の分割がなされた。

一等地：公司二対農民八
二等地：公司三対農民七
三等地：公司四対農民六
四等地：公司五対農民五
五等地：公司四対農民六

また、土地の分割を行わない場合は、畝ごとに四角二分の水費を徴収し、春水を用いる場合は畝あたり一角七分、青水の場合は三角二分と定められた。これにより、広裕水利公司は一年間におよそ三五頃の土地を取得し、さらに配水料金としておよそ千円の収入を上げた。一方、農民にとっても土地分割の義務はあったが、荒蕪地を改良して新たな耕地を獲得することができ、双方にメリットのある方法であったとされる。

同報告書の「各水渠の概況」には、晋北の調査地域内の二一の水利公司（組合等を含む）の復興計画書および事業報告書が収録される。そのうちの「山陰県富山公司復活水利組合社計画書」によれば、富山水利公司は一九二六～二八年にかけての戦禍（閻錫山と馮玉祥との戦争の結果、馮玉祥軍が晋北に侵入）によって多大な損失を被り、以降原状を回復できないまま一九三七年の日中戦争の勃発により公司の職員は逃亡し、事業は停止された。この時、旧富山公司を水利組合社として復活させる案が提示され、一九三四年の氾濫によって被害を受けた取水堰などの修復が計画されたのである。

広裕水利公司も同じく閻錫山と馮玉祥との戦争によって損失を被ったが、その後に復活を遂げ、総理の張徳斎の指揮のもと一九三二年には「十年施業計画書」を策定し、水利施設の建設と植樹を中心とした復興計画を公表した。[22] しかしながら、同年八月三〇日に開催された永定河上流域の灌漑水利および植林に関する華北水利委員会の会議の席上、山西省実業庁技正の和亦清が広裕・広済・富山の各水利公司は永定河上流の支流である桑乾河および渾河の水を用いて灌漑を行ってきたが、経費が不十分であるため失敗を続けているとの報告を行っている。続いて山西省建設庁秘書の裴士清も和亦清の言を補足し、広裕水利公司はこれまでに九〇本以上に及ぶ水路を開削して五千頃あまりの土地を灌漑し、広済水利公司も同程度の灌漑耕地を造成したが、いずれも経費が不足するとともに、指導の宜しきを得ず、さらには渾河の水量が少なく利用に堪えないとして業績の不振を述べている。[23]

第四節　技術と運営の問題

和田保によれば、中国北部における灌漑は、陰暦三月上旬から四月下旬に至る麦類と綿花、野菜類への供水と十一月の麦類に対する供水を主とする。しかしながら、河川水を用いた灌漑の場合、用水を最も必要とする四〜五月に河川の流量が極めて少ないという根本的な問題が存在した。くわえて、含砂量が多く、両岸が崩壊しやすい黄土であるため、水路の護岸や勾配には慎重を期する必要があった。しかしながら、取水設備に求められる技術的な水準を満たすことができず、かつ気象記録の不備や河川の観測記録の欠如などの悪条件も加わり、取水口の破壊や水路の湮没を生じ、水利公司の失敗を招いたという（和田一九四二）。

三大水利公司とは異なる民弁の水利公司の事例ではあるが、業績不振の原因をより具体的に伝える資料がある。王殿魁「山陰民生水利公司之過去現在及将来」によれば[24]、一九三一年の春に山陰県に設立された民生水利公司は設立の当初より水路開削の資金不足に悩まされるとともに、水路用地をめぐって地主の反対を受けるなど、多くの問題を抱えていた。さらに一九三三年には、雨が十分に降ったため農民は灌漑を必要とせず、用水の購入が減少し、公司の収入も減少していた。また、豊富な穀物貯蔵量によってその価格が引き下げられたことにより、資金繰りに困った農民は灌漑の利を知りながらも用水の購入に踏み切れずにいた。こうした原因による民生水利公司の業績不振に追い打ちをかけたのが迎頭大壩の倒壊である。桑乾河北岸の水路に水を導くために建造された土製の堰は一九三二年の夏に鉄砲水によって破損した。公司は多大な費用をかけてこの堰を再建したが、翌一九三三年の多量の雨により再び倒壊したため、ついに用水の供給は不可能となり、多大な損失を生むこととなったという。

近代中国水利学の泰斗と言うべき李書田らの分析によれば(25)、華北における灌漑事業の抱える問題は水源不足と技術不良にあり、その失敗の例として富山水利公司など水利公司の事業を挙げ、以下のように評する。当時、桑乾河の水を引くために堰を建造したものの失敗に終わり、それまで費やしてきた資金は全て無駄になった。さらに富山公司の水路と里泉公司の水路とを接続させようとしたが、やはり水路の勾配の問題により水を通すことができなかった。富山公司に関しては、一九三四年の大水によって攔水堰が破壊され、その後はこれを修復する余力がなく水路もその多くが損壊した。また、民生公司も攔水堰を建造する力がなく、わずかに夏の増水期の前後に一部の水を利用することができるだけであり、弘裕渠に至っては取水口附近の河流の変化が大きいので、水路はあるが利用できないという状況にあったという。

さらに、一九四六年一〇月二一日に開催された山西省参議会の第一四次会議における経済建設に関する決議条項の一項に、日中戦争終結後の水利公司の情況について述べる部分がある(26)。これによれば、晋北の平原部においては、抗戦以前から水利公司が設立され、桑乾河と渾河の二大流を用いた灌漑水利が発達し、富山・広済・民生などの水利公司が長期的に収益を上げていた。これにより晋北の各地では耕地が拡大し、砂礫の地は沃野へと生まれ変わった。しかしながら、戦争が始まると敵方に蹂躙され、人民は流散して、水利公司もその多くが「漢奸」に牛耳られ、水路も長年修理もなされぬまま放置されたために荒れ果てて生産力は減退し、人民は食糧の不足にあえいだという。

「漢奸」らの支配に関連して、日中戦争の勃発により水利公司の事業は再び停止に追い込まれ、日本軍の晋北への侵攻の後には、三大水利公司の業務は日本軍に加担する水利会の手中に落ちたとされる(張荷一九八六)。

『蒙疆に於ける土地改良に関する調査』所収の「朔県広裕公司事業計画書及工事設計書」によれば、職員のうち経理と技士に一名づつ「日系」の人員が配置されている。この水利会とは、蒙古聯合自治政府の大同省実業処水利科の菊池末治科長が幹事の任にあった民間組織「晋北水利振興会」を指す可能性が高い(27)。

運営面での弊害は上層部だけでなく、公司全体に蔓延する状態であったことが以下の資料からうかがえる。一九三五年に発表された著者不明の「朔県水利公司之黒幕(28)」と陶菴「朔県水利公司対農民的苛求劣跡紀実(29)」であり、両資料には、ほぼ同内容の記載が見える。以下、主に後者に依拠してその抄訳をあげる。なお、その末尾の記載により、一九三五年六月二一日に山西省陽曲県呼延郷にて記されたことが分かるが、号とおぼしき陶菴を名乗る著者に関して詳細は不明である。

朔県の地は塞北に位置し、土地は広大であり、山西省内においても大県に属する。県域の三面ははげ山に取り囲まれ、その内懐には東西に平原が延びる。その土地はみな痩せていて、周囲に茫漠たる流砂が広がる様は、モンゴルのゴビのようである。本県に水利公司が設立されて以降、平地では水路が縦横に切り開かれたことにより、灌漑の便が高まり、土壌は改良されて物産も豊かとなった。公司の事業も軌道に乗り、農民たちの苦しみも減少しつつあった。ただ近頃は農村における破産の影響や賊と変わらぬ軍隊による騒擾、盗賊による破壊などにより、村々は壊滅し、民はその財産を失い困窮した。くわえて穀物価格も下落したことで民の収入は減少し、農産物も売れ残ってしまったために、経済に大きな損害が生じた。これによる農村経済の被害は筆舌に尽くしがたい。一般の農民たちはこうした悪劣な状況下におかれ、苦痛にあえいでいる。今すぐに死んでしまうということはないが、長らく体力を奪われてきたので、地方の行政運営も極めて厳しく、ただ現状を維持するのに汲々とするだけであり、情況に合わせて新たな事に取り組むのは難しい。こうした農村経済の恐慌という状況下においても、本県の水利公司は民の苦しみを憐れみ、手を講じて救済しようとしないどころか、勢力をかさにきて人を痛めつけ、偽りによって骨の髄まで搾取しようとしている。中でもひどいのは広裕公司の第二支店である。ここに当該支店が行った種々の悪行を明らかにし、民の苦しみに思いを寄せ、農村問題を研究する人たちへの参照材料としようと思う。

ここでその悪行を指弾される広裕水利公司第二支店とは、清末に晋北に設立された最古の水利公司であり、後に広裕公司に吸収・改組された旧六合水利公司であり、その弁事処は朔県石都庄に置かれた。先の文章には続いて三項目に分けて、当該公司の悪辣非道な様が描かれるが、それらは筆者自身が目睹したものであり、偽りを述べてはおらず、ただ義憤に駆られ民の先駆となって全国の人々に訴えるものであると締め括られる。

第一項目は、過重な水費の徴収である。朔県の農村経済はようやく動き出したが、最近は膠着状態となっている。以前の農村経済が活発であった時には、農民は灌漑の費用を期日通りに支払うことができ、滞納することなどなかった。しかし現在の市場の衰微と金融の停滞により、人々は疲弊し、やりくりする方法すらないのに、公司の水費はこれを減らすどころか増す始末であり、一畝ごとに一元から一元五角を取り立てるに至っている。くわえて定額外の徴収も苛烈であり、人々は灌漑の費用を滞納せざるを得ない情況に陥っている。こうした情況のもと、公司は水費を滞納した者に対して、一律に相当額を差し押さえし、財産がなければ県の衙門に送って取り調べに当て、拷問を加えるなどして威嚇し、徹底的に取り立てを行った。人々は抵抗する術もなく、怨みを飲んでその蹂躙に任せるしかなかった。特に永安庄や里磨疃などの村々の被害が大きく、地味の豊かな肥えた土地も、その半ば以上が抵当として公司の手中に落ちたのである。

第二項目は、雨が多く、水路の水が溢れているような場合でも、水費を取り立てることである。去年は朔県の雨は多く、多くの作物は十分な天水の供給を得ることができた。しかし、この時に水路本流の水門が開けられ、支流には水が許容量を超えて流れ込み、行き場を失った水は堤防や堰を壊して、四方に向かってあふれ出た。附近の耕地は全て水の底に沈んだのである。農民たちはこうした災難に遭遇し、みな苦しみを訴え続けたが、公司は排水の策を講じないどころか、かえって農民たちに対して水費の徴収を始めた。農民たちは仕方なく唯々としてこれを支払うか、もしくは支払いができずに財産を奪い取られるに任せるしかなかった。人の良心はどこにあるのであろうか。

第三項目は、水の需要が高まる時期に、現場に赴く工役が「酒食銭」を徴収することである。春の播種は急がねばならず、人々は作物が順調に発育するように、春季の灌漑を行うことが多い。この時、供水のために現場に赴く工役は威勢を振りかざして、各地で搾取の限りを尽くした。ある農民が時期を早めて播種しようとすると、必ず灌漑用水を得るために工役を招いて接待しなければならず、美酒や盛餐を用意して、十分にもてなす上に、さらに「酒食銭」という名の心付けを渡す。接待に欠けるところがあってはならず、尊属をもてなすように誠心誠意をつくし、神を祀るかのように初めから終わりまで十全でなくてはならない。もしおもねり諂ってかしづかないような者がいれば、灌漑を行える日はやってこない。ほしいままに民を虐げること、これより勝るものはない。

ここに見える苛重な水費の取り立てや不要な水の供給、現場で供水を監督する工役による様々な搾取と恣意的な差配といった情況は、決して広裕公司第二支店のみに当てはまるものではないだろう。

こうした強圧的な手段を用いて過酷な徴収がなされた水費に関しては、『蒙疆に於ける土地改良に関する調査』所収の「朔県広裕公司事業計画書及工事設計書」によれば、一九三九年度の灌漑面積と配水料収入が以下のように示される。

春水：一月中旬～三月中旬、灌水面積三〇頃、配水料収入九〇〇円（一頃当たり三〇円）

青水：四月下旬～五月中旬、灌水面積三〇頃、配水料収入一二五〇円（一頃当たり五〇円）

洪水：五月下旬～七月下旬、灌水面積一五〇頃、配水料収入一〇五〇〇円（一頃当たり七〇円）

一九三九～四四年度の財政計画書においても、その歳入の五～七割が洪水の配水料として見込まれるなど、配水料収入とりわけ洪水の利用によって発生する収益に大きな期待が寄せられていたことが分かる。こうした水費の徴収が陶菴が示した供水の現場での農民に対する抑圧の上に成り立っていたことは言うまでもない。

第五節　土地利用の一側面

技術的な問題点や運営上の弊害を抱えながらも、次第に事業を軌道に乗せ、さらなる事業展開を図っていた晋北の水利公司であったが、一九二〇年代以降は次第に閻錫山らによる利益収奪の場と化していった。閻錫山の水利公司に対する関与を直接的に示す事例として、応県の広済水利公司が挙げられる。参議院議員であり、閻錫山の駐京代表を務めた田応璜の子の田汝弼が発起人となった広済水利公司の株主には、七千元を出資し一四〇株を保有した閻錫山のほか、一万元を出資して二百株を所有した黎元洪や六千元を出資し一二〇株を所有した湯化龍など北京政府の有力者も名を連ねていた（張荷一九八六、李夏一九八八）。

中でも閻錫山は一九一〇年代後半より、六政三事の進展と歩を合わせて、水利公司の経営に対する関与を強めていく。一九一九年に富山水利公司の田応璜や杜上化ら董事七名の連名による依頼を受ける形で、同公司の全権を握る総理の任に就いた山西督軍兼省長の閻錫山(30)は、山西省銀行や晋勝銀行を通して、広済水利公司や広裕水利公司に多額の融資を行うとともに、富山水利公司の傘下に富豊銀行を設立し、銀行の経営方式を用いて水利事業の資金を調達した。一九二三年よりは信任する范儒煌・米廷珍・郭貢三・張紹顔らを代わる代わる水利公司の総弁の地位に送り込むことで、董事会や理事会の合法的権利を侵害するとともに、みずからも三大水利公司の大株主となり、実質的な経営権を掌握するに至る（李三謀一九九一）。

その後、大株主らの要求の前に、一九二九年には広済水利公司の土地が株式保有数に応じて、各株主に分配されることとなる。これにより閻錫山や黎元洪、田汝弼ら大株主が広大な分地を獲得するとともに、土地を担保に無利息での融資を行った山西省銀行もその負債を分地によって返済されることとなる。彼らは新農合作社（黎元洪）、福成堂（田汝弼）、田福堂・田禄堂・田寿堂・慶山堂（閻錫山）、大有堂（山西省銀行）の商号の名義のもとで、水利公司の灌漑対象地域に対する直接経営を始める（孔一九八二、張荷一九八六）。同年には広裕水利公司の土地も株主へと分割され、閻錫山は一万畝にのぼる耕地を手にしたのである（李三謀一九九一）。この時点において、水利公司の実質的な存在意義は失われ、その事業運営によって得られた成果は閻錫山ら大株主に奪い取られることとなった。

和田保も水利公司の失敗は技術的欠陥と戦争勃発の影響によるものであり、技術的に成功すればその利潤は相当なものであるとして、灌漑に対する商業資本の企業的参画の可能性を指摘する（和田一九四二）。実際に、一九一八年に田応璜らによって広済水利公司が設立され、大規模な水利開発がなされた結果、応県の土地価格は七七〇パーセントもの上昇率を見せたという記事も確認できる(31)。それでは、商業資本を引きつけ、公司への資本投下から分地の直接経営へと方向転換させるに至った水利公司の魅力としての収益源は、いかなる点に求められるのであろうか。広裕水利公司が開発の対象とした桑乾河流域に着目し、その土地利用のあり方を考察してみよう。

一九四一年七月上旬から三ヶ月間、農林技師の平瀬敏夫らは興亜院事務嘱託として蒙疆における土地改良および灌漑排水調査のため桑乾河流域の現地調査を行った。その調査結果に基づく事業計画書「晋北朔県恢河右岸農業水利改良事業計画書」(32)において、蒙疆と山西省の境に位置する恢河流域の陽方口附近にコンクリート製の取水堰を設置するとともに幹線水路を開削して、恢河右岸から既存の水路に連結させるという計画が提案された。その費用として四〇万円が計上され、これにより得られる利益は農産物の増産によって毎年九万四千円、加えて配水料として年に二六万円の収益が想定されるなど、「甚だ有利なる事業」との見込みが示される。

恢河は桑乾河の源流の一つであり、その流域面積はおよそ五四〇平方キロ、平時の水深は〇・二メートル、流量は毎秒約一・四立方メートルで、夏期の降雨と丘陵部からの溢流水が河川に流れ込む増水期に水深は約一・二メートルとなるが、五、六時間で平時の状態に戻る。事業計画の対象地となる恢河右岸の河谷部は、南から北に向かって傾斜する黄土層におおわれた丘陵地であり、ほとんどが農耕地として開発されていたが、一部にアルカリ地と荒蕪地が広がっていた。当時はすでに事業を停止していたが、広裕水利公司の旧事業対象区域にあたり、操業時にはここに二千頃の灌漑地が形成されていた。

恢河流域の土地利用状況に関して、主要作物の種類および作付面積、総収量、一トン当たりの単価、金額に関する数値が示される（表3）。粟や高粱など穀類が作付面積の大部分を占め、ケシはわずか一パーセントに過ぎないが(33)、その飛び抜けた単価の高さによって金額では全体の二五パーセントを占める。なお、第二節で見たように富山水利公司の章程では流域における水稲田の開発・利用についても言及があるが、ここでは主要作物の中に水稲は含まれない。

作物種類	作付面積（畝）［%］	総収量（t）	1t当たり単価（円）	金額（円）［%］
アワ	27,000［ 27%］	729	104	75,816 ［11.4%］
高粱	12,000［ 12%］	396	122	48,312 ［ 7.3%］
キビ	21,000［ 21%］	554.4	98	54,331.2［ 8.2%］
麦類	23,000［ 23%］	510.6	160	81,696 ［12.3%］
豆類	5,000［ 5%］	90	170	15,300 ［ 2.3%］
馬鈴薯	11,000［ 11%］	1,980.00	110	217,800 ［32.8%］
ケシ	1,000［ 1%］	0.9	190,000	171,000 ［25.7%］
（計）	100,000［100%］	4,260.90		664,255.2 ［100%］

表3：作付割合（「晋北朔県恢河右岸農業水利改良事業計画書」p.184（イ）作物増収に依る利益の数値により作成）

当該地域の土質はおおむね砂質土壌とアルカリ土壌であり土地生産性は低い。アワなど雑穀類や豆、馬鈴薯を栽培するが収量は少なく、かつ天候に大きく左右される。天候に関しては、降水量が年平均四〇〇ミリメートル前後であるのに対して、年蒸発量は一七〇〇～二〇〇〇ミリメートルと極めて乾燥度が高い。降水量は年次変動が大きいだけでなく、降水の大半が夏期の七～八月に集中するため、四～六月の播種と発芽から幼苗期にかけて降水量が不足し、しばしば旱害に見舞われる。

作物ごとの用水量に関しては、ケシが最も用水を大量に必要とし、ケシ以外の作物の用水量がおよそ一ヘクタール当たり毎秒〇・〇〇〇五立方メートルであるのに対して、ケシの用水量は〇・〇〇四〇五立方メートルであり、他の主要作物と比べて約八倍を要することとなる。(34) くわえて、ケシ栽培は地力を大いに損なうため、土壌の養分不足を引き起こし、数年で土地は使用できなくなったという（呉・侯二〇〇七）。

一八二〇年代にインドから雲南に種子がもたらされて以降、浙江・四川・貴州から、甘粛さらに陝西・山西へとケシ栽培は急速な広がりを見せた。すでに一八三〇年代には山西における栽培の事例が確認され、一八五〇年代には大量栽培が始まっている。こうした状況に危機感を抱いた沈桂芬や曾国荃、張之洞といった歴代の山西巡撫はケシ栽培の禁止とその取り締まりを訴え続けるも効果は上がらず、山西省は一九世紀末には全国でも有数の産地となっていた（目黒一九八九）。

清末の山西全省各州県のケシ栽培面積は全耕地の四〇パーセント（一五万頃）に達したとされ、とりわけ大同府・朔平府・寧武府・代州・忻州など晋北地域での栽培は盛んで、省内における一方の中心地である晋中よりもさらに広大な栽培地が存在した（李三謀一九九一）。大同ではその土地の半ばがケシ畑となり、朔州では一三〇あまりの村でケシ栽培が行われていたとの報告もある（呉・侯二〇〇七）。

ケシはアヘンの原料となって人の身体および精神を蝕むという害悪のみならず、天候などの理由で収穫の時期が遅れた場合に夏作物の植え付けを阻害するほか、その収益率の高さから他の作物の栽培地を奪うなど、その栽培の拡大に伴い様々な問題が引き起こされていた。山西においてとりわけ肥沃な土地がケシ畑へと転換されたことは、一八六九年から一八七二年にかけて中国各地を訪れたフェルディナンド・フォン・リヒトフォーフェンが記録を残している（新村一九九三）。これによれば、山西の寒冷地ではケシが灌漑可能な最良の耕地において栽培され、小麦や豆類、菜種などその他の作物の耕地を奪っていた。しかし、その商品価値の高さと販路の広さなどの経済的観点から、ケシ栽培は完全に正当化されていたという(35)。

つまり、必要な水と栄養分を供給するという条件が確保されれば、一九世紀以降、晋北においてケシが高い収益率を誇る魅力的な商品作物であり続けたことは間違いない。こうした状況を裏付けるように、時に栽培禁止の時期を挟みながらも、民国期と日本軍の占領期を通じてケシ栽培は継続された。閻錫山は当初アヘン禁止策を打ち出したが次第に実質的意義は失われ、一九二八年に南京国民政府がアヘン税を導入してアヘンの公売を始めると、一九三二年にはアヘンを「戒煙薬餅」と呼び専売を開始するに至る。さらに日本軍の占領下においてもケシ栽培が強制され、栽培地が拡大していく（内田一九九九）。晋北地域においては、特産品からケシへの作付け転換が行われるなど、一九三九年に一万畝であった栽培面積は一九四〇～四二年には一六万畝に達し、蒙疆全体の一六～一八パーセントを占めるに至った（内田二〇〇五）。

管見の限り、水利公司が直接にケシ栽培を行ったとする資料は確認できないが、淤泥灌漑による地力の回復と用水の供給がケシ栽培に最適な条件を提供するものであったことは間違いない。本来、清水の利用による灌漑用水の安定的な供給とアルカリ分の除去に加え、洪水を利用した客土形成による土壌の肥沃化と可耕地の開発こそが水利公司の設立目的であった。しかしながら、閻錫山らによる経営への介入や日本軍占領下における農業水利開発の推進という名の下に、その水利事業と土壌改良の成果がケシ栽培の拡大へと転用された可能性を否定することはできない。

小結

二〇世紀初頭より晋北地域に相次いで設立された水利公司は、県知事らの発案と直接的、間接的な支持のもと、官員や紳商、豪農らの資本投入により、淤泥灌漑を中心とする灌漑水利事業を展開した。設立の中核を担ったのは劉懋賞ら士紳たちであり、その人的ネットワークを生かして、資本の集積とエンジニアの招聘が行われた。水利施設の建造や水路の開削などの事業を通して供給された用水を用いて、砂質土壌やアルカリ土壌が連なる荒蕪地は新たな耕作地へと生まれ変わることとなる。水利公司は用水利用者から配水料を徴収するとともに、洪水を用いた土壌改良の後には分地を獲得し、自社保有地を拡大することで、さらなる事業の展開を図った。

前近代において、多大な経費の支出と大量の労働力の動員を必要とする水利施設の建設には官が主体となったが、多くの場合、用水の管理は民間団体に委ねられており、水争いの裁定などを除いて、官が管理運営に直接介入することは稀であった。これに対して、新たに水利施設の建設と水資源の管理を一手に担ったのが水利公司であった。これは治水を担う官の役割と利水を担う民間団体の役割を統合することによって生み出された、より効率的な水資源の開発と分配の新たなモデルとも言うべきものであった。

しかしながら、一九二〇年代に入ると、閻錫山ら軍事勢力が大株主となり次第に公司の経営に介入を強め、その実質的経営権は奪い取られる。閻錫山および日本軍による支配期においても、水利公司およびその事業に対して強い関心が払われ、引き続き資金および人員の投入による灌漑水利開発への熱心な取り組みが見られた。ただしその裏には、可耕地の拡大や配水料収入などの事業利益のみならず、淤泥灌漑による地力の向上と用水の供給を利用して、ケシ栽培を推進し収益の拡大を図るといった動機が存在した可能性を排除することはできない。

注

（1）北方の遊牧民の侵入を防ぐための防衛拠点であった雁門関の北という意味で雁北とも呼ばれる。

（2）六政三事とは閻錫山が掲げた政策課題であり、水利・植樹・養蚕・禁煙・辮髪と纏足の禁止の六政と綿花栽培・造林・牧畜の三事からなる。閻錫山が山西省長となった一九一七年以降、全省を対象として推進されていく。

（3）山陰・応・朔・崞・懐仁・定襄・大同・繁峙・代・霊丘・天鎮・平魯の諸県。

（4）『華北水利月刊』第八巻一一・一二期合刊（一九三五年）所収の「桑乾河流域渠道統計一覧」による。この統計は、一九三三年に華北水利委員会が永定河上流の第一堰を建設するために実施した、永定河上流部にあたる桑乾河流域の調査に基づくものである。

（5）水利公司や水利組合など水利団体の組織形態およびその名称は地域によって違いがあり、一九三四年「県政調査統計（続第九期）」（内政部編『内政調査統計表』第一〇期、出版者・出版地不明）によれば、山西省内の県ごとの「水利機関」が以下のようにまとめられる。水利局（祁・交城・文水・平遙・介休・忻・河津・霊石）、水利公司（大同・懐仁・山陰・右玉・朔・崞・繁峙）、河務委員弁公処（陽曲・楡社）、防務委員会（太原）、水利董事会・水利公所（汾陽）、水利組合社（寿陽）、水利団・水利合作社（霊邱）、水利組合会・水利社（応）、自立水利公会（平魯）、水利委員会（吉）、水利工会（虞郷）。

(6)「山西水利」所収「山西山陰県梁万春等稟一件、組織富山水利公司興修桑乾水利、請批准立案由、附簡章並地図」、『経済部档案』〇八―二一―〇四―〇〇一―〇二。以下、本稿で利用する中央研究院近代史研究所所蔵档案は、いずれも一九一八年一月二三日に農商部において、一九一五年八月から一九一六年一二月までの関連する一〇件の档案と附属の資料をまとめた「山西水利」巻一宗（館蔵号〇八―二一―〇四―〇〇一―〇一～〇三）の一部である。

(7) 後套平原における水利事業に成功を収め、張謇の推薦により農商部の水利に関する技術顧問の任についていた王同春は、劉懋賞によりダム建造の技術指導者として晋北に招かれ、この地に一年間滞在した。この間、測量や水利施設の建造のみならず、水利公司の設立にも大きく関与することとなる（劉一九八七）。王同春の後套平原での活動については、鉄山一九九九に詳しい。また、綏遠省民衆教育館編『綏遠省調査概要（五原県）』（綏遠省民衆教育館、出版年不明）二三「墾殖」によれば、民国一一（一九二二）年に五原県において王同春らが滙源水利公司を組織し、豊済渠・永済渠・剛目渠・沙河渠・義和渠の灌漑を請け負ったとされる。

(8)「山西水利」所収「山西巡按使咨陳一件、咨送山陰県富山水利公司簡章等項、請査核辦理由。附四件二十元」、『経済部档案』〇八―二一―〇四―〇〇一―〇一。

(9)「山西水利」所収「農商部工商司・農林司咨山西巡按使、梁万春興修桑乾水利、所擬簡章与公司条例稍有不合、已批示更正、茲准咨等因、抄批咨復査照由」、『経済部档案』〇八―二一―〇四―〇〇一―〇一。

(10)「山西水利」所収「農商部工商司・農林司批山西山陰県梁万春等稟、所請組織富山水利公司一節、仰按所指各節、另行更改章程稟由、地方官庁詳転咨部由」、『経済部档案』〇八―二一―〇四―〇〇一―〇二。

(11)「咨山西巡按使（第一四九号）」、『農商公報』第二巻第七冊（第一九期）、政治門・文牘、洪憲元（一九一六）年一月一九日、一〇頁。

(12)「山西水利」所収「山西巡按使咨陳一件、咨送朔県阜豊水利公司簡章及渠図請査核辦理由、附二份」、『経済部档案』〇八―二一―〇四―〇〇一―〇二。

(13)ここで「洪水」と呼ばれるのは、雨水や山域からの溢流水を水路によって導いた水流であり、日本語で言う所の河川や水路から氾濫した大水という意味ではない。誤解を防ぐために、本来は別の用語に変換すべきであるが、以降も史料用語として頻出するため、本章ではそのまま「洪水」の語を用い、これを氾濫や大水の意味では用いない。

(14)「山西水利」所収「農商部工商司・農林司咨山西巡按使、阜豊水利股份有限公司簡章与公司条例未符、応飭更改、咨復査照由」、『経済部档案』〇八―二一―〇四―〇〇一―〇二。

(15)淤泥灌漑および二〇世紀前半の永定河治水事業の展開に関しては、島田二〇二四に詳しい。

(16)トッドの主導による著名な水利土木事業に一九三二年に完成した陝西省涇恵渠の修築工事がある。同事業に関しては川井一九九五を参照。

(17)一九三四年にShansi Water Conservancy Commission よりShansi Water Conservancy Commission Studiesの一冊として北京にて刊行された同書は英文版と中文版からなるが、トッドによって執筆され、その末尾に署名が附されることや図版、写真の有無から、原文が英文版であることは間違いない。なお、この報告書には、『山西省河川測量報告書(灌漑及水電ニ関スル資料)』(北支経済資料第三輯、南満洲鉄道株式会社天津事務所調査課、天津、一九三五年)と[田中貞次・石橋豊訳]「山西省桑乾河滹沱河漳河及び沁河に就いての農業水利改良工作に関する予備調査(訳)」(『農業土木研究』第一一巻第一号、一九三九年、七五~八六頁)の二種の日本語訳がある。

(18)一九三二年の汾河の氾濫を受けて、山西省水利工程委員会から中国華洋義賑救済総会に対して汾河上流のダム建設計画を目的とした測量調査の要請がなされた。調査終了の後、責任者を務めたトッドには引き続き汾河に次ぐ重要性が認められた四河川の測量調査が委ねられた。山西省政府からの経費支出と山西省水利工程委員会からの技術者派遣を受けてなされた桑乾河の測量調査は、一九三三年後半から一九三四年八月末までの期間に行われ、汾河の例にならって測量と地図作製がなされた。トッドの桑乾河水利調査に関しては、島田二〇二四を参照。

(19) 同資料および師岡ら農業土木技術者の蒙疆における事績に関しては、島田二〇二〇を参照。また、井上一九五九によれば、この調査によって蒙疆の土地行政・土地利用・地質土壌・気象・河川・灌漑排水・開拓入植に関する基本資料が収集され、その後の興亜院蒙疆連絡部を中心とする土地改良事業の基礎となったという。

(20) 李大芬一九八五が本項目と同内容であることから、報告書中の当該項目もしくはその原資料を訳出したものと考えられる。その末尾には日本語の原文は旧張家口鉄路局資料科に旧蔵され、瀋陽档案館に現存するとされる。

(21) 劉懋賞の後任の総弁（一九二三年に経理に改称）には、懐仁県長官を務めた朱聘音、山西省政府秘書を務めた曲成山、徐溝県長を務めた張紹顔が就任する。

(22) 「山西朔県広裕水利公司十年施業計画書」、『華北水利月刊』第五巻第三・四期合刊、一九三二年、一一七～一三一頁。

(23) 「指導永定河上游農民与興弁灌漑与植林各合作機関代表会議記録」、『華北水利月刊』巻五巻第七・八期合刊、一九三二年、六七～七八頁。

(24) 『新農村』第九期、一九三四年、一～一三頁。

(25) 李書田等著『中国水利問題』第二編「華北水利問題」第五章「華北之灌漑及其余水利問題」、商務印書館、出版地不明、一九三七年。

(26) 『山西省参議会第一届第一次大会実録』（山西省参議会秘書処、一九三六年）決議案五「関於経済建設合作類」、大会決議「照審査報告修正通過（一〇月二一日第一四次会議）」第三五案。

(27) 同振興会を含め、蒙古聯合自治政府のもとにおける晋北地域の農業・水利事業に関しては、井上一九五九を参照。

(28) 『塩政周刊』第一一一期、各県通訊・朔県通訊、一九三五年、一五～一六頁。

(29) 『互勵月刊』第二巻第三・四期、一九三五年、八七～八八頁。

(30) 「兼省長対於富山水利公司往来之函件」、『来復報』第五七号、政聞・本省政治、一九一九年、一八～一九頁。

(31) 馮和法編『中国農村経済資料』第七章山西省・第一節田価、黎明書局、［上海］、一九三三年、七二八頁。

(32) 『調査月報』第一巻第二号、一九四三年、一五五～二一三頁。

(33) 作付割合に関しては、一九三九年に晋北自治政府晋北学院の教官であった大日方秋男が行政・財務両科の四〇名の学生と実施した陽高県張小村での農村調査の報告『民国二八年度晋北農村の実態・綜合及戸別調査』(晋北自治政府晋北学院、一九三九年)にもデータがある。これによれば、作物の種類とその作付面積の割合は、穀子(アワ)三四・八パーセント、高粱一九パーセント、キビ一六・八パーセント、麦類一〇・四パーセント、豆類三・七パーセント、馬鈴薯二三・四パーセント、阿片(ケシ)一・九パーセントである。ただし、大日方の調査日誌(一九三九年四月一五日条)によれば、調査に際して村長が村民に阿片(ケシ)の栽培について聞かれても知らないと答えるよう圧力をかけたとする噂が立った。これを問いただしたところ、村長自身が阿片を吸飲し、また多く栽培していたが、県への報告に際してはその栽培面積をごまかしていたことが明らかとなる。ケシの栽培面積については実際とのギャップを想定する必要があることは言うまでもない。

(34) ケシの用水量に関するデータは、同じく平瀬らの調査成果報告「察南晋北境界桑乾河沿岸農業水利改良事業計画書」(『調査月報』第一巻第二号、一九四三年、二一四〜二五二頁)の記載に基づく。

(35) *Baron Richthofen's Letters 1870-1872*, Second Edition, Reprinted in Peking, China, 1941, p.153. なお、該当箇所に対応する日本語訳が、リヒトホーフェン一九四四、三八六〜三八七頁に確認できる。

第三部　水利の秩序

第五章　水利伝統の形成

はじめに

資源の希少性は、時にその利用や管理における独占、あるいは寡占状態を導く。ただし、水資源に関しては、水のもつ流動性という物理的特性によってストックに限界があることに加え、その欠如が人間の生命維持および生産活動の継続を不可能にし、ひいては社会秩序の安定を損なうという理由から、独占的あるいは排他的な利用と管理が社会的に受容されることはまれである。そこで、資源の量的拡大が見込み得ないという条件下において、持続的な水資源利用を成り立たせるには、既存量をいかに分割利用するか、すなわち分配のあり方こそが問題の核心となる。

持続的な資源分配は、自他ともに各自の権益を正当なものとする「公平性」の原則の上に成り立つ。杉浦美希子はこれを水資源分配における「公正さ」と呼び、地域社会と経済活動の相互補完的な関係がこれを担保したとする（杉浦二〇〇八）。また、菅豊はさまざまな正当性を構築する手段の一つに歴史があるとした上で、歴史こそが伝統を伝統たらしめる要件であると述べる（菅二〇〇六）。これらの知見を踏まえれば、前近代中国の基層社会における水の利用と管理もまた、歴史に裏付けられた「公平性」に基づく伝統や慣習として、社会秩序の一端を形成したと考えられる。

その典型例を水資源の希少な中国北部の事例に見ることができる。黄土地帯に位置する山西省では、「十年九旱」と称される厳しい水資源環境のもと、水の分配と利用に関する歴史的伝統が培われてきた。つとに天野元之助がその一部を引用した『チャイニーズ・エコノミック・マンスリー』所収の「山西省における農作業（Agricultural Practices in Shansi）」[(1)]には、二〇世紀前半の山西省における水の利用と管理に関する具体的な記述が見える（天野一九五五）。以下は、人々の生活の根本をなし、基層社会を形成する基盤となる活動であるにもかかわらず、記録に留められることがまれなルーティーンワークとしての水の利用と管理に関する貴重な資料である。

山西省では、農地は溝や高まりになった小道、石標、自然地形による境界によって分けられている。水路や溝は村落の共有財である。水路が数ヶ村を貫流している場合には、すべての村は順々に水を利用する。これは村長や長老たちの協議によって統制される。人口密度及び耕地面積によって異なるが、各村は原則として一シーズンに五日、あるいは一〇日間給水を受ける権利を有する。この期間中、当該村の農民はそれぞれの耕地面積に応じて給水を受ける権利を有する。農民が水を利用する時間は、山西省には外国製の時計がもたらされていないので、時計ではなく香を燃やすことによって測定される。一本の香が燃えるのに必要な時間を単位として計測する（香の長さは三〇センチメートルで、三〇分で燃え尽きる）のである。土地一〇畝を所有する農民Aは二本の香が燃焼する間、水を利用し、二〇畝を所有する農民Bは香四本分の権利を持つ。この取り決めは数百年間有効で、関係する村々の公式の文書である規則集に記載される。村の長老はこの文書を保管し、共用の水の供給をめぐって争いが起こった場合には、関係諸村の長老が関帝廟に集合して、仲裁によって問題を解決する。関帝廟は山西省においてほとんどすべての村に存在し、祈りの場というよりはむしろ近代ヨーロッパの都市におけるタウンホールのような役割を担うものである。村内における水供給に関する取り決めは、古めかしい慣習によって正当化されてきたのであり、村人たちによって一般に尊重されている。ただ楡次と趙城においては、しばしば流血の抗争を引き起こす対立が存在し続けている。

文末の楡次と趙城への言及を除いては、地域を限定する記載は見られず、山西省全般の水利用に関する叙述と見なしうる。もちろん、その全てを一般化することはできないが、ここに中国北方における水資源利用・管理の一典型を見ることができるのも確かである。

これによれば、水路は規模の大小を問わず、すべて村落の共有財である。また、村長や長老らの管理のもと、水源を共有する村落群には各村の人口および耕地面積に応じて灌漑用水の割当量が定められており、おおよそ五日から一〇日の期間で順次利用する。農民は自身（の土地）が属する村の割当期間内に灌漑用水を利用することができ、香の燃焼時間によって規定量を計って耕地に引き入れる。三〇センチの香一本が燃える三〇分で五畝の土地を灌漑するとあるので、この通りであれば一畝の土地はわずか六分で灌漑できることとなる。

さらに、水利用に関する取り決めは数百年もの間有効であり、それらは関係する諸村の公式な規則集に記載されたという。この規則集とは水冊や渠冊、水利簿と称され、水資源の獲得の経緯やその後の変遷、水利権の所在、利用規定などを記した冊子である。一般的には水利組織やその責任者によって保管され、断続的に書写、継承されたものであり、非公開である場合が多く、しばしばその改ざんが問題となった(2)。当該資料によれば、共用の水源をめぐる争いが発生した場合には、関係諸村の長老が関帝廟にて協議し、取り決めに基づいて仲裁を行ったという。この取り決めを正当化したものこそ、「古めかしい慣習」（旧章）であり、水利秩序を維持する上で貴ぶべきは、こうした旧章に依拠し、新規改変を認めないという先例墨守の姿勢であった(3)。

　この記録からは、取り決めを記した水冊が水利用や管理の基礎となったことが読み取れるが、水冊と並んで重要な役割を果たしたものに水利碑がある。寺田浩明によれば、慣行の社会的な安定化を目指す動きの中で、碑を立てるという手段によって慣行が確認・追認されたという（寺田一九八九A）。水の利用に関しても同様に、碑刻が先例を具現化する媒体となり、断続的に行われた立碑という行為を通して、水利の伝統が継承されていったのである。

　立碑という行為をさらに分類すると、新たに碑刻を作成する（新刻）以外に、異なる時期・時代に同一碑石の別面に関連する内容を刻字するケース（増刻）や何らかの理由により失われた碑刻の復元、もしくは現存する碑刻の複製を行うケース（重刻）が存在する。このうち、増刻と重刻を時間の捉え方という点から差異化すれば、増刻碑は過去から現在（増刻の時点）に至る「線」として時間をつなぐことで、一方の重刻碑は過去のある「点」としての時間を復元することで歴史を体現したと解釈できよう。

　このように考えると、復元すべき過去がいずれに求められたのか、すなわちある時点において振り返るべき歴史とは何であったのかという問題を考える上で、重刻碑は格好の材料となり得る。さらに、重刻という行為自体が、当時の時代状況や社会情勢の下での要請であり、よりミクロには関係者たちの利益保護のためのものであるとするならば、そこで振り返るべき過去は彼らにとって一義的に決定されうるものであったことは間違いない。

　こうした問題意識に基づき、本章では山西省の西南部に位置する曲沃県の事例を取り上げ、水冊と水利碑の分析を通して、基層社会における水資源の利用・管理の具体像を考察し、「数百年」もの間、有効であったとされる水の利用と管理に関する取り決めがいかに形成され、継承されたのかを明らかにする。

第一節　温泉水利をめぐる規定

山西省西南部の曲沃県の東部に位置し、翼城県との県境付近にある西海村龍王廟には、七星海と呼ばれる七つの湧出穴を有する水源池が存在する。年間を通じて、平均水温は摂氏二九〜三七度を保つこの水源は温泉（水）と称され、一二世紀初頭においても毎秒〇・一三七立方メートルの湧出量を有し、約一三〇〇ヘクタールの耕地を潤した[4]。龍王廟内の東道院東廂坊の牆壁には、温泉水の利用と管理、水神祭祀に関わる計一二基の碑刻（以下、「龍王廟碑刻」と総称する）がはめ込まれている。その規格はすべて高さ一九八・五センチメートル、幅五八センチメートルで統一され、碑刻の上下を飾る雷文も同一の様式を採る[5]。

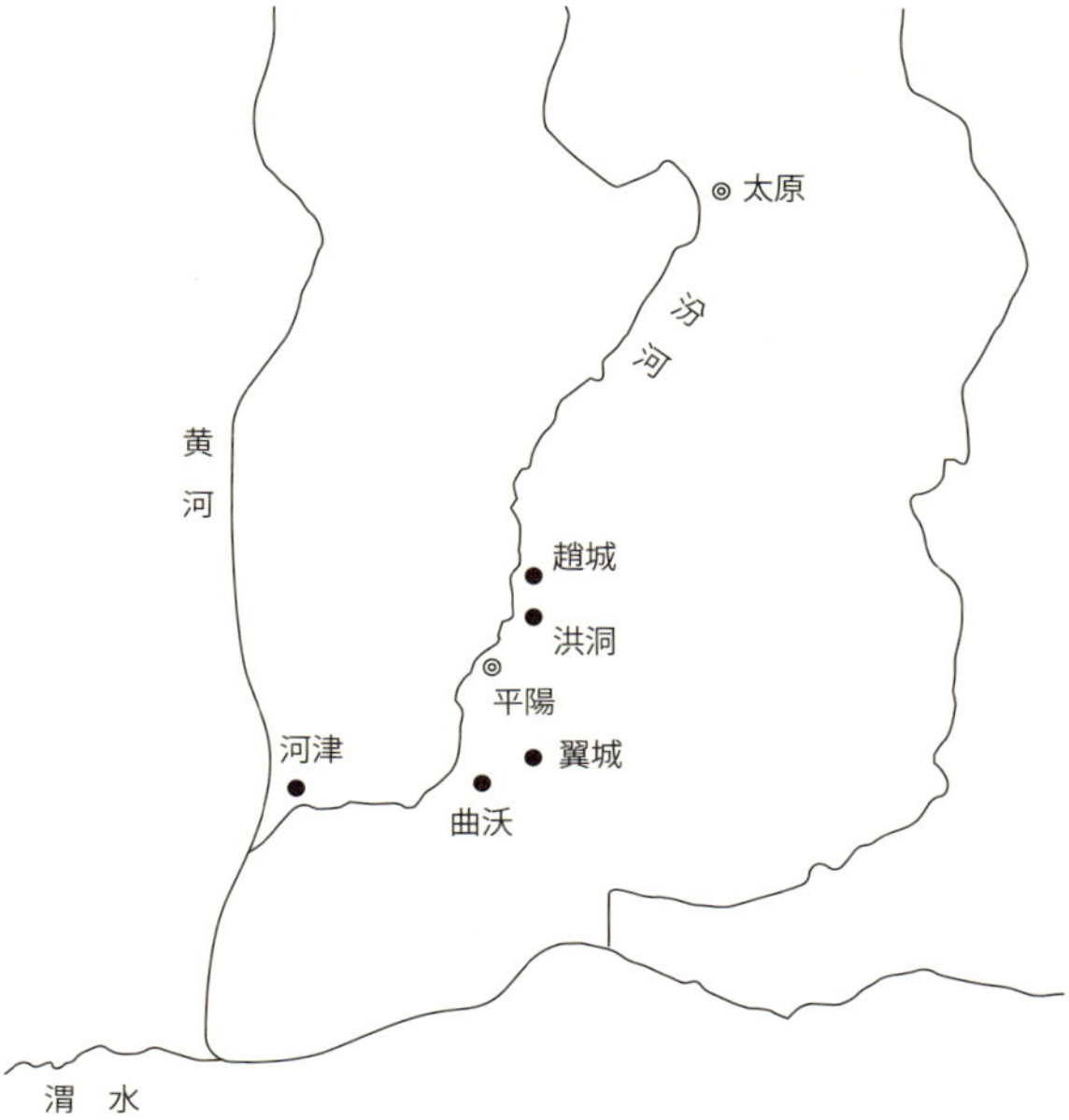

図１：関連地図

　このうち、いずれも紀年を欠く「大徳拾年定水法例分定日時」（碑題は首行による、以下同じ）、「二次起翻」、「第三翻」の三碑[6]には、温泉水の利用権を持つ二一の村々の名とそれぞれに割り

大徳使水日時碑（上：2010年８月、下：2016年12月、ともに著者撮影）

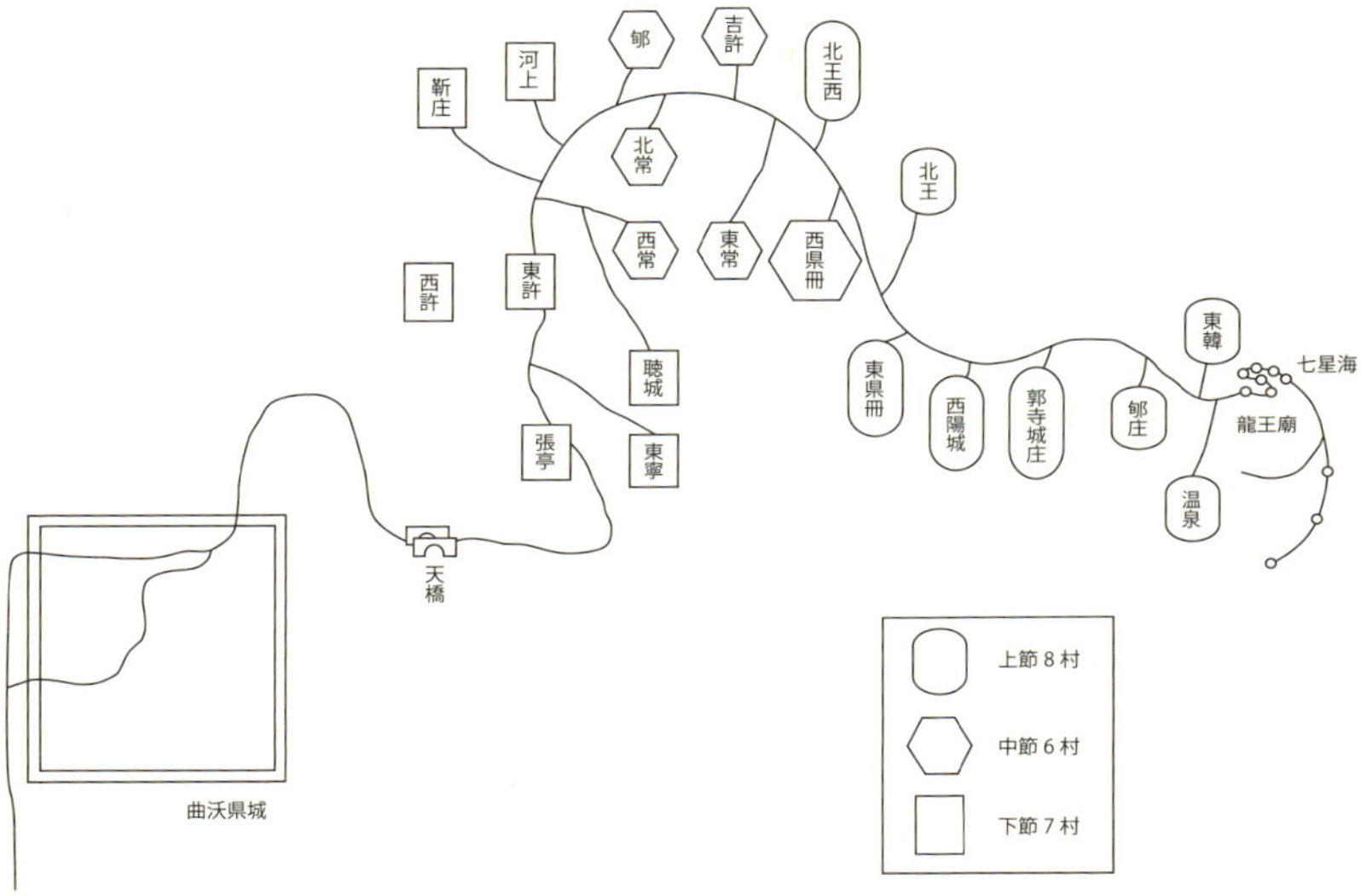

図２：21村分布図（『［乾隆］新修曲沃県志』巻19「温泉灌地注泮之図」および『［民国］新修曲沃県志』巻２「温泉水利図」を基に作成）

当てられた取水日時が羅列される（以下、この三碑をまとめて「大徳使水日時碑」と呼び、それぞれ第一・二・三碑と区別する）。これら二一村は上・中・下の三つのグループ（節）に分かれ、下流側（下節）から始まり、上流側（上節）に至るという順で取水を行った。下節は、張亭・東寧・西許・東許・聴城・靳庄・河上の七村、中節は、西常・東常・北常・郇・吉許・西県冊の六村、上節は、東県冊・北王西・北王・西楊城・郭寺城庄・温泉・郇庄・東韓の八村により構成される。それぞれの位置関係は（図２）の通りである。

　年間の灌漑時期は二月一五日（陰暦、以下同じ）から八月一〇日までの計一七五日と一二時間である。時期から見て、同地域では温泉水を用いて水稲の栽培も行われたと推測される。[7] この灌漑時期は三期に分けられ、第一期は二月一五日から四月二四日まで、第二期は四月二四日から七月四日まで、第三期は七月四日から八月一〇日までとなる。

まず、第一碑には第一期の取水日時が記される。第一期の下節七村（張亭→東寧→西許→東許→聴城→靳庄→河上）の取水時間は二月一五日の午前五時から三月一一日の午後一一時までの合計二三日と一八時間、中節六村（西常→東常→北常→郇→吉許→西県冊）は三月一二日の午後一一時から四月三日の午後七時までの合計二一日と二〇時間、上節八村（東県冊→北王西→北王→西楊城→郭寺城庄→温泉→郇庄→東韓）は四月三日の午後七時から四月二四日の午後七時までの合計二一日である。

続いて第二碑には、第二期の取水日時が記される。開始日時は第一期の終了に続く四月二四日の午後七時で、七月四日の午前九時に終了する。取水順および村ごとの取水時間は第一期と同じである。第三碑には、第三期の取水日時が記される。開始日時は同じく第二期終了直後の七月四日の午前九時、終了日時は八月一〇日の午後三時である。取水順については第一期および第二期と同じであるが、取水時間は第一期（および第二期）の半分となる。

このほか、第一碑にのみ、登記された各村の灌漑面積が記される。第三碑末尾の記載によれば、取水日時は灌漑面積を基に算出され(8)、二一村の合計三三頃六三畝をもとに算出した灌漑面積に対する取水時間の平均値は、一畝あたり約五一分となる。ただし、各村の個別の数値を見ると、灌漑面積に対する取水時間が最も短い北常村では一畝当たり約二九分であり、一方、最も長い河上村では一畝あたり約七八分となる(9)。両者の間には相当の開きが存在するが、その差異を生んだ原因について同碑に述べるところはない。三碑の内容をまとめれば、表1の通りである。

取水時間および灌漑面積以外の内容として三碑にほぼ同文が載せられるのが、水路全域から漏れ出す水量を三日分と見積もり、この分を張亭村の取水時間にくり込んで同村の取水日時を五日と一六時間（第三期のみ四日と八

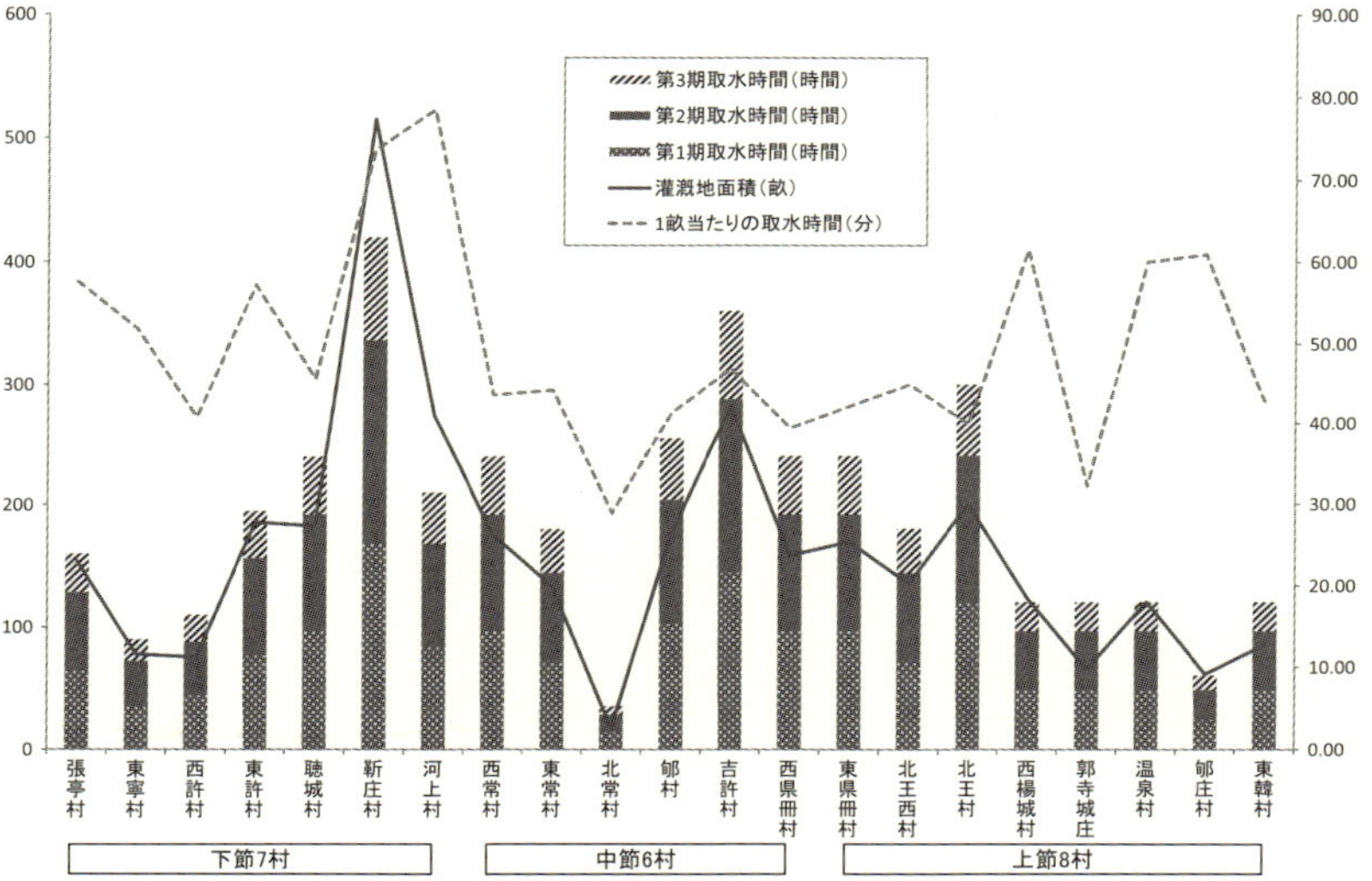

表１：村別の取水日時と灌漑面積

時間）とするという事項である。これは、第一碑末尾においても、三節全体の取水時間は六六日と一四時間であり、これ以外に「滲渠水三日」があって六九日と一四時間で一巡すると記載されることから、[10]水路からの漏出量である三日分が二一村の取水日時には含まれないと認識されていたことは明らかである。張亭村にのみ見えるこの事項については後に詳述する。

さらに、第三碑の末尾には、三節二一村を束ねる上・中・下の各節の渠長（管水渠長）の選出権は張亭村にあり、同村内の頭水人と呼ばれる人物によって推挙されたが、これは上流の村の恣意的な利用を抑制するためであると記される。[11]張亭村は流域中の最下流に位置し、三期いずれにおいても最初に取水を始める村である。譚徐明が引用する「温泉龍神祀文」によれば、[12]龍王廟における清明日の祭祀においても、張亭村が最初に香を捧げて拝礼を行うなど、二一村中において中核的な役割を有し、特権的な地位を認められた村であった。一方で、三節渠長は周荘・新荘・海頭の三村から選ばれ、[13]張亭村の人物が渠長の任に就くことも回避されていたことが分かる。

三節渠長が流域全体の水管理の責任者であるのに対して、各村の水利の責任者として管水甲頭（略して甲頭）が置かれ、一年任期で村の用水管理を行い、問題が起これば三節の渠長と二一村の甲頭が合同でその対応に当たった。さらに、龍王廟の修建の際には、甲頭の推挙によって、各村の名士の中から公直と呼ばれる事業責任者が選任されるなど、水路改修など水利整備に責を負う渠長との役割分担がなされていた(14)。

第二節　霍渠水法と「霍例水法」

「大徳使水日時碑」の碑文内容にも増して興味深いのが、第一碑一行目の「大徳拾年定水法例分定日時」の記載であり、この取水規定が元代大徳一〇（一三〇六）年に遡るとされる点である。これに関しては、『［乾隆］新修曲沃県志』巻一九・水利に、大徳一〇年一〇月一五日の上奏に基づき定められた条画内の一項として、平陽路における灌漑に関しては、二人の監督者を派遣して管理にあたらせよとする憲宗モンケの聖旨を引き、規定の順番通りに取水し、一巡した後に初めに戻すことについては、霍渠水法に依拠して「条例」を定めるとある(15)。よって、これにより定められたのが「大徳使水日時碑」の内容ということになる。

ここでモデルとされた霍渠水法に当たると考えられるのが洪洞県の「南霍渠渠冊」に見える霍渠水利に関する規定である(16)。曲沃県の北に位置する洪洞県の霍泉では、南北の両霍渠にそれぞれ三対七の割合で水を分ける方式が用いられ、その規定が「南霍渠渠冊」などの水冊にまとめられた。この水冊に収録される「南霍渠水輥日期」冒頭の総論部分には、二月一日の午前五時に流域最下流の馮保村から取水を始め、規定の順序に従って取水し、一巡すれば元に戻り、一〇月一日に終了するとした上で、独占や盗水、規定量を偽って取水するなどの行為を禁止するとある。(17)

さらにこれに続いて、具体的な規定内容として、下流の馮保村から上流の双頭村に至る一三村の村ごとの水利整備のための供出人員数と取水日時が列挙される。一三村への供水は三五日と一六時間を一期として行われ、下流から順に上流へと移り、終われば元に戻る。さらに、もし途中で規定に違反して水を次の村に送らなかったり、強奪盗用したり、取水日時を偽ったりした場合は、規定によって罰せられる。(18)なお、「南霍渠渠冊」の冒頭の記載によれば、上流村の恣意的な取水によって訴訟が頻発するなどの弊害が生じたことを受け、上流村と下流村との力関係を変えるために、あえて下流側から取水を開始するという方法が用いられたという。(19)

この「南霍渠水輥日期」の文末に見える「辛亥年」は、モンケが大ハーンに即位した一二五一年に相当する。(20)つまり、霍渠水法とはモンゴル時代に整理された霍渠利用に関する規定であり、その特徴は下流側の村から取水を始めて順に上流側に取水順が移り、一巡した後に始めの村に戻り、再び取水を始めるという点にある。これは、上流側による恣意的な利用を防ぎ、かつ全体の取水期間を数期に分けることで、農作業に必要なタイミングを逃さずに各村が公平に取水することを目的とするものであった。

一九九〇年に発表された論文において、かつて曲沃県水利局長を務めた王一は「霍例水法」と称される資料の一部を紹介した（王一一九九〇）。(21)これによれば、一九八二年に民国期にも引き続き用いられていた「霍例水法」の抄本一冊（以下、王本と呼ぶ）を民間から収集したという。王本の序文によれば、これが温泉水利の水利権者たる二一村が悪事を行い、下流の人戸の灌漑を阻害することがないよう作成した水冊であるという。(22)さらに王一の説明によれば、その内容は二三項目に分かれ、取水順と取水時間、灌漑面積、水路管理、労働力の供出、灌漑の方法、取水順を引き継ぐ方法、水力挽き臼の設置とその運用時間などに関する規定とこれに違反した者に対する罰則などが記されるという。

極めて興味深い内容を含むと思われる王本であるが、王一の研究の後、その行方は知れず、これに考察を加える者は現れなかった。しかし、近年、譚徐明により新たな「霍例水法」（以下、譚本と呼ぶ）の存在が指摘された。これによれば、譚本は一九四三年の刻本であり、二一村中の一村である西常村に保管されていた水冊であるという。写真によれば、一行目の「霍例水法。曲沃県東北温泉人戸澆漑田地誌」の記載を除き、二行目以降はまさに「大徳使水日時碑」第一碑に合致する。さらに、譚徐明の解説によれば、水路の管理や取水期間中の水力挽き臼の稼働、水神祭祀の拝礼順に関する規定に加えて、温泉水を家畜に飲ませることや堤防の破壊、盗水を禁止する規定と違反した場合の罰則が記されるという（譚二〇一七）[23]。

これらの情報を踏まえると、「霍例水法」とは元代大徳年間に洪洞県霍渠の規定である霍渠水法をもとに制定された温泉水利に関する規定であり、かつこれを書写した水冊であったことになる。さらに、水冊「霍例水法」と「大徳使水日時碑」の関係を考えると、後者は前者から取水順と取水日時に関する項目のみを抽出し、それを碑石に刻んだものとみなし得る。ただし、これらの内容をそのままに元代大徳年間のものとするには問題が残る。それは温泉水を利用する村落の連合、いわゆる水利連合としての二一村の構成に関わる問題である。

曲沃県の地方志において、温泉水を利用する水利連合を二一村とするのは『〔康熙〕曲沃県志』が初出であり、それ以前の『〔嘉靖〕曲沃県志』では「温泉水漑田十四村」[24]、『〔万暦〕沃史』および『〔康熙〕沃史』においても「此水漑田十四村」とあり、一四村の連合とするにとどまる。各地方志において温泉水利連合として挙げられる村々をまとめると表2の通りである。

No.	大徳使水日時碑	嘉靖県志	万暦沃史 康熙沃史	康熙県志	乾隆20年6月	乾隆21年閏9月	乾隆県志 乾隆続県志	道光県志 光緒県志
1	張亭	鄢底＊	西鄢底＊	張亭(→西寧)	西寧	西寧	西寧	西寧
2	東寧		東鄢底＊	東寧	東寧	東寧	東寧	東寧
3	西許			西許	西許	西許	西許	西許
4	東許	小許＊	小許＊	東許	東許	東許	東許	東許
5	聴城	聴城	聴城	庭城	庭城	庭城	庭城	庭城
6	靳庄	靳庄	靳庄	靳荘	靳荘	靳荘	靳荘	靳荘
7	河上	河上	河上	河上	河上荘	河上	河上	河上
8	西常	西常	西常	西常	西常	西常	西常	西常
9	東常	東常	東常	東常	東常	東常	東常	東常
10	北常(北)	小庄	小庄	北常(→小荘)	北常	小荘	北常	北常
11	郇	郇	郇	郇	郇	郇	郇	郇
12	吉許	吉許	吉許	吉許	吉許	吉許	吉許	吉許
13	西県冊			西県冊(→周荘)	西県冊	周荘	周荘	周荘
14	東県冊	県冊	県冊	東県冊	東県冊	県冊	県冊	県冊
15	北王西			北王西(→焦荘)	焦荘	焦荘	焦荘	焦荘
16	北王			北王	北王	北王	王村	王村
17	西陽城			西陽城(→羊舌)	楊荘＊	羊舌	羊舌	羊舌
18	郭寺城庄			郭寺承荘(→常家圪塔)	郭寺承荘	常家圪塔	常家圪塔	常家圪塔
19	温泉			温泉(→なし)	温泉	温泉	東海＊	温泉
20	郇庄	海頭	海頭	郇荘(→西海)	西海／郇荘	西海	西海	西海
21	東韓	南韓	南韓	東韓(→南韓)		南韓	南韓	南韓

表2：温泉水利連合変遷（表中の＊は前後の継承関係が不明な村。乾隆20年6月と乾隆21年閏9月の項目は、『［乾隆］新修曲沃県志』巻19・水利に記載される21村甲頭の名称による。）

この表から明らかなように、「大徳使水日時碑」の二一村と最も符合するのは、康熙四五（一七〇六）年に曲沃知県の潘錦によって編纂された『［康熙］曲沃県志』の内容である。同県志には、張亭村（表のNo.1）の名の後に「今、西寧村に改む」という記載があるほか、それぞれ、北常村（No.10）「今、小荘村に改む」、西県冊（No.13）「今、周荘村に改む」、北王西村（No.15）「今、焦荘村に改む」、西陽城（No.17）「今、羊舌村に改む」、郭寺承荘（No.18）「今、常家圪塔に改む」、温泉村（No.19）「其の村無し、北王村に入る」、郇荘村（No.20）「今、西海村に改む」、東韓村（No.21）「今、南韓村に改む」とある。これらを「大徳使水日時碑」と対照すれば、村落名称の変化および統廃合に関する内容については、北常村が第一碑および第三碑において「北常北村」と記載されるほかは、両者が完全に一致することが分かる。つまり、「大徳使水日時碑」に見える水利連合の構成は、元代の状態をそのままに記録したものではなく、万暦年間以降、康熙四五年以前の状況を反映したものであったこととなる。

『〔康熙〕沃史』巻九・方域攷によれば、明代崇禎一五（一六四二）年に明末の流賊の侵入と土賊の蜂起にともなう戦乱によって人口が激減したため、曲沃県知県の石瑩玉が戸部からの指示を受けて、旧来の六八里編成から新たに三六里に再編成を行った(25)。戦乱に飢饉や地震も重なり、地域社会の存続が困難となる中で社会制度の再編がなされたのであり、「大徳使水日時碑」に見える二一村の水利連合の構成も、基礎となるまとまりはそれ以前から存在していたとは言え、あくまで明末以降に成立したものと考えられる。では、この年代と内容との齟齬は何を意味するのであろうか。

第三節　伝統の再生

『〔乾隆〕新修曲沃県志』巻一九・水利によれば、乾隆二〇（一七五五）年五月一日、曲沃県典史の王正に温泉水利の調査が命じられた。その目的は、昔のように温泉水を城内の県学の泮池へと引き入れるのに障害となるものがないかを調べることにあった。この調査によって、二一の村々が二一本の水路によって温泉水を取水し、四、三頃六三畝の耕地に灌漑を行っていること、さらに毎年二月一五日に水路を開いて水を入れ、全体の期間を三期に分けて輪番にて取水を行い、八月一五日に至り農作業が落ち着いたところで灌漑を終了するという利用のあり方が報告された。これはまさに「大徳使水日時碑」が記す内容そのものである。また、灌漑面積に関しても、「大徳使水日時碑」第一碑に記される二一村の合計は三三頃六三畝であることから、王正の報告中の灌漑面積「四三頃六三畝」を「三三頃六三畝」の誤りであると考えると、両者が同一の情報源に基づくことはより明らかである。

さらにその報告によれば、もとは温泉水の三割を城内の泮池に入れるとする定めがあり、宋・金・元・明の各時代にはこれが守られていたが、嘉靖三四～三五（一五五五～五六）年の地震により天橋と呼ばれる水道橋が崩壊し、水路も途中で途切れてしまったので、以後二百年もの間、泮池に水が届かなくなったという。王正は二一村を訪れ、渠長や甲頭などからの聞き取りを行った結果、耕地の灌漑が終わればその水の行く先がどこでも構わないとの言質を得る。これにより、六本の橋と五〇〇メートルあまりの堤防を修復し、温泉水を城内の泮池へと導き入れるべきとする提案を行ったのである。

王正に調査を命じたのは、乾隆一九（一七五五）年より同二七（一七六二）年まで曲沃県知県の任にあった張坊である。張坊は「遵志復古（志に遵い古に復す）」を掲げ、地方志の記載に基づく温泉水利の復旧を目論んでいた。確かに、張坊が編纂に当たり、乾隆二三年に成った『［乾隆］新修曲沃県志』の凡例には、「劉志」に唐宋時代以降、温泉水の三割の水を泮池に注ぎ入れたする記載がある。

この「劉志」とは、嘉靖三〇（一五五一）年に知県の劉魯生によって編纂された『［嘉靖］曲沃県志』を指す。同書の巻一・疆域志・山川・温泉条には、もとは儒学泮池への供水に温泉水の三割が用いられ、城壁を穿ち水路を通して水を引き入れ、県衙および布政分司、按察分司の二衙門を巡った後、泮池へと流し込み、さらに西門からこれを城外へと排出していたが、県志編纂の時点ではすでにその水は途絶えていたとある。張坊がこの記載を根拠としたことは間違いない。

再び『［乾隆］新修曲沃県志』巻一九・水利に戻れば、旧志の記載をもとに泮池への供水を復活させようとする張坊の計画に対して、意見を求められた二一村の人々は、同年六月一一日に上・中・下三節の渠長の石瑢・祁溏・衛国輔と二一村の甲頭を代表者として、温泉水利に関する具申を行った。その内容は、温泉水の三割を県学の泮池へと供給することは、宋・金・元・明の歴代王朝が行ってきたことであり、「古志」にもその記載があることである。嘉靖三四年の地震によって供水が滞ってしまったが、風水の点から見ても龍脈が県内を東から西へと向かっており、水もこの流れに沿って城内へと至るべきである。橋を修復し水路を開いて城内に水を引き入れることは、泮池を蘇らせるためにも、さらには全県の風水にとっても有益であるので、石瑢らとしても喜んで水利復興に尽力したいというものであった。ただし、その際には「前朝の旧例」に従って、三期それぞれにおいて水路から漏れ出る三日分の水を泮池への供水に当てることとし、灌漑終了後にはすべての水を城内へ流し入れても構わないと回答したのである。

もともと張坊は明代嘉靖年間の地方志の記載に基づき、橋や水路を補修して、泮池への供水のためのインフラを復興させるだけでなく、その水量を確保するため温泉水の三割を提供するよう二一村に求めたのであった。ただし、温泉水の全体の三割と言えば、五八日半にもおよぶ日時を泮池への供水に当てることになり、これを実行することは村々からなる水利連合にとって死活問題であったことは間違いない。そこで、石瑢らは西寧村（もとの張亭村）の割当分に含まれていた、水路からの漏出分としての各期三日分の水量を泮池への供水に当て、さらに灌漑を終えた八月一〇日以降の水をすべて県城へと流すことを認めることで、温泉水三割の供水を回避しようとしたのである。その上で、これを正当化するために、明代嘉靖年間よりもさらに時代を遡る規定として、「前朝の旧例」である元代大徳一〇年の「霍例水法」を持ち出したと考えられる。

張坊による「遵志復古」の翌年、乾隆二二（一七五七）年閏九月に温泉水利に関する盗水問題の発生が報告される。前年に引き続き上・中・下三節渠長をつとめる石瑢・祁溏・衛国輔と前年とは顔ぶれを一新した二一村の甲頭からの報告によると、「温泉の古規」に基づいて昨年より泮池へと供水することとなったが、本年八月になっても水は城内に達せず、巡視の人員らが派遣された。これにより、水路沿いの村民が水を盗んで灌漑を行っていたことが判明する。そこで石瑢らは、もし不埒な民が水を盗んで勝手に灌漑し、水の流れを阻害するようなことをすれば、それを取り締まり、霍例に依拠して重い罰を加えるよう希望した。その上で、県学泮池への供水を行うためという名目で「霍例」一冊を県へと提出し、これに基づく規制の実施を懇請したのである。この霍例が「霍例水法」を指すことは間違いない。

ここに二一村の各村に保管されていたと考えられる水冊「霍例水法」が、違法行為の取り締まりのための参照材料として、県へと提出されたのである。これは基層社会において自律的に成立した温泉水の利用・管理規定（罰則を含む）を基に違反者に対する取り締まりを行うよう水利連合から公権力である県へと働きかけが行われたことを意味する。さらに、この時に提出された「霍例水法」にはすでに、二一村からなる水利連合の遡り得る最古の状態である一七世紀後半（明末から康熙年間前半）の村落構成と、各村の取水日時に加えて、大徳年間からの「古規」である泮池への三日分の供水についても記入がなされていたはずである。二一村の側は、公権力の介入という機会を利用して、現在の権益保持者としての水利連合の村落構成とそれぞれの権益としての取水日時、さらには三期各三日分の漏出水が存在するという「現状」を水冊に潜り込ませたのである。

張坊の側もまたこの新方式を定着させるため、龍王廟の祭祀に対する関与を強めていく。『〔乾隆〕新修曲沃縣志』巻一一・祠廟・温泉龍王行宮によれば、過去に県令を務めた潘錦・葉華暐・王瑛の三名を祀る祠廟が県衙の東にあったが、乾隆二〇年に温泉水を再び県城内へと導くことに成功すると、当廟を龍王行宮と改めたいとの民の請願が起こる。そこで、温泉水利に貢献した唐の崔翳や宋の李復ら地方官を祀り、それまで祀られていた三名と合祀することとなった。これを記念して製作されたのが、西海村龍王廟に現存する乾隆二一年「温泉龍神行宮記」(26)である。張坊自身の手によって、唐宋時代以来七百年におよぶ温泉水利の歴史が記されるとともに、春から秋までの灌漑利用と秋以降の泮池への供水という「伝統」の復活が宣言されたのである。

県衙の東にあった龍王行宮に置かれたはずの当該碑刻が(27)、西海村の本宮に現存する理由は不明であるが、あるいは同一内容の碑刻が本宮と行宮の両地点に同時に立石された可能性も考えられる。その理由は、行宮建設と同時に、本宮に当たる西海村龍王廟において二一村が主催する毎年の清明節の祭祀以外に、泮池への供水が開始される中秋節にも祭祀が行われることになったからである。さらに、乾隆二四（一七六〇）年には張坊の発案により、二一村からの寄進を募り龍王廟の修築も開始され、同二七年に完成に至る。旧来からの清明節の水神祭祀が水利連合の結束を固めるものであったのに対して、新たに泮池への供水開始を記念するために設定された、灌漑終了後の中秋節の水神祭祀は、伝統の復活を象徴する泮池への供水というつながりを通して、公権力と基層社会とが良好な協力関係にあり、さらには二一村の水利権と既存の権益が公的にも承認されたものであることを示す格好の場となったのである。

第四節　重刻碑の製作

「龍王廟碑刻」の道光九（一八二九）年「修復七星海泉水利重建神廟碑文」[28]によれば、乾隆二〇年代に張坊の主導によって泮池への供水と龍王廟の修築がなされたが、水の勢いが弱く、すぐにその供水は滞ってしまった。さらにその後、二〇数年の間、水路の浚渫が十分に行われなかったため、ますます水量は減少し、取水時間を計る五センチ弱の番香が燃える時間で従来の七、八割しか灌漑することが出来ない状態に陥っていた。続く嘉慶年間（一七九六～一八二〇）には、水をめぐる訴訟沙汰が相次いで起こり、人心は荒廃した。これにより、灌漑地として登録された耕地でも灌漑を行うことができず、天水に頼らざるを得なくなるものが現れるなど、水の利を棄てて顧みない状況が生まれていた。ついに嘉慶二五（一八二〇）年の清明節の祭祀の日、火災によって龍王廟の大殿と享亭が焼け落ちる。水源までもが枯れ果てようとする中、道光七（一八二七）年の夏、曲沃県令として着任した李培謙によってふたたび温泉水利の復興と龍王廟の再建への道が開かれた。

「龍王廟碑刻」の道光九年「三節二十一村増建重修龍王廟碑記」[29]によれば、李培謙は二一村の民を集めると、三節の渠長を中心に水路の修復を実施し、村々の公直を中心として龍王廟の再建を行うことに同意させる。水路の修復に関しては、エリアを分けて村ごとに工事を分担させ、廟の再建に関しては村ごとの取水量に応じて、一日銀八〇両の基準で資金を供出させた。これに李培謙自身の寄付金百両と水利規定違反に対する罰金などを加えて資金とし、七星海の浚渫を含む大規模な水利整備事業が実施され、道光九年に完成に至ったのである。

この時、修築された建築物の中に、一六体の神像を収める大殿や享殿、東北思徳祠などの殿宇、西北小廟門や道院門楼といった楼門のほかに、五間の規模を有する碑亭の名が見える。これこそが現在も西海村龍王廟に残る東道院東廂坊に相当することは間違いない。冒頭で述べたように、一二基一四種の碑刻はすべて同一の規格および装飾を有することから見て、これらが道光九年の龍王廟重修に際して同時に製作されたことは明らかである。この時、水冊「霍例水法」をもとに二一村の構成とそれぞれの取水日時を明示する「大徳使水日時碑」が新刻され、あわせて二基六種の碑刻が重刻されたのである(30)。

その重刻碑の一つ、嘉慶「重修龍神大殿幷淘七星海碑」には、元代大徳年間の地震による廟の倒壊とそれに続く泰定・至順年間の修復、その後の明代嘉靖年間から清代康熙年間に至る間の修復を経て、乾隆二七年の張坊による修復へと至る、龍王廟がたどった歴史的経緯が記される。本碑を除く、二基五種の重刻碑には、本碑に記される各事期の修復事業の具体的内容が記されるが、これらに共通するのは龍王廟の修復と七星海の浚渫に対する二一村の歴史的な貢献、具体的には取水日時を基準とした経費支出と労働力の供出という点であった。なお、二基六種の重刻碑のうち、清代以前の三碑にも水利連合を二一村とする記載が見えるが、これらは重刻に際して現状に合わせるために遡及的に書き換えられた可能性が高い。

これら重刻碑のうち、龍王廟の成立の起源とも言うべき大徳年間の修復の経緯を記した延祐「重修温泉龍王廟碑」によれば、東西二五キロメートル程度の範囲に展開する二一村では、取り決められた日時に従い、順番に取水するという方法で、温泉水を用いて数十頃の地を灌漑した。さらに、毎年の清明節には龍王に対する祭祀を行い、水の恵みに感謝を捧げてきた。その祭祀の場となった龍王廟は、クビライの治世下において用水利用者たちの人的・物的支援によって創建されたものであった。住持の譚景舜やこれを継いだ楊天明らが祭事を主催し、清明節には各村の社首が香を捧げて拝礼を行い、楽を奏でて龍王への祈りを捧げたという。

こうして施設や人員も整い、水神祭祀の場としての偉容を誇った龍王廟であったが、成宗テムルの大徳七（一三〇三）年、突如として悲劇に見舞われる。史上名高い山西洪洞大地震の勃発である。同年八月六日、山西洪洞県および趙城県を震源とするマグニチュード八クラスの大地震が発生した。圧死した者だけでも数十万人にのぼり、数年間続いた余震によってさらに被害は拡大した。この時、震源地である洪洞県から直線距離でわずか六〇キロメートルほどの曲沃県における被害も甚大であり、今も県城中西門外に残る感応寺塔は中央部が崩れ落ちた。龍王廟もまた殿宇の多くを失い、一帯は瓦礫の山と化した。大徳一〇年に取水日時が制定された背景には、大地震による社会秩序の崩壊とその後の再生への歩みがあったのである。

ここで別の角度から、大徳一〇年に温泉水利の伝統の淵源が求められた理由を探るため、同じ曲沃県内における異なる伝統再生の事例を見てみよう。それが曲村を中心とする靳氏宗族の結集である。龍王廟から西北に直線距離でわずか五キロほどの場所に位置する曲村の靳氏祠堂には、咸豊二（一八五二）年に重刻および新刻された靳氏宗族に関わる一〇基の碑刻が現存する(31)。

これら碑刻によれば、曲村靳氏の祖は漢代の靳強に遡るとされるが、具体的な史実を追うことができるのは、金末モンゴル時代初期の人、靳和の事績からである。一二一七年に始まるムカリ率いるモンゴルの華北侵攻に際して、いち早くモンゴルへの帰属を果たし、鎮南大元帥の官位を授けられた靳和は、モンゴルの尖兵として山西南部および河南の制圧に功績を立てた。いわゆる漢人世侯と呼ばれる人物の一人であり、その死後においても平陽路を投下領とするジョチ家バトゥとの関係のもと、その権益は子の靳用らに引き継がれ、一族は曲沃を中心として平陽一帯に大きな力を振るった。

この靳氏の宗族形成を考える上で重要なのが、前述の大徳年間の大地震の影響である。靳氏祠堂に現存する碑

曲沃靳氏祠堂碑刻（2010年 6 月、著者撮影）

刻の一つ「靳氏元明諸公逸事紀略」[32]によれば、山西洪洞大地震の被害は太原と平陽が最も甚大であり、靳和に関係する二基の碑刻も倒れてしまった。さらにうち続く余震の中、人々の離散が相次いだため、靳長官荘、鞠村、劉村、寺荘、寨子里の五村を併せて一村とすることで、生き残った人々を集めてその生活を落ち着かせたという[33]。これが曲村誕生の由来であった。地震の直接的な被害による人口の減少のみならず、その後の社会不安と人口の流動などの理由によって、従来の地縁的結合に基づく社会制度を維持することが困難となり新たな結集が図られたのであり、その際に靳氏が社会秩序の再編の中核となったというのである。

曲村靳氏には『靳氏族誌』[34]と『靳氏家譜附合村誌』[35]が伝えられており、後者には大徳八（一三〇四）年に靳用が諸村を合併して曲村を創立したこと、さらに清代嘉慶一七（一八一二）年にこの家譜が書写されて靳廷相の家に所蔵されたことが記され[36]、村々の合併による曲村の創設をもって靳氏の宗族形成の起点とする意識が継承されていたことが分かる。また、『靳氏族誌』によれば、「元絳陽軍節度使鎮南大元帥靳公神道碑銘」[37]と「勅賜朝列大夫同知晋寧路総管府事致仕靳公碑」[38]の二碑については、前者が康熙一二（一六七三）年、後者は康熙七（一六六八）年と乾隆六（一七四一）年に重修（修復、あるいは重刻）がなされたという。さらに、家廟に関しても、康熙一五（一六七六）年に初めて建設が始まり、乾隆元（一七三六）年に完成したとされ、一七世紀後半から一八世紀前半にかけて、宗族結集の核となる諸要素が整備されたことが分かる[39]。これが一九世紀半ばの時点で、重刻碑の製作という方法を通して再確認されることとなったのであり、靳氏宗族の結集のプロセスには温泉水利をめぐる秩序の形成との共時性が見て取れるのである[40]。

温泉水利に目を戻せば、繰り返される地震や戦乱による地域社会の崩壊と再生というプロセスにおいて、一貫して二一村が温泉水利に貢献し、その利に浴してきたという歴史を示すことで、現状を伝統に基づく水利秩序として再提示することが道光初年における重刻碑製作の目的であり、その核となったのが新刻の「大徳使水日時碑」であった。中でも「龍王廟碑刻」に見られる一基の碑刻に三種の碑文を重刻するという方法は「増刻の重刻」ともいうべきものであり、極めて示唆に富む。点と線をともに重ね合わせて、伝統の再生と継承が図られたのである。

小　結

龍王廟に現存する「大徳使水日時碑」には、上・中・下の三節に分けられた二一村の取水日時と灌漑面積が記される。毎年二月一五日から八月一〇日までの期間を三期に分け、下流側から取水を行うこととし、灌漑面積を基準として村ごとの取水日時が設定された。流域の水管理の責を負う三節渠長の選出権は、最下流の張亭村の頭水人に委ねられた。同村は清明節の水神祭祀においても最初に進香拝礼を行うなど、二一村で構成される水利連合において中核的な役割を担う存在であった。

この温泉水利の管理規定である「霍例水法」は、モンゴル時代に洪洞県の霍渠水法をモデルとして作成されたものであり、その特徴は下流側から取水を始め順に上流側に取水順が移り、村々を一巡した後に始めの村に戻って再び取水を開始することにあった。これは上流側の恣意的な利用を防ぎ、かつ全体の取水期間を数期に分けることで、農作業に必要なタイミングを逃さず、各村が公平に取水することを目的とするものであった。「大徳使水日時碑」は、水冊「霍例水法」から取水順と取水日時に関する項目を抽出したものであったが、そこに見える水利連合の構成は元代の状況をそのままに伝えるものではなく、明末崇禎年間における里の再編を経た結果を反映するものであった。

明代の地方志の記載に基づき、県学泮池への供水を復活させようとした知県の張坊は、二一村に温泉水利の三割の水量を泮池へと分水するよう求めた。これに対して、二一村は地方志よりもさらに古い規定である「前朝の旧例」として元代大徳年間の「霍例水法」を持ち出し、三期各三日の水量を泮池へと供水し、灌漑終了後の温泉水の全面的利用を認めることで自らの権益を守ろうとした。さらに二一村の構成と各期三日の漏出量の記載を含む水冊「霍例水法」を提出して、水管理の基準とするよう求めるなど、公権力の介入という機会を逆に利用して、基層社会は自らの権益を公権力に認めさせることに成功したのである。

温泉水利をめぐる伝統は、一三世紀のモンゴルの華北制圧をきっかけとし、一四世紀初頭の大地震の後の復興を直接の淵源として成立した。さらに、一七世紀後半以降の状況を基礎として、一八世紀前半に伝統復活の名のもとに再編が加えられ、一九世紀前半には重刻碑の製作によってこれが再確認されるという道筋をたどった。これは曲村靳氏の宗族形成にも見られる共時的現象とも言うべきものであり、いずれも伝統再生のプロセスにおいて、点と線をつないで歴史を復元する増刻碑や重刻碑などの碑刻が大きな役割を果たしたのである。

水利権の根拠となった水冊と水利碑は、相互に参照し合い、一方が失われた際にはもう一方によってこれを再現するためのバックアップの役割を果たすものであった。また、これに地方志を加えた三者は、時に互いにその欠を補いながら、その都度、関係者の思惑を潜り込ませながら変化し、相互に影響を与え合う関係にあった。これは宗族秩序の形成における族譜と碑刻、地方志の関係にも近似した姿を見せるのである。

注

（1）*The Chinese Economic Monthly*, Vol. II, No.11, 1925. 同誌に関しては、Lieu1928を参照。

（2）水冊に関しては、森田一九七七A、井黒二〇一三を参照。

（3）水争調停の原則に関しては、張俊峰二〇〇八Aを参照。

（4）曲沃県水利志編纂委員会編『曲沃県水利志』曲沃県水利局・曲沃県志弁公室、曲沃、二〇一一年、一一一頁。

（5）これら一二基のうち、水利施設および龍王廟の整備・修復の責任者や寄進者などの名を刻んだ題名碑四基を除く八基の碑刻録文は、『三晋石刻大全　臨汾市曲沃県巻』（雷濤・孫永和主編、三晋出版社、太原、二〇一一年。以下『三晋曲沃』と略称）に収録される。筆者は二〇一〇年八月と二〇一六年一二月に本廟の現地調査を行い、関連する碑刻を実見した。

（6）『三晋曲沃』二一七～二三一頁。

（7）譚二〇一七によれば、温泉灌漑地区は山西西南部でも数少ない水稲の産地である。また、張継瑩二〇一〇にも曲沃県内における水稲栽培への言及がなされる。

（8）原文は「逐年於二月十五日為始、使水至八月初十日未時為満。三節使水日数、共計以地、百七十五日五時辰四刻、已尽徹畢終矣。」

（9）ただし、河上村に関しては、本来の取水時間は第一期と第二期がそれぞれ二日、第三期は一日であったが、具体的な時期は不明ながら、衛世中という無頼の輩の誣告によって被害を受けた同村の人々を救済するため、第一期と第二期に一日と一二時間、第三期には一八時間が取水時間として追加されたという事情が確認できる。「大徳使水日時碑」第三碑「後有刁潑衛世中、返告得罪、遷徙遠処、為民誑妄、嚇要衆貺、人睛浮萍、又使水九時辰。」

（10）原文は「三節正翻次序、共使水六十六日七時辰外、有滲渠水三日。一輪共総使水六十九日七時辰為満、共二十一村輪翻依次已尽、如天地循環、周而復始。」

（11）原文は「毎年温泉海水上、中、下三節共二十一村人民使水、用三個渠長管理。其更換俱属張亭村使頭水人挙保。恐上庄有所偏私。」

（12）この祀文を他の史料中に確認することができないため、譚二〇一七（二四一頁）に引かれる全文を以下に転載する。「新田艮方出温泉、恩及二十一庄口、分為三節迎神社、毎年三翻輪周旋、清明之日祭海廟、各村甲首皆得全、三節渠長把香上、帥領衆村参神虔。張亭村内是首祭、東寧小許聴城連、一村一村有次序、不得取便胡占先、二十一村皆祭畢、上節才得将神搬。二月十五放頭水、放至張亭起了翻、澆至八月初十後、水能進城方安然。三節渠長西寧挙、周靳海頭自古伝。各管一節分上下、上八中六下七聯。惟願龍神多保佑、水渠満流澆百川。」

（13）これは『〔乾隆〕新修曲沃県志』巻一九・水利に引く乾隆二三（一七五八）年一一月の事例に「三節渠長海頭楊定一、周荘車普、靳荘靳不義」とあることからも確認できる。ただし、「龍王廟碑刻」の至順三（一三三二）年「温泉龍王廟塑画碑」（『三晋曲沃』二一九頁）には、「上中下三節管水渠長郭寺城荘常堅、西常村楊徳、靳司徒庄靳秀」とあり、渠長がどの村から選出されるかは時代によって違いがあった可能性がある。ただし、やはりここにも張亭村の名が見えないことが重要である。

(14)「龍王廟碑刻」の嘉慶四（一七九九）年「重修龍神大殿并淘七星海碑」（『三晋曲沃』二二二頁）および道光九（一八二九）年「修復七星泉水利重建神廟碑文」（『三晋曲沃』二二三～二二四頁）。

(15) 原文は「元大徳拾年十月十五日、奏定防禦条款、奉蒙哥皇帝聖旨、平陽路百姓澆地、撥両個知事管者。輪番使水、周前一盤、照依霍渠水法、立定条例。」

(16) 洪洞県内の水冊は、民国六（一九一七）年に知県の孫奐崙によって編纂された『洪洞県水利志補』に収録される。

(17) 原文は「窃照本渠条例、自二月初一日卯時、従下接馮保村行、至十月一日住溝。各依次叙、輪流使水、無致覇匿溝輥。所有日期、開列於後。」

(18) 原文は「右仰前項大溝使水一十三村、昼夜通流、毎三十五日八個時辰、流漑一遍、如満日交割下次村分。若不遞送溝輥、強截盗豁、失語溝埕、照依渠例科罰。辛亥年南呂月日記。」

(19) 原文は「蓋以上把下（渠上諺語）、各渠通例、而該渠以管轄不一之故、此弊尤甚。一有牴牾、更生悪感、輾転興訟、受害已多。故不若隠忍牽就之、為愈主客異形、上下異勢、蓋有不得不然者矣。」

(20) モンケの大ハーン即位直後における平陽路翼城県での水争いの裁定については、井黒二〇一三、第三章を参照。

(21) 王本の全内容が公表されていないため、ここでは王一九九〇における引用を二次的に利用せざるを得ない。

(22) 原文は「温泉河上、中、下二十一村所澆地土数大、中間多有倚托豪強勢要之家、更有因而作弊之人害衆、使下村人戸、不能澆漑、亦無所告訴者。…（中略）…今略摘到霍例水法渠条数款、照例施行。」

(23) 王本と同じく、譚本もその全内容は公表されていない。さらに、譚二〇一七において王本への言及がないため、王本と譚本との関係を確定することはできないが、前者が抄本であり、後者が刻本であるとすることから見ても、両者が同一のものとは考えにくい。譚本が西常村に保管されていたことから、王本も二一村中のある村に保管されていた別の一冊であったと考えられる。

(24) ただし、実際に名が挙がるのは一三村だけである。これは東鄢底と西鄢底の区別が省略され、鄢底とまとめて表記されたためと考えられる。

(25) 原文は「明朝崇禎十五年、因兵荒累歳、戸口凋残、知県石瑩玉奉部文以旧六十八里、攅為三十六里、開列左。」

（26）『三晋曲沃』一四七頁。
（27）各種県志の「県治図」にも県衙の東、典史署の南に「温泉龍神宮」が描かれる。
（28）『三晋曲沃』二三三～二三四頁。
（29）『三晋曲沃』二三五～二三六頁。
（30）延祐四（一三一七）年「重修温泉龍王廟碑」（『三晋曲沃』二一八頁）、至順三年「温泉龍王廟塑画碑」、嘉靖三六（一五五七）年「曲沃県海頭新出三泉記」（『三晋曲沃』二二〇頁）の三種が一基に、乾隆三（一七三八）年「挑浚星海記」（『三晋曲沃』二二一頁）、乾隆二七年「重修温泉海廟記」、嘉慶四年「重修龍神大殿幷淘七星海碑」の三種が別の一基に刻される。
（31）曲村靳氏関係の碑刻についても『三晋曲沃』に録文が収録される。同氏の宗族形成のプロセスや宗族組織については、張・高二〇一六および杜二〇一六Aに詳しい。また、『[乾隆]新修曲沃県志』巻六・山川に「曲村爲漢信武侯故居。歴漢魏隋唐宋金元明、子孫青紫相繩、至今衣衿聚族」とある。著者は二〇一〇年および二〇一六年の二度の龍王廟調査の際に、あわせて靳氏祠堂における現地調査を実施した。
（32）『三晋曲沃』二七七～二七八頁。
（33）原文は「当大徳七年癸卯秋八月初六日戊時地震、太原、平陽尤甚、和祖二碑乃仆。後経公復立者、語記麟祖所立碑陰世系図旁。既又因地震不止、攢合五邨為一、以安集之。五邨者、曰靳長官荘、曰鞠村、曰劉村、曰寺荘、曰寨子里、合為一邨、共分九院。」
（34）万暦三九（一六一一）年九月の序があり、民国一二（一九二三）年三月一五日の地契を載せる。なお、族誌および家譜の閲覧に際しては、山西大学中国社会史研究中心張俊峰教授の協力を得た。ここに記して謝意を表す。
（35）「嘉慶十年十一月靳彤魁誌」の記載があるとともに、嘉慶一七（一八〇五）年の記事を含む。
（36）原文は「元成宗甲辰年朝列大夫晋寧路総管致仕靳公諱用攢立曲村鎮誌、大清嘉慶歳次壬申之吉抄、城里枝靳公諱廷相家蔵此誌。」
（37）靳氏祠堂には、大徳二年原刊、咸豊二年重刊「皇元絳陽軍節度使靳公神道碑銘」（『三晋曲沃』二六六～二六七頁）

が現存する。

（38）曲沃県第二高級中学校（曲沃二中）のグラウンドに延祐六年原刊、咸豊二年重刊「勅賜朝列大夫同知晋寧路総管府事致仕靳府君碑」（『三晋曲沃』二五～二六頁）が現存する。

（39）靳氏祠堂に現存する「靳氏塋廟各項紀略」（『三晋曲沃』二七九～二八〇頁）によれば、靳氏には方城塋・北祖塋・南祖塋・挿花古塋の四ヶ所の墓域があり、このうち方城塋に乾隆四二（一七七七）年「漢汾陽厳侯靳公強祖之墓碑」（『三晋曲沃』一六一～一六二頁）、挿花古塋に康熙五五（一七一六）年の碑が存在したとされる。また、『［乾隆］新修曲沃県志』には、唐紫金光禄大夫靳孝謨墓や金征南大元帥靳真明墓など、これ以前の地方志には見えない靳氏の祖先の墓に関する情報が多く記載される。ここからは一八世紀頃、族譜を基に祖先の墳墓が遡及的に造成されると同時に、墓地に石碑が建てられたことにより、その後、地方志にその情報が採録されることになったという流れを想定することができよう。なお、水利連合二一村に含まれる靳荘は、古名を靳司徒荘といい、唐代に靳孝謨がここに居を遷したという伝承を有する村である。

（40）この共時性は本書第二章で見た河津干澗村の史氏の宗族形成の事例にも確認できる。干澗村の史氏については、張・裴二〇一七を参照。

第六章　水利権の売買

はじめに

水資源の危機が叫ばれて久しい現在、水環境の悪化にともなう乾燥地の拡大や水資源の時間的、空間的な偏在は、ますます国際間、地域間における資源をめぐる緊張を高めている。こうした問題を解決し、水資源の持続的な有効利用を図るために模索されてきたのが、水利権売買や水取引といった方法であり、資源の分配および利用に関する効率向上の手段として、水の商品化は現代的な課題と位置付けられる。

慣行水利権に代表されるように、水資源の利用や分配に関しては、地域に根ざした歴史性が重要な鍵となる。こうした意味において、日本国内における水利権売買の歴史的事象を取り上げた杉浦美希子の一連の研究は極めて示唆に富む。新潟県佐渡市旧上横山村における番水株の売買や香川県木田郡三木町高岡における地主水と呼ばれる水利権売買の慣行に関する分析を通して、水資源が稀少化した局面において人々がいかに「公正」に資源の分配を図ってきたのかという問題に迫る。その姿勢は歴史研究に現代的な課題を解決するための参考事例として過去の智慧を蘇らせるという意義を見出すのみならず、さらに進んで「資源」や「財」としての水の利用・分配に関わる公正さと効率性の適切な関係を模索するといった将来のビジョン構築に資する可能性を付与するものである（杉浦二〇〇五・二〇〇七・二〇〇八）。

二〇〇〇年以降、浙江省東陽市と義烏市、甘粛省張掖市、寧夏回族自治区および内モンゴル自治区の黄河灌漑区、さらには河北省や北京市などにおいて水利権取引が開始された。すでに破綻を見せているケースもあるが、異なる自然環境や文化的伝統を有する各地域において、それぞれに適合した方式を生み出すためには、地域の自然環境や経済状況のみならず、水利権に関わる歴史的背景をも考察対象とし、それぞれの特殊性と一般性を明らかにする必要がある。

稀少な水資源への人類の対応という観点から見ると、黄土地帯をその内に含む中国華北地域の歴史事例は極めて魅力的な研究対象となり得る。これは一般的に乾燥地における歴史資料、特に文字史料が少ないという状況下において、例外的に豊富な文字史料に基づいて長期的な変遷の過程を復元することが可能であるという理由によるものであり、その一つの典型例を水利権売買に見ることができる。また、プラセンジット・ドゥアラの文化的ネクサスの一つとしての水利組織に関する議論（Duara1988）や水との関わりの中から地域社会を見つめ直すという水利社会史の研究（本書第一章参照）に見られるように、華北における水資源に関わる議論は否応なく地域社会や村落の性質の解明へと繋がり、水と社会との関係性こそがその核心的な問いとなる。

従来の華北地域社会に関する議論においては、多姓混住や高い流動性、不明瞭な村の境界など、華北農村の弱い凝集力が説かれてきたが、こうした議論の背景には所与のものとしての水が存在してはいなかったであろうか。土地があっても水がなければ生産活動どころか生命維持すら困難となる地域においては、水資源こそが生存の制限要因であった。したがって水資源への認識とそれを具現化する水利権のあり方という角度から眺めた華北の地域社会や村落は、従来のそれとは異なる姿を見せる可能性があるのである。

水利権のあり方を考える上で、売買という切り口が有効であるのは、売り買いの対象となる「モノ」であるために水利権が明確な輪郭と内実とを備えてその場に立ち現れてくるからである。華北における水利権売買の研究として、まず指を折るべきは新庄憲光の成果であろう。南満洲鉄道株式会社の張家口経済調査所包頭分室の所員であった新庄は、一九四〇〜四一年にかけて包頭にて農業および灌漑に関わる調査を実施した。これにより、数多くの水利権売買に関する契約書を収集し、水股と呼ばれる水利株の形態およびその賃貸借・売買の状況を明らかにした（新庄一九四一）[1]。また、天野元之助は中国の水利慣行に関する研究の中で、『民商事習慣調査報告録』や『山西省各県渠道表』に記載される甘粛省黒河流域や山西省懐仁県下寨渠での水利権売買の事例に言及した（天野一九五五）。

新庄や天野の研究がそもそも農業水利に関する当時の現状分析を主眼とするものであったのに対して、豊島静英は同じ包頭の史料を用いて水利共同体のあり方を考え、さらに山西省介休の洪山泉の水利権売買の事例に基づき、その歴史的推移に対する考察に踏み込んだ（豊島一九五六）。当時の資料状況によって地方志に収録される不完全な記事に依拠せざるを得なかったという限界はあるものの、その先見性は明らかであり、後の張小軍らによる水利権売買の制度的理解へと道を開いた重要な成果である（張二〇〇七）。

その他、蕭正洪は民国期に劉維藩が記録した『清峪河各渠記事簿』を利用して、清代の関中地域における水利権売買を検討し、常雲昆は陝西省水利通則など法制史料に基づき、民国期の水利権移転に関する法律上の規定を明らかにした（蕭一九九九、常二〇〇一）。また、水利権売買に関する代表的な事例とも言うべき太原近郊の晋水北河については、好並隆司やヘンリエッタ・ハリソン、行龍、韓茂莉らによる研究成果が積み上げられるほか、

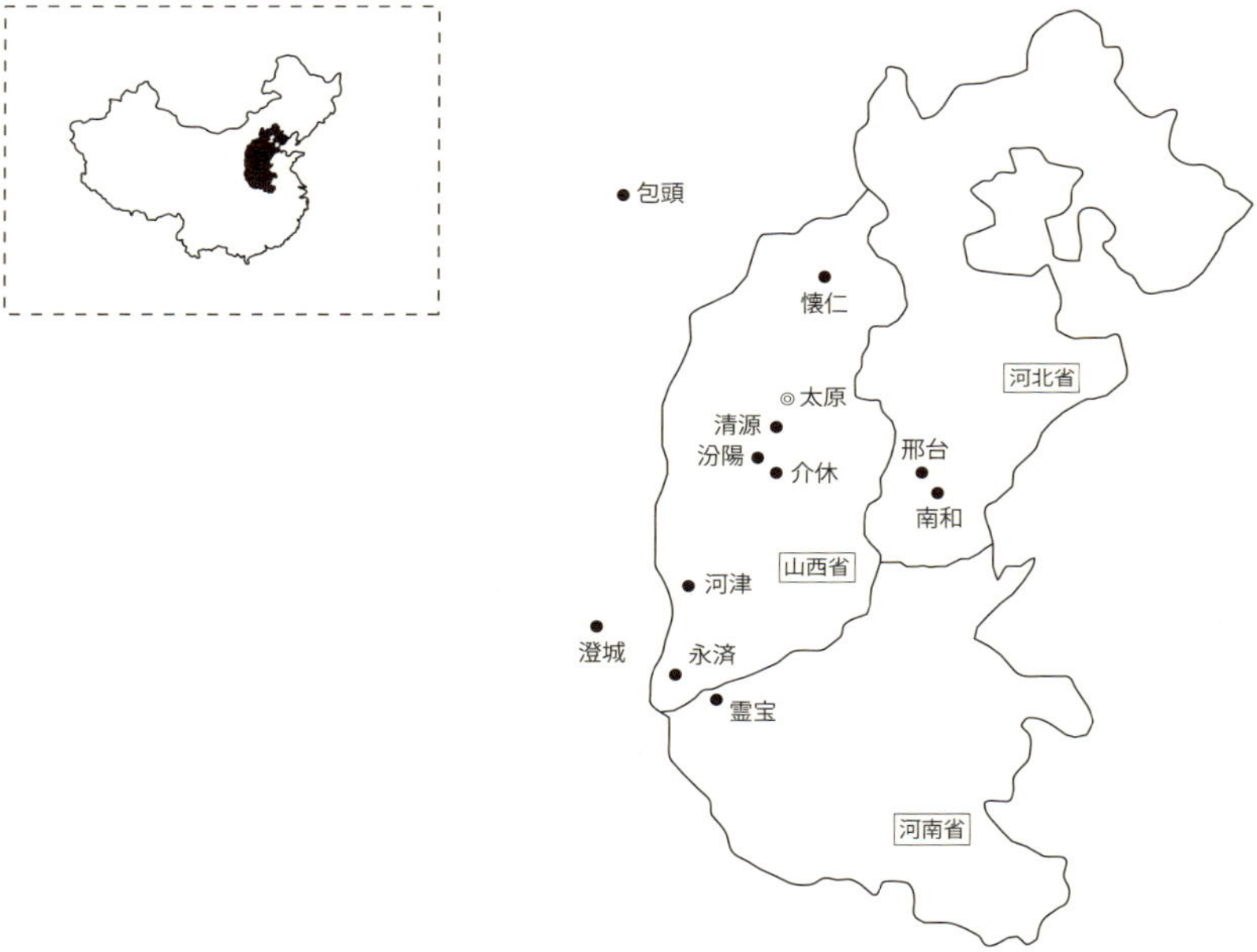

図１：関連地図

王亜華はこれら実証研究を総合して明清時代から現代にいたる水利権取引の変遷を概観した(好並一九八四、沈二〇〇三、行二〇〇六A、韓二〇〇六A、王二〇〇五)。

このように華北の水利権売買に関する研究は決して少なくはない。しかしながら新庄が取り上げた民国期の包頭の事例を除いては、水利権売買に関する契約書自体が検討されることはなく、売り主・買い主の名前や売買対象、価格などといった取引内容に関わる具体的な情報は依然として乏しく、状況を打開する新たな資料の出現が望まれた。こうした中、張俊峰は山西大学中国社会史研究中心に所蔵される水資源に関連する売買契約書に検討を加え、水利権売買に関する専論を発表した(張二〇一四)。現段階において当該問題に関して最も充実した内容を有する研究であるが、課題も残されている。特に水利権売買の類型化を主たる目的としたためか、時代的相違や変化に対する考察の不足と水利権売買のもつ水資源の利用効率向上への寄与といった積極的意義を過度に強調する点については注意が必要である。静態的なシステムとして水利権売買を捉えたことがこうした問題を生むに至った理由であろう。

これに対しては、変化のプロセスを追うことによって、水利権売買の多面的な意味と社会に及ぼす影響を明らかにすることができると考える。過去の事象の中に理想像を見出してこれを抽出するのではなく、その動きの中から「正」「負」の両面を備えた実像に一歩でも近づいてみたい。

第一節　二〇世紀初頭における水利権売買

まずは資料的に好条件を備える民国期の水利権売買の状況を現地調査の結果から確認することから始めよう。一九一八年から南京国民政府司法行政部によって全国を対象とした社会調査が実施され、その成果が『民商事習慣調査録』としてまとめられた。そこに山西省汾陽県の物権習慣として、水売買に関する一項目「水香は典は許すが売は許さない」が収録される。これによれば、土地を灌漑するには香を燃やして時間を測定することとし、一畝の土地は一寸半の長さの香が燃える間だけ取水することを許した。これを水香と呼び、土地が売却可能であるのに対して、水香は買戻しの条件付きでなければ売却は許されないとされた(2)。ここでの取引の対象となる水香とは水程とも称され、時間によって規定された水の使用権を意味する。

また、一九四〇年代の調査に基づく『中国農村慣行調査』によれば、河北省南和県北豆村での聞き取り結果として、「使水地に使水権があるとすると、土地を売る時、売地不売水というようなことはないか」という質問に対して、「ない。土地を売るならばそれは即ち鎌（使水権）を売ることだ」との回答がなされる。[3] この「鎌」が包頭の事例に見える水股（水利株）に相当するものであり、ここからは地権と水利権とが一体となった形での売買がなされていることが分かる。

さらに、天野元之助が言及した山西省懐仁県下寨渠の事例に関しては、『山西省各県渠道表』に関連の記事が見える（天野一九五五）。同書は民国六（一九一七）年に山西省省長の閻錫山が設立した山西六政考核処による省内各県の渠道（水路）調査の記録である。これによれば、下寨渠は下寨の村衆が管理を行い、その引水は二五人の水利権者の輪番にてなされる。水利権者にはそれぞれの土地面積に応じて利用可能な水量が時間に換算して割り当てられており、引水時間は各人の収益対象（業）[4] として売買は自由である。水路の修理にあたっては、それぞれの引水時刻を基準として、供出すべき労働力の多寡が定められたという。[5] ここで水利権は土地面積に応じて割り振られた引水量（引水時間）として認識されており、その処分に関しては水利権者の自由が認められていたこととなる。

水利権の売却に関しては、張俊峰の研究に引用される山西大学中国社会史研究中心所蔵（行龍収集、張仲偉整理）の民国一七（一九二八）年山西省清源県の水契にも確認できる（張二〇一四）。これによれば、売り主である孫振恩は自身の水利権を趙中和に大洋三八〇元にて売却した。[6] ここで売買対象となったのは、水巻水と呼ばれる水源に対する水利権であった。当該地域においては、一八日ごとに一周するという番水法が用いられており、孫振恩の水利権はこの内の七日目の「二厘五毫」分であった。

また、新庄憲光の包頭での調査によれば、民国一九（一九三〇）年に尹氏の三兄弟（耀廷・立栄・成栄）が売り主となり、「小水一厘」と表記される水利権を尹武栄に洋元一六五円にて売却した。[7] さらに、同じ民国一九年に交わされた水利権の貸借に関わる契約書によれば、貸し主である巴福蟬が自身の水股「小水一厘」を上記契約の買い主と同一人物である尹武栄に貸し出した。借り主の尹武栄は契約手数料に相当する過約銭として洋元八元二角五分を支払うとともに、水租すなわち用水の借り賃として毎年洋元六角を巴福蟬に支払うことと定められた(8)。

これらの事例はいずれも個人の間で水利権の売買もしくは貸借がなされた事例であり、水利権者である個人に自由な処分が認められていたという状況は先に見た山西懐仁県下寨渠の状況とも一致する。その一方、汾陽県においては典売は可であるが、絶売は不可という規定が存在していた。地域によって異なる慣習が存在すること自体が問題なのではなく、その差異がどのような経緯を経て生み出されたのかが問題となる。

従来の研究においては、水利権売買が与えた影響に関して相異なる見解が提出されている。代表的な例として、豊島静英、常雲昆、王亜華の三者の見解を見てみよう。まず、豊島静英は水利権の商品化は水利権の少数人への集中という事態を引き起こし、水利秩序と水利共同体を破壊することとなったとする（豊島一九五六）。一方、常雲昆は水の経済的価値が上昇することで、物権としての水利権はより明確な形をとり、市場メカニズムのもとで行われる水利権売買によって、土地資源と水資源の有効利用および社会の安定が実現されたとして豊島とは正反対の評価を下す（常二〇〇一）。さらに、王亜華は水利権の売買には一害一利があり、伝統的な社会秩序に衝撃を与える一方で、資源の効率的配分に寄与したとして折衷的な評価を下す（王二〇〇五）。

こららのうち最も多角的な議論を展開するのが王亜華である。その研究によれば、水利権売買という現象が発生した原因として、（一）商品経済に関する意識の高まり、（二）商品経済の発展、（三）人口の激増が生み出した土地と水資源の価格上昇、（四）これに由来する制度的刷新および市場方式に基づく水資源分配の制度的整備に対する要求という四点を挙げる。大筋では首肯すべき見解と考えるが、ただし四点目に挙げる水利権売買を市場方式や市場メカニズムの制度的導入という観点から解釈する点については疑問が残る。

例えば、日本における状況として、水利権売買と市場メカニズムとの関係性に関して、永田恵十郎はその地域配置の局地性と自由な移動の制限によって商品としての市場形成は行われにくいとした上で、用水配分原理に市場メカニズムは作用していなかったとする（永田一九八二）。さらに、玉城哲は水資源を含む自然資源の社会的配分における市場メカニズムへの依存が生み出す弊害ないし危険性を指摘する（玉城一九七九）。

では、中国における歴史的な水利権売買を市場方式に基づくものと捉えることができるのであろうか。さらには王亜華が述べる水利権売買が伝統的社会秩序に衝撃を与えながら、資源の効率的配分に寄与するという理解はいかに成り立ちうるのであろうか。以下、具体的事例に基づき、さらなる検討を加えてみたい。

第二節　水利権の単独売買

水利権が地権から離れ、単独にて売買・貸借されることが問題視され始めるのは、一六世紀末頃からである。万暦一六（一五八八）年「介休県水利条規碑」[9]によれば、本来は水と土地とは一体のものであり、灌漑地は水地と呼ばれた。しかし、近年では水は水、土地は土地としてそれぞれ別々に売り買いをする「地を売って水を売らず」あるいは「水を売って地を売らず」といった商慣習が問題となっていた。

これが政府に問題視された理由は、灌漑地と非灌漑地（天水耕地）では税率が異なっており、土地と分離した水利権売買が進展することによって、政府が把握している耕地の種別が実状とかけ離れてしまうためであった。その結果、水程と呼ばれる水利権を購入した者が、ひそかに非灌漑地として届け出ていた耕地に施水をしたり、

固鎮水利碑刻群（2006年9月、舩田善之氏撮影）

あるいは逆に何らかの理由によって水利権を手放してしまい、すでに施水が不可能であるにも関わらず、依然として灌漑地の税率を負担し続けている者などが現れるといった矛盾が生じていたのである。

税収の確保を至上命題とした政府は、この問題を解決するために現状を追認し、現在、灌漑を行っている者の水利権を認めて灌漑地の税率を課し、灌漑を行っていない者にはその水利権を認めず非灌漑地の税率を課すとともに、灌漑地に係る税額の多寡に応じて使水量の多寡（使水時間の長短）を再設定するよう決定を下した。さらにこの結果を石碑に刻んで公示するとともに、土地と分離した水利権の売買を禁止したのである。

地権と分離した水利権売買という事象自体は、太原近郊の晋水流域においてすでに明代嘉靖年間（一五二二〜六六）に出現していた。その背景には王亜華が述べるように、明代後期における商工業の発達と銀流通の浸透にともなう土地所有関係の変化があったと考えられる（王二〇〇五）。ただし、実際に政府が現状を把握し得たのは嘉靖年間に始まり、万暦初年よりは張居正によって推進された土地測量に基づく資産調査、いわゆる丈量の結果によるものであった。汾州府に属する介休県に関しては、万暦九（一五八一）年より丈量が開始されており、原額の五四・二パーセントにもおよぶ増加分の耕地が確認されている（張海瀛一九九三）。調査を通して、地権と水利権の分離および水利権の単独売買という商慣習の問題が顕在化したと考えられる。

水利権売買が生み出す弊害に関しては、同じく介休県の万暦一六年「鸑鷟水水利記」(10)に関連する記事が見える。当時、豪民や豪強などと称された地元の顔役たちは、水利権と地権の分離という状況を絶好の儲けの機会ととらえて悪業の限りを尽くしていた。これにより、土地を有していても水利権を持たない者や水利権はあるがその水を注ぐべき土地を持たない者たちが出現していた。前者は水利権を失った者たちであり、水を引くことができずに日照りには苗を枯らしてしまう。後者はもともと灌漑すべき土地を持たないのに水利権を購入した者たちであり、彼らは実際に水を利用するのではなく、転売によって利ざやを稼いでいるというのである。

また、水契と呼ばれる水利権売買の契約書や水券と呼ばれる水利権の所在を示す証書が売買の対象となっている。これは水利権に関わる証書の売買によって利益を得ることができる段階にまで水の商品化が進んでいたことを物語る。土地から乖離した水利権の売買は明朝政府の禁止するところとなったが、ついにその流れを止めることはできず、清代にはより活発に行われることとなるのである。

第三節　石に刻まれた水利権売買契約

水利権売買に関しては土地売買とは異なり契約書の伝存が少なく、張俊峰の論考が発表される以前には、わずかに新庄や今堀が利用した民国期の包頭の事例が知られるだけであった。[11] こうした中、筆者は二〇〇六年に実施した山西省河津市三峪地域の現地調査において、固鎮村の診療所内に計七点の明清碑を発見し、これらが全て水利に関連する内容を有し、地方志等にも収録されることがなかった史料であることを明らかにした（本書第二章参照）。それら七点の水利碑のうち、本章では水利権の単独売買に関する二点の碑刻を取り上げる。

まず一点目は、雍正八（一七三〇）年刻石の「原顔倫立売水契」（図２）[12] である。その内容は、売り主である原顔倫とその甥の原之錩の両名が祖先から受け継いだ土地に附随した清水七時五刻（一五時間）分の使用権を固鎮里に紋銀一二七両五銭にて売却するというものである。契約日は雍正八年三月初八日である。立売水契人の原顔倫と原之錩に続いて、見人（立会人）として衛如珍ら八名および水利組織の責任者である渠長の王紹魯と賀鼎鉉の二名、同じく水路管理の実務責任者である提鑼人の王進昌が名を連ね、最終行には雍正八年九月吉旦の日付が記される。[13] 冒頭行に固鎮里が清水を購入した際の契約書を石に刻んで永遠に保存するという一文があることから考えて、文章中の三月初八日は紙媒体の契約書を取り交わした日時、末尾の九月吉旦はこの契約書を石に彫り込んだ日付ということになろう。

もう一方の「甯曰平立売水契」（図３）[14] は、雍正九年四月初九日に甯曰平と甯曰安の両名がやはり祖先から受け継いだ土地に附随した清水五刻（一時間）分を紋銀八両五銭にて固鎮里に売却した際に取り交わした契約書を石に刻んで長く保存するという内容である。立売水契人の甯曰平と甯曰安に続いて、渠長の原大紳と衛士傑のほか、提鑼人の王封、見人として賀玥ら八人の名が刻まれるが、最終行に記されたであろう刻石の日付は摩滅のためか読み取れない。なお、見人の董一𤩽と原名禄は前掲の「原顔倫立売水契」にも見人として名を連ねている。

上記二点の水利権売買契約碑の内容をまとめれば、売り主は個人であり、買い主は固鎮里であるが、買い主を

固鎮閤里、今将原買本里清水時刻契書、刊
列於石、以垂永久。
立売清水契人原顔倫、今将遮馬峪自己
祖業下渠随地清水柒時伍刻、立契売与
本里閤村、永遠為業使用。同中言定、水価
紋銀壹□□□百弐拾柒両伍銭。当日
交足無欠。恐後無憑、立売契存照。
雍正八年三月初八日　立売水契人
原顔倫
同姪原之錩
衛如珍
董　冉
邵弘際
董一瓘
見　人　原名禄
賀王賓
原　鑑
原　演
渠　長　王紹魯
賀鼎欽
提鑼人　王進昌
雍正八年九月吉旦

図２：原顔倫立売水契

固鎮閤里、今将原買本里清水時刻契
書、刊列於石、以垂永久。
立売清水契人甯曰平安　今将自己遮馬峪祖
業下渠随地清水伍刻、立契売於本里閤村、永遠
為業使用。言定、水価紋銀捌両伍銭。当日交足無
欠。立売契存照。
雍正八年三月初八日　立売水契人　甯曰平安
渠　長　原大紳
衛士傑
提鑼人　王　封
賀　玥
賀克信
邵興周
見　人　董一瓘
原名禄
賀雲程
衛士賓
劉帝蘭

図３：甯曰平立売水契

代表するのは里長や村長といった郷村の代表者ではなく、水利組織の責任者たる渠長と提鑼人である。また、紙の契約書から石碑への転写と刻字を行った主体もやはり固鎮里である。これは固鎮里がいわば法人格として水利権の購入を行ったということであり、実体として取引を担当したのは渠長らに代表される水利組織であったことになる。

さらに、売買の対象は時間をもって表される水利権であり、価格は一刻（一二分）当たり一両七銭で両事例に共通する。康熙二三（一六八四）年「三峪水規糧則以及渠道詳記碑」[15]に一刻の水で一畝の土地を灌漑することができるとあることから、原顔倫らが売却した七時五刻分は七五畝の土地に灌漑が可能であり、寧曰平らが売却した五刻は五畝の土地に灌漑が可能となる水量となる。さらに彼らが売却した水利権はともに先祖伝来の土地に附随したものであった。原顔倫のケースではこの水利権を甥の原之銆との連名で売却しており、寧曰平と寧曰安もその輩行字から考えて兄弟、もしくは従兄弟と考えられることから、先祖から土地を受け継ぐ際に水利権もこれに附帯した形で継承されたと考えられる。これは先に見た包頭の尹氏三兄弟の水利権売買契約の事例とも共通する。

この二件の水利権売買において問題となるのは、買い主であり碑刻制作者としての里の存在である。里とは明初に編成された郷村自治組織である里甲制に由来し、清代の山西ではおおむね一里は一〇ヶ村以内の自然村によって編成された行政村とみなし得るが（中村一九六七）、ここでの固鎮里はその中心村である固鎮村と同義として用いられている可能性が高い。では、里が水利権を購入する理由はどこに求められるのであろうか。一般的な理解として、中国における村落は日本の入会地のような共同利有地をほとんど持たなかったため、共有地に施水するといった可能性は考えにくい。また、ため池に貯水するという目的も考えられるが、本書第二章にて言及したように当地においてはもともと村ごとにため池への引水時間も割り振られており、共同耕作地が存在しない以上、さらなる貯水量を増やすために水利権を購入するようなことが果たして必要であったのかも疑問である。

さらに問題なのが、一過性の行為である売買に伴う水利権の移動といった現象をなぜ石碑に刻む必要があったのかという点である。たしかに碑刻作成の主たる目的は公開性にあり、記載内容を公開することで、そこに記される規定内容や権利の所在を明示するという効果が生まれる。しかしながら、ここで刻まれた内容は水利権の売買契約であり、これ以降にさらなる水利権の移転の可能性も存在することから見て、契約を取り交わす度にこれを石碑に刻み直すなどといった繁雑な事がなされたとは考えにくい。

では、なぜ固鎮里は水利権を購入したのか、さらになぜその契約書を石碑に彫り直したのか。これら二つの疑問を解く鍵は、村落（里）がそこに所属する個人から水利権を購入したという事実自体に求められなければならない。

第四節　地域社会の対応

すでに本書において見てきたように、同じ流域中に位置し、同じ水源を共有する村落間においては、引水可能な水量が日時単位で村ごとに割り当てられ、さらにこれが各村内においてそれぞれの耕地面積の多寡に応じて個人に割り当てられていた。したがって、個人に配分された水利権の売却は、場合によっては村の割り当て水量が村外へと流出する可能性を有していたこととなる。

これを防止するための村落および水源を共有する水利連合の取り組みが一八世紀以降に顕在化してくる。その一つのあり方として「売地不帯水」という規定が挙げられる。これは村外の人には土地の売却は認めるものの、水利権の売却は認めないというものであり、その目的が村落外への水利権の流出を防ぐことにあったことは明白である。山西省永済市王官峪の宣統元（一九〇九）年「王官峪五社八村水規碣[16]」では、王官峪の五社八村の水長（渠長）による公議によって水利連合を構成する村々以外への水利権の売却を禁止する規定が作成された。また、河南省霊宝市の乾隆三〇（一七六五）年「鹿台村輪灌碑記[17]」では、水源を共有する四村の共同での取り決めとして、村外の人に対する土地の売却を認め、これには水利権も附帯するとしながらも、その水利権を用いて別村の土地に灌漑することは認めないという規定が設けられている。

これらは水利権が村外へ流出することや村ごとに割り当てられた水量が村外にて利用されることを防ぐために設けられたものであるが、いずれも村落もしくは水源を共有する水利連合が主体となってこうした規定を作成していることがが重要である。その意味をより明確に示すのが、関中平原を流れる清峪河流域の水利関連史料を集成した劉維藩『清峪河各渠記事簿』に収録される「売地不帯売水之例[18]」である。

清峪河流域の沐漲渠においては、村外の人に土地は売っても水利権は売ってはならないという規定が存在した。例えば、宋家荘に住む周心安と棗李村に住む李庭望の二人は、同じく沐漲渠の流域に属する孟店村の灌漑地を購入したが、この規定によって実際には水利権は他村在住の彼らには渡らず、土地のみが売られることとなり、彼らが購入した土地は灌漑地であったが灌漑のための水を得られないという結果に終わる。この規定の効果は絶大であり、村ごとの土地やそれに係る租税額は売買によって移り替わったものの、村全体の水利権のみは旧来通りで変わらなかったという。

また、同書「利夫」条[19]によれば、源澄渠の規定では土地と水は一体のものとして売買され、契約を取り交わす際には必ず水利権も土地にしたがって移譲されるとの文言が明記された。さらに契約締結の際には、必ず渠長がその場に同席して「過香」[20]することによって、その契約が正式に発効するとされた。もし渠長を契約締結の場に呼ばなければ、密かに水利権を移転しようとしているとみなされ、渠長は買い主への水利権の移転を認めなかった。したがって、土地とともに水利権を移転しようとする者は必ず渠長を契約締結の場に同席させたという。

ここで固鎮里での水利権売買契約碑に目を戻せば、そこに渠長や提鑼人が代表する水利組織を媒介させることで市場方式による水利権の「自由」な売買を押し止めるとともに、里自体が買い主となることで水利権を里の内部に留めておこうとする意図を読み取ることができよう。これは「売地不帯水」などの規定を設けることによって村外への水利権の流出を抑制しようとしたこととも相通じる、村や水利連合など地域社会の対応であった。さらには、それが一八世紀という段階においてまさに進行中の水の商品化という流れに逆行する一種特殊な動きであればこそ、あえて契約書を石碑に彫り直すという行為を通して、これを広く告知するという措置が採られたと考えられるのである。

小　結

一六世紀後半に顕在化した地権と分離した水利権の単独売買は、賦税の確保を目的とした明朝政府の禁令にも関わらず、さらなる広がりを見せていく。水利権売買は理念的には水資源の過不足を調整し、有限の資源を最大限に有効利用するための方法となり得るものであった。しかしながら、実際には経済的強者による水利権の集積と弱者の水利権喪失を生み出すにとどまらず、水券や水契といった証書や契約書自体の売買や水利権の典買が行われるなど、水の商品化が進展したことにより、村外へと水利権が流出し、村の割り当て水量が減少するという弊害を生み出すこととなった。

これに対して、一八世紀頃から村や水利連合が渠長を代表とする水利組織を介して水利権の売買契約に関与するケースが確認できるようになる。特に個人とその個人が所属する村との間、あるいは水利連合を構成する村々の間での契約や「売地不帯水」などの規定を設けることで水利権の外部への流出を抑制する方向での動きが強まる。これは地域社会が水利秩序を維持するため、その売買契約者の範囲を制限することにより、市場メカニズムによる水利権の売買や水の商品化という動きを抑制することを意図した試みとみなしうる。

これは、四〇年以上前に現代日本の農業水利に関して玉城哲が指摘した、市場メカニズムのインパクトへの対応と、市場原理とは異なる地域的共同管理体制の構築とをいかに成立させるのかという課題に通じるものである（玉城一九七九）。さらに言えば、これはコモンズのセルフガバナンスとも密接に関わる問題であり、水資源の分配や利用のみならず、広く天然資源全般に関わる将来的な課題となるものである。

注

（1）今堀一九七八にも一九四四年の包頭での現地調査に基づく水股への言及が見られる。

（2）『民事習慣調査報告録』（前南京国民政府司法行政部編、胡旭晟ほか点校、中国政法大学出版社、北京、二〇〇〇年）上冊（第二篇第七章、一五八頁）に「灌漑地畝、燃香為度、毎地一畝、只准灌漑一寸半香之水、名曰水香。地雖可売、而水香則許典不許売」とある。なお、本書には、日本語訳の中華民国司法行政部編、清水金二郎・張源祥共訳『支那民事慣習調査報告（上）』（大雅堂、京都、一九四三年）がある。

（3）中国農村慣行調査刊行会編『中国農村慣行調査』（岩波書店、東京、一九五二～五八年）第六冊・水篇、二三二頁。同様の回答が邢台県東汪村（同上、一〇〇頁）、南和県南里庄（同上、二三四頁）、同県西貫郭（同上、二三七頁）にも見える。

（4）業の理解は寺田一九八九Bによる。

（5）原文は「下寨村衆經理、其分水辦法係二十五夫一週、按地畝分配、地戸所得分水時刻、即永遠為業、典売自由、修理渠道、按分水時刻出工。」

（6）その内容は以下の通りである。「立売水巻水約人孫振恩、情因正用、今将自己原分到白龍廟前後水巻水、十八日一周、第七抽内有自己水二厘五毫、輪流使用、周而復始。人路水路俱通。情願出売与趙中和名下、永遠為業。同中言明、作売価大洋三百八十元整。当日洋約両交不（謙）［欠］。此水自売以後、倘有人等争礙、有売主一面承当。恐口難憑、立契約為拠。此水原朱契一紙、係在孫宝豊手経掌。中華民国十七年十月、出売水巻水約人孫振恩親立。中証人孫宝豊、姚潤五。劉充実代書。」本契は三聯に分かれており、第一聯は本契の下書き、第二聯は役所の公印が捺印された紅契、第三聯は納税証書であるという。

（7）新庄一九四一、参考資料（四）其の六。

（8）新庄一九四一、参考資料（四）其の七。

（9）『黄河水碑（山西）』三八四〜三八九頁、黄竹三・馮俊傑編『洪洞介休水利碑刻輯録』陝山地区水資源与民間社会調査資料集第三集、中華書局、北京、二〇〇三年、一六一〜一六九頁。

（10）『洪洞介休水利碑刻輯録』一七〇頁。また、万暦一九（一五九一）年「介邑王侯均水碑記」（『黄河水碑（山西）』四〇〇〜四〇一頁、『洪洞介休水利碑刻輯録』一七九〜一八一頁）にも、豪民たちが水利権の売買によって利ざやをかせぐのみならず、新たに手にした水利権を用いて非灌漑地として申請している耕地に水を注いで灌漑地として利用しながら、従来通りの非灌漑地の税額を支払っていたとする記載がある。

（11）これらのほか、『中国農村慣行調査』第六巻・水篇には、灌漑用水・灌漑用水地の売買・賃貸に関する聞き取り内容が収録される。中でも、水資料（三六二〜三六四頁）に掲載される万暦一四（一五八六）年に建設された邢台県葫蘆套（重興閘）の用水簿には、水売買に関する契約内容およびその水価が記載されるなど史料的価値が高い。なお、欒二〇一二によれば、陝西省澄城県堯頭鎮南関村において、清代康熙年間より民国期におよぶ約百件の民間契約文書が発掘され、その中には水契が含まれるとされる。早期の公開が望まれる。

(12) 同碑の拓影と録文は『三晋河津』一九八頁に収録される。ただし、ここではその碑名「固鎮売清水碑（二）」を用いない。

(13) 『三峪誌』に収録される「清代固鎮水利八要」によれば、水利組織は渠長・公直・提鑼督水（提鑼人、あるいは提督）・巡水から構成され、村および里単位で渠長が置かれた。里の水利組織は中心村の水利組織を兼ねる、すなわち固鎮里の水利組織は固鎮村の組織を兼ねたと考えられる。渠長は毎年六六名の小甲人によって合議選出され、地方政府への報告と認可を得た後に官物・官銭・名簿を管理し、任期は一年で水利組織の運営に当たる。渠長を補佐する公直は里中の人望ある者から選ばれ、提督は巡水を率いて実務に当たり、巡水は渠長によって選抜された。

(14) 同碑の拓影と録文は『三晋河津』一九九頁に収録される。ただし、ここではその碑名「固鎮売清水碑（二）」を用いない。

(15) 『三晋河津』一六八～一七〇頁、『黄河水碑（山西）』六六〇～六六一頁および二一一〇～二一一一頁。

(16) 董榕主編『三晋石刻大全　運城市永済市巻』三晋出版社、太原、二〇一二年、五二六～五二七頁、張正明ほか主編『明清山西碑刻資料選（続一）』山西古籍出版社、太原、二〇〇七年、二四四～二四六頁。

(17) 范天平整理『中州百県水碑文献』陝西人民出版社、西安、二〇一〇年、一二五四～一二五五頁。

(18) 白爾恒・藍克利・魏丕信編『溝洫佚聞雑録』陝山地区水資源与民間社会調査資料集第一集、中華書局、北京、二〇〇三年、一三三～一三四頁。『清峪河各渠記事簿』に関しては、次章にて取り上げるほか、鈔二〇〇七および森田二〇一五A・Bをあわせて参照されたい。

(19) 『溝洫佚聞雑録』一三二頁。

(20) 当該条においては「過香」に関する説明はなされないが、同文中に「水香」の語が現れ、これが山西省汾陽県の事例に見える「水香」と同じく水利権を意味するものであることから、渠長が契約締結の場において実際に売り主側から買い主側に「香を過（うつ）す」という動作を行うことによって、水利権の移譲をシンボリックに表現したものと考えておく。

第七章　生み出される「公」の水

はじめに

『方丈記』の冒頭「ゆく河の流れは絶えずして、しかももとの水にあらず」の一節が、川の流れに例えて世の無常を説く内容であることは有名である。人は時の移ろいそのものをそのままに知覚することはできない。そこで、一定の間隔で針を回転させるなどして、時の動きを可視化する方法を生み出した。また、時の推移を流体の動きになぞらえるのも一つの方法である。これにより、時の移ろいは「流れ」として理解されることとなる。こうして人は高きから低きへと一定の方向に向かって位置を変え続ける水の流れと同じく、時の流れにもまた遡ることのできないもどかしさや切なさを見出してきたのである。

さて、『方丈記』の冒頭一節は、水という物質が持つ性質、さらにはそれに由来する水に対する人々の認識を率直に表現したものでもあった。水流は水が絶えず移動しながら存在し続けることで形成される。今、眼前を流れる水は同じものであるかのように見えて、同じものではない。鴨長明が言うように、今の水は元の水とは違うのである。こうした水の持つ特性こそが、水に対する人の認識、特にその帰属に関する認識を土地に対するそれとはかけ離れたものにしてきた原因であった。

ここで言う水の帰属に関する認識とは、水の所有や使用、収益、処分に関する権利がいかに理解されてきたのかということである。土地に関するこれらの権利をめぐる問題は、時代や地域を問わず、居住および生業活動の場をめぐって多くの人々が対応を迫られてきた事柄であり、それらが多種多様な史料に記録されてきたことは周知の通りである。したがって、土地の帰属に関する権利がいかなる性格を持ち、どのような内容や効力を持つかという点に関しても、様々な地域や時代の事例に基づく相当の知見の積み重ねがなされてきたのである。

一方、水の帰属に関する問題は、より複雑な様相を呈する。その理由が上述した流水の性質に由来することは言うまでもない。たとえ今この瞬間に眼前に存在する水が私のものであっても、次の瞬間にその水は別の水へと置き換わっているのである。これでは流水の所有権など措定すべくもない。さらに、自然現象である雨雪などの降水に由来するという意味において、水はほぼ自動的に、また受動的に獲得し得るものであり、同時に多すぎても少なすぎても生命や財産に害を及ぼす物質でもある。つまり、時間的、空間的にその需要が大きく変動するため、使用可能な水量とそこから得られる収益がつねに比例関係にあるとは限らないのである。

とは言え、特に水の稀少な地域においては、その利用が生産効率のみならず、生存をも左右することとなったため、水の所有や利用に関わる権利が奈辺に存在するかという問題は、個人はもとより、地域社会がともに向き合うべき課題であり続けてきたことも事実である。そこで、本章では、古代より中国歴代王朝の都が置かれ、農業水利開発が推し進められてきた関中平原の史料に現れる「公水」の語を切り口として、伝統中国社会における水の帰属をめぐる認識をその変化の相からとらえることを目指す。

基層社会における中小河川の利用やその管理に関わる内容は、よほどの大事件が勃発するか、あるいは著名人がそれに関わるかでもしなければ、正史や地方志など官撰史料に記録されることは稀である。ただし、関中平原を横断する渭水の北側、渭北地域に関しては、基層社会における水利用や管理の具体像を記録した水利碑や水冊の内容が二〇世紀初頭の時点において『清峪河各渠記事簿』にまとめられ、これが現在まで伝存したという恵まれた環境下にある。当該史料の分析を通して、水の帰属をめぐる認識を明らかにするとともに、あわせて伝統中国における資源をめぐる「公」と「私」、さらに「共」の問題を考える一助としたい。

第一節　自然資源の帰属をめぐる議論

水の帰属に関する検討に入る前に、自然資源全般の帰属に関して、中国においては歴史的にいかなる認識が存在したのかを確認しておきたい。中国における伝統的な自然認識の一つに王土思想がある。平中苓次によれば、『詩経』小雅・谷風之什・北山の一節「溥天の下、王土に非ざる莫く、率土の濱、王臣に非ざる莫し」とは、本来、王の土地が広く、王の臣下が多いことを誇張した言辞に過ぎなかった。しかし、土地私有化が進展する中で、次第に土地私有の否定と土地均分の主張を権威付けるために用いられ、ついには天下の万物・万民を支配する強大な王権の存在を象徴する言説となる。さらに後世においても人民の土地に対する用益占有権を主たる内容とする下級所有権に対して、国家の土地に対する第一次的物的権利としての上級所有権を示す概念として継承されていったという(平中一九四九)。

また、岸本美緒によれば、「王土王民」論や王土思想とは、実際にはほとんど意味のないフィクショナルな議論であり、理念的な上級所有権に過ぎないものであった。しかしながら、社会における私的所有の盛行とその弊害の横溢という現実が、この概念に命を吹き込み続け、これにより時に私的所有権を掣肘し、その問題を解決するための論理としての機能を果たし続けた。さらに、そこから私的所有権を絶対化するのではなく、「全体」を論理的な前提として各自の「分」に応じた「所有」を構想するという中国的な所有観が生み出されたとする（岸本二〇〇四）。

こうした王土思想に基づいて、中国史上における水の所有権が一貫して国家にあったとする主張がなされることも少なくない。その一例として、郭成偉らの研究では、上掲の『詩経』北山の一節を引き、中国古代においては自然資源としての水は国家の所有に属し、個人が持ち得るのはその使用権に過ぎないとする。同時に、中国の歴代王朝の諸法典中においては、水を含む物権に対する明確な記載はなく、水にまつわる諸権利に対する定義付けや専門的な立法もなされなかったとした上で、その理由を王土思想に求めるのである（郭・薛二〇〇五）。つまり、水を含む物権に対する所有権が国家、もしくは王朝にあることが明確であったから（法典中に明記する必要もなかった）とするのであるが、納得できる説明とは言い難い(1)。むしろ平中や岸本の理解のように、王土思想は水に関してもやはり観念上の上級所有権の存在を示すものに過ぎなかったと考えるべきであろう。

王土思想とは別に、やはり古代以来の自然資源の帰属に関する考え方として、「山林藪沢の利」をめぐる「公私共利」の議論を挙げることができる。多くの研究者により古代専制国家形成との関係の中で議論がなされてきた『春秋穀梁伝』荘公二八年条および成公一八年条に見える「山林藪沢の利、民と共にする所以なり」の一節は、本来、無主の地であった山林藪沢から得られる諸産物が、共同体の成員によって共同利用されてきたことを意味する。さらに、この「公私共利」の語は唐令雑令(2)にも見え、後世にもその概念が継承されたことを物語る。

そもそも「山林藪沢の利」として対象化されたのは、そこからあがる諸産物であり、水に関連しては水そのものではなく、「魚塩の利」などと表現される水産物であり、それらが商業交易および採取販売の対象となったのである。これは唐令の該当箇所が銅や鉄の採掘に関する条文の末尾に附されることからも傍証されよう。すなわち、古代中国における、水の帰属に関する明確な史料的裏付けは存在しないのである。

第二節　公水をめぐる議論

他方、律令制下の日本に関しては、唐令に含まれる「公私共利」の一節から派生して、水の所有に関する独自の議論が展開されてきた。それが公水をめぐる議論である。九世紀初頭の史料に現れる公水の語をめぐって、灌漑用水がすべて国家の支配下にあったとする公水主義（公水制）や公水を用いて灌漑される耕地を公田と認める公水公田主義などの考え方が平安時代以前より存在し、律令時代を通じて貫徹されたとする理解が示されてきた（亀田一九七三、虎尾一九六一）。

こうした見解に対して、岩口和正は公水の概念があくまで九世紀頃の日本における時代的産物であり、水路や灌漑用水の私的領有が進む中、公田の私田化を防ぐために創出された概念であるとする。さらに公水をめぐる議論の中で取り上げられた「私水」の用語自体が史料中には確認できず、公水の対立概念として演繹的に生み出されたものに過ぎないことを明らかにした（岩口一九八五）。つまり、九世紀の日本における公水の概念は強い時代性と地域性の中で創出されたものであり、これを中国に敷衍することは難しいと考えるのが妥当であろう。

同じく「公私共利」の概念から出発して、中国における公水の問題に言及したのが好並隆司である。好並は中国には古くから水を「衆と共にする」という規定があることから、これを「共同体所有」的なものと考えることは許されるであろうとし、さらに宋代以降は「水を衆と共にする」のであり、水が明らかに共同体の所有と規定されるとした。その上で、この共同体所有の水が公水であり、そこから規約に基づき灌漑耕地の多寡に応じて平等に割り当てられたものが私水であるとの見解を提示したのである（好並一九六七、本文中の傍点は引用者による。以下同じ）。

この他にも好並の研究においては、「水は法的には公水と規定されているのがふつうで、この利用については「衆と共にする」と自由に任せられている」（好並一九六二A）とあり、さらに唐代には「公地・公水が組合わされて生産が行われる」（好並一九六二B）として、公水の存在が無条件に前提とされている。これらの根拠となる史料は示されていないが、その論理を追ってみれば、古代における山林藪沢の利が本来的に共同体の所有にかかるものであり、水も同様の性格を有したという想定の上に立ち、宋代以降の土地私有化の進展とそれにともなう公権力の干渉の弱化の中で、水は共同体が所有する公水とそこから個別の農家に割り当てられた私水として認識されるようになったというストーリーを描くことができよう。しかしながら、こうした好並の見解は、史料的な裏付けを欠くという根本的な問題を抱えていた。一連の研究において公水と私水という語の用例の一例すらも示されてはいないのである(3)。

現時点において、公水と私水の問題に関する最も優れた分析の一つに張俊峰の公水と私水の売買に関する研究がある。そこでは契約書などの検討を通して、水利権の売買を公水売買と私水売買の二種に大別し、それぞれの特徴が分析される。その前提として、公水と私水に関する定義付けがなされ、前者はある一村落もしくは水路自体に属する剰余の水を指し、その使用権と経営権がある特定の集団もしくは団体にとどまり、私人によって占有されたり支配されたりすることがない、公共所有という性質を持つものであるとする。さらに後者は、ある一村落もしくは水利系統内部において、家や個人に分配され使用される水を指し、その支配者はある家の、ある個人であるという。さらに公水と私水とを問わず、その水資源の所有権はともに公有、すなわち国家もしくはある集団に帰属するとした（張二〇一四）。

後述するように、この張俊峰の定義、特に公水に関するそれはかなりの程度、当を得ていると考えられるが、問題なのはやはりこれらが史料中の用例から導き出されたものではないという点である。当該の論考においても史料用語として公水や私水に言及されることはない。よって、時代的背景や歴史的変化といった問題に触れられることはなく、あたかもそれらが時代性や地域性を超越した一般概念のように扱われるのである。残された課題は、史料に立脚し、時代性や地域性を踏まえた公水と私水の理解にあろう。そこで以下、公水や私水という用語がいかなる史料の、いかなる文脈において現れるのかという基本的な考察から始め、水の帰属に関する認識の問題へと歩を進めていきたい(4)。

第三節　劉維藩と『清峪河各渠記事簿』

一見すると、一般的な名詞として諸種の史料に散見しそうな公水の語であるが、実際には歴代正史はもとより、水利に関連する各種碑刻などにもこの語を確認することはできない。こうした中、わずかに公水の語を確認することができる史料に、二〇世紀初めに劉維藩により撰述された『清峪河各渠記事簿』（以下、『記事簿』）に収録される岳翰屏撰「清峪河源澄渠始末記」(5)がある。当該の史料およびその撰者に関しては、すでに少なからぬ研究者により解説されてきたところではあるが(6)、本章での検討に必要な情報に限定して、以下に説明を加えておきたい(7)。

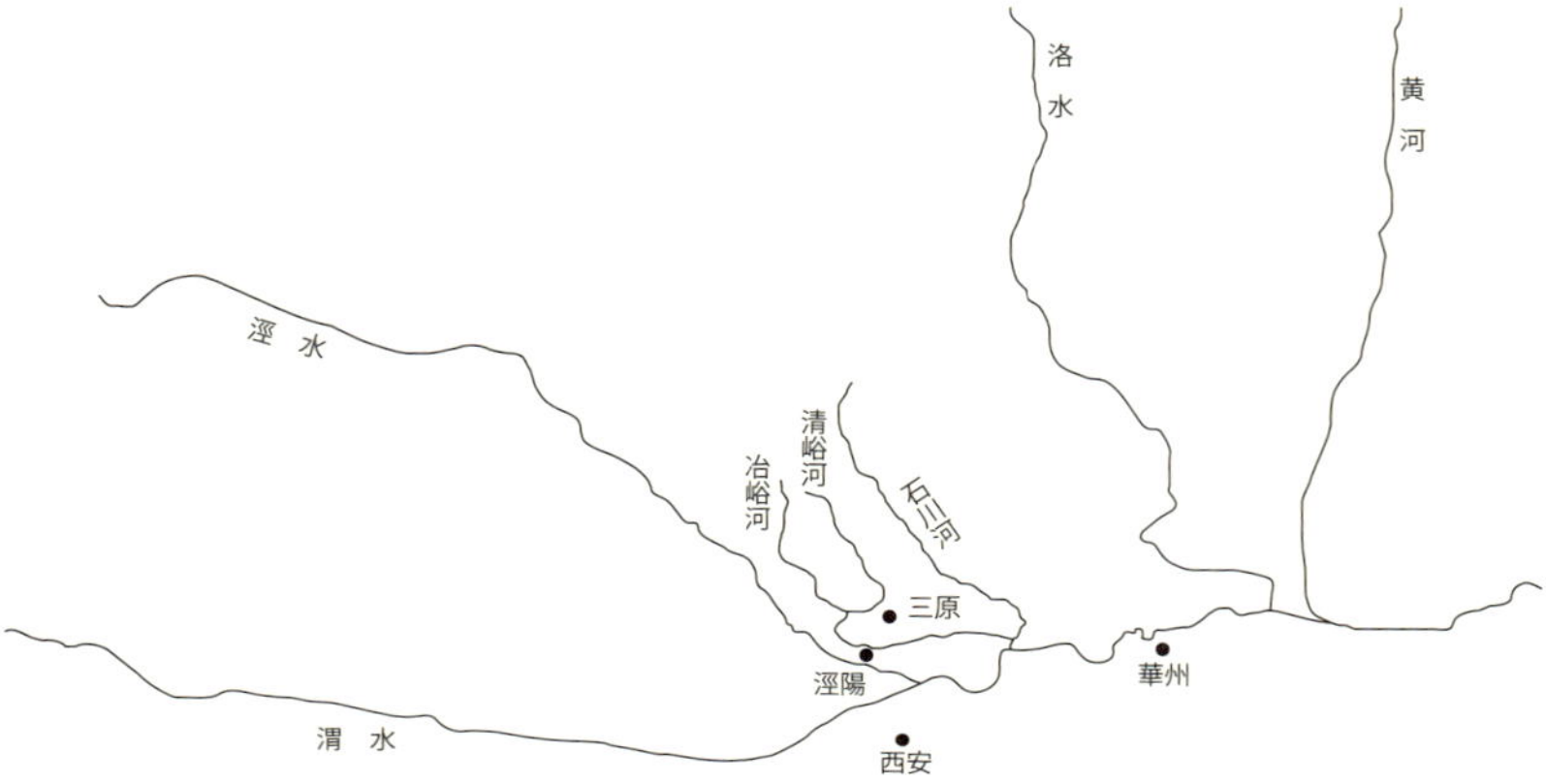

図１：関連地図

一九九八年から二〇〇二年にかけて実施されたフランス国立極東学院と北京師範大学民俗典籍文字研究センターを中心とするフランス・中国の国際共同研究プロジェクト「華北水資源と社会組織」の調査・研究により、基層社会に伝存した水資源の利用や管理に関わる碑刻や書写史料など数多くの貴重な資料群が「発見」され公刊されるに至った。ここに取り上げる『記事簿』もその一つであり、陝西省三原県魯橋鎮清恵渠管理局に保管される。

清峪河は陝西省銅川市耀州区西部の高原地帯から流れ出し、三原県魯橋鎮の北で峡谷を抜けて沖積地に出て、臨潼県櫟陽鎮にて石川河に注ぐ河川である。『記事簿』は清峪河を利用した小規模灌漑水利に関する記録を集めた資料集であり、四大渠と総称された同河西岸の源澄渠と東岸の工進渠、下五渠、沐漲渠、さらにこれらと深く関係する八復渠や毛坊渠に関する碑文、水冊や法令を含む公私文書を収録する。

編者は劉維藩、字は屏山、魯橋鎮劉徳堡の出身で、悟覚道人、知津子などと号した。『続修涇陽魯橋鎮城郷志』（以下、『魯橋鎮志』）巻七によれば、祖父の劉歩顔は貧しい家に育ったが、西安に出て渭南の富豪某氏のもとでその商いを取り仕切り財をなし、長子の劉承勲もまた西安にて商業に従事した。[8] 光緒九（一八八三）年に承勲の子として生まれた劉維藩は、民国三（一九一四）年より父に従い西安にて商売に携わるも、時局の変化の中で商店は倒産し、帰郷をやむなくされる。日頃から灌漑水利を重んじていた劉維藩は源澄渠の渠紳に推挙され、水をめぐる紛争の調停などに当たることとなる。その中で、清峪河水系における水利用の歴史や関連規定を記した石碑や水冊などの資料を収集し、それらをまとめて『記事簿』を編纂して、三原県の商号「明順生記」の帳簿の空白頁にその内容を書き記したのである。民国二四（一九三五）年に清濁河水利協会が設立されると、推されて源澄渠分会長となったが、すでに病状は重く、同年一〇月に享年五三にて病没した。

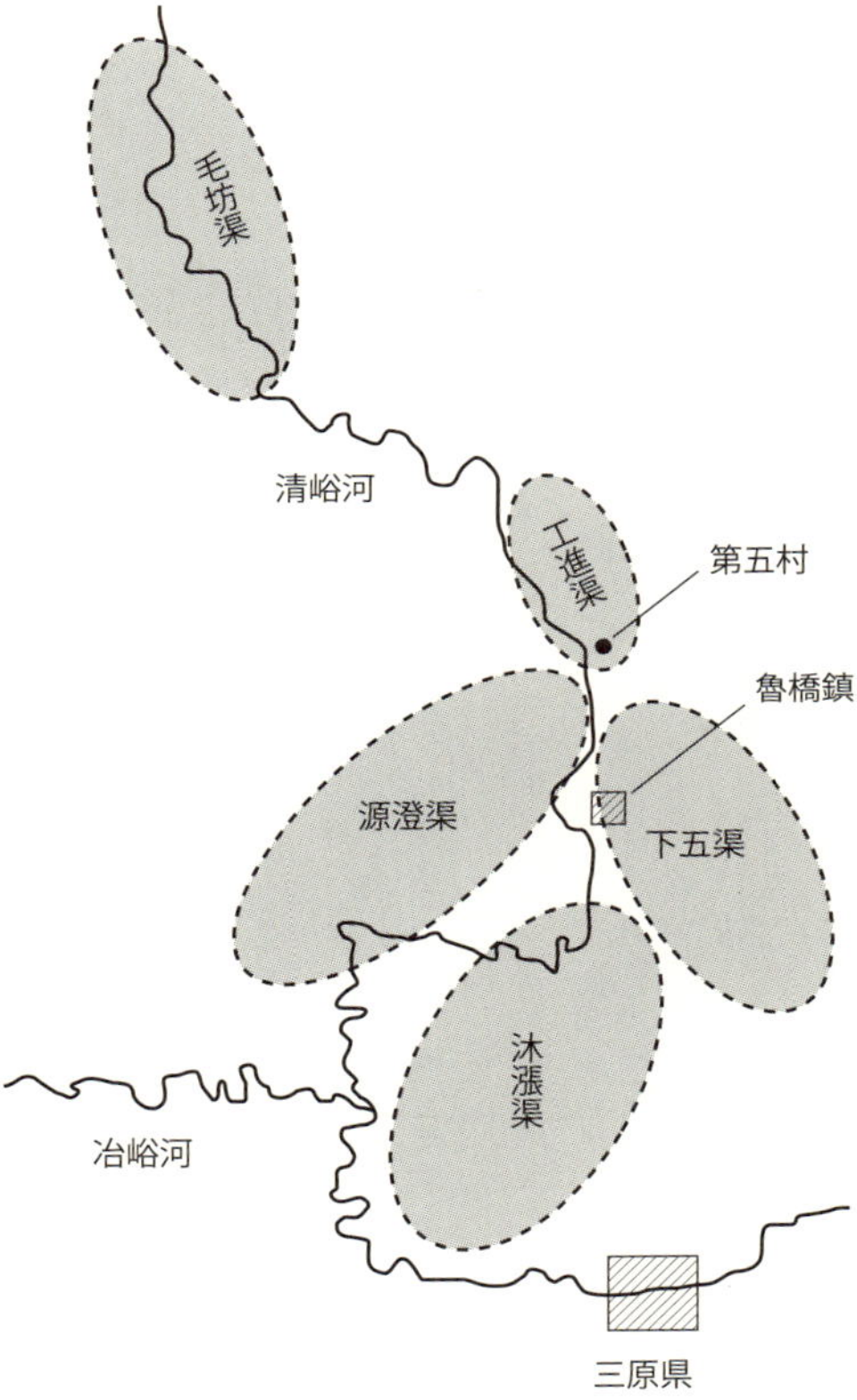

図２：清峪河流域の灌漑区域（『溝洫佚聞雑録』p. 6 図５を基に改変）

廩生の肩書きを有した劉維藩の学問的系統について知り得る情報は少ないが、清末に康有為と並び称された関中の大儒劉古愚（光蕡）の門人であることから（『魯橋鎮志』巻一一）、彼が山長を務めた涇陽県の味経書院に学んだと考えられる。味経書院では理学と並んで西学が重んじられ、書院に附設された刊書処からは、厳復がトマス・ハクスリーの『進化と倫理』を翻訳した『天演論』やアダム・スミスの『国富論』を翻訳した『原富』のほか、実用のための農業技術書などが相次いで出版されている（本書第三章参照）。

劉古愚の指導のもと、味経書院は民国期の水利事業および水利行政をリードすることとなる李儀祉や陝西靖国軍を率いた于右任など、錚々たる人材を輩出した。劉維藩自身の味経書院での活動については不明とせざるを得ないが、『記事簿』全体を通して見られる伝統的水利方式に対する重視と諸種の弊害に対する痛烈な批判は、伝統と革新をともに追求する同書院での学びの中で培われたものと考えられよう。なお、『魯橋鎮志』の冒頭リストによれば、同書の編纂にも劉維藩が「参訂」として参画していることが確認できる。

『記事簿』の内容は清峪河水系の灌漑水利に関わるものであるが、とりわけ自身が渠紳として、後には分会長をも務めた源澄渠に関する記事は詳細である。自序によれば、水をめぐる訴訟沙汰によって破産に追い込まれた人々を見るたびに、水利用に関する権利を証明する地方志や碑文、水冊などの資料を記録し、後世に残す必要性を痛感したという。そこに収録された資料の中には、岳翰屏によって乾隆四五（一七八〇）年に撰述された「清峪河各渠始末記」(9)やこれを補完するため嘉慶九（一八〇四）年に撰述された「清峪河源澄渠始末記」とその自序も含まれ、これらいずれにも劉維藩の追記がなされる。

第四節　公水の出現

岳翰屏、号は芝峰、魯橋鎮岳家村の出身で、乾隆・嘉慶年間（一七三六〜一八二〇）に三原県学の生員となり、源澄渠の渠紳を務めた。その撰になる「清峪河源澄渠始末記」（以下、「始末記」）によれば、源澄渠は清峪河の四大渠のうちで最も早く、三国時代、曹魏明帝の太和元（二二七）年に開削された水路であり、その取水口は後漢の名臣第五倫を祖とあおぐ第五氏（伍氏とも呼ばれる）の村の東北に位置する。唐代に高祖李淵を葬る献陵が三原県内に造営され、潤陵と呼ばれた陵墓の植林地への供水のために八復渠が開削されると、四大渠から水が分けられ、毎月一日から八日までの八日間、各水路への引水を停止して、その水を八復渠が専用することと定められた。さらに、岳翰屏が「始末記」を執筆した一九世紀初頭の時点では、月末の三〇日の一日分の「公水」までもが八復渠に奪い取られていたという。これが管見の限り、史料中の用語として公水が現れる初めての例である。

では、「始末記」に見える公水とはいかなる性格の水であったのだろうか。森田明はこれを「本来修渠用の公分として、共用とされていた」（森田二〇一五A）、さらには「本来修渠などの公用であって、一渠の私有に属するものではなかった」（森田二〇一五B）とするが、日本と中国における公私の意味の違いからしても、史料中の用語である「公用」や「私有」をそのまま説明に用いるには問題があろう。また、「公分」や「共用」が意味するところについても、より踏み込んだ説明が必要となる。[10]

そこで、森田がその解釈の根拠としたであろう二つの史料から、あらためてここでの公水の意味を考えてみたい。まず、道光二〇（一八四〇）年に編修された「清峪河源澄渠水冊序」[11]によると、源澄渠の水は毎月一日から八日までは八復渠へと振り向けられ、その後、二九日までが利夫と呼ばれる源澄渠の用水戸の使用に充てられた。ただし、三〇日の分に関しては、月により二九日までの小月と三〇日までの大月との違いがあり、これを特定の用水戸に配分することが難しいため、配分の対象から除外し、水路の管理責任者である渠長が水路や堰などの水利施設の補修のための労働力を確保する費用として用いることが認められていた。よって、この月末三〇日の一日分の水が公水に当たることは間違いない。

さらに光緒五（一八七九）年に起こった三〇日の用水をめぐる源澄渠と八復渠の争いの顚末と裁定の結果を記した「八復水奪回三十日水碑記」[12]に附される劉維藩の追記によれば、源澄渠のみならず、沐漲渠、工進渠、下五渠においても三〇日の一日分の水を「公用」としていたが、八復渠がこれらを「私有」したと強く批判する。八復渠による「私有」に関しては、後段での検討に譲ることとし、この「公用」の「公」が意味するところは水路およびその水を共用する集団としての用水戸全体であり、これがそれぞれの渠レベルにおいて設定されていたこととなる。また、「公用」とは水路ごとの用水戸全体の共同利益を目的とする用途を指し、具体的には水利施設の補修のための費用捻出がこれに当たる。

したがって、前掲の二資料から導き出される公水とは、水源および水利施設を共用する特定の集団（＝公）において、暦の関係で用水戸に個別配分することができないその使用権を、集団全体の共同利益となる施設管理を目的とした費用捻出のために使用（＝公用）すると定められた水であり、これが源澄渠においては管理者である渠長にその運用が一任されていたこととなる。

これは前述した張俊峰が定義した、「一村落もしくは水路自体に属する剰余の水を指し、その使用権と経営権がある特定の集団もしくは団体にとどまり、私人によって占有されたり支配されたりすることがない、公共所有」という性質に近似する。公共所有とまでみなし得るかどうかは議論の余地があるが、より重要なのは用水戸への個別配分に適さないことから生み出された余剰水の利用法であるという指摘である。

つまり、これは用水戸への配分を前提とした上での余剰であり、特定の個人に配分することで衝突を引き起こしかねない用水使用権に関して、その私的利用を制限することで生み出された共的利用のあり方であると解し得る。同時に、ここに水資源の国家所有や共同体による公共所有という意味での公水という概念が先行的に存在し、そこから私水の概念が二次的に生み出されてきたという流れを見出すことはできない。

第五節　公水の認識をめぐる懸隔

一九世紀初めに「始末記」を著した岳輸屛と二〇世紀前半にこれに追記を加えた劉維藩の両者の間においても、公水や公に対する理解や認識には微妙な違いがあった。以下、両者の公および公水、私水に関する言辞から、その認識の相違を確認してみよう。

具体的な時期は示されないが、おそらくは岳輸屛が「始末記」を執筆した一九世紀初め、公水をめぐる事件が巻き起こる。源澄渠の管理責任者たる渠長の張碗が、三〇日の一日分の水の使用権を源澄渠の取水口の土地を保有する地元の有力者であった伍家の麦稭溜(13)とあだ名された人物に買い戻し条件付きで売却し、麦稭溜はこれを沐漲渠に転売したのである。さらにその後、八復渠がこの水の利用に対する自らの正当性を三原県に訴え出て、沐漲渠からこれを奪取するという結末に至る。

この経緯を記した岳輸屛の文章に附された劉維藩の追記には、源澄渠から一日分の水が失われたことに対する嘆きと憤りがあふれ出る。特にこれが公水であるにもかかわらず、渠長である張碗が勝手にその使用権を他者に売却したことに対する怒りは激しく、その矛先は事件を叙述する岳輸屛その人にも向けられる。「始末記」には、この事件に対する岳輸屛の見解とこれに対する劉維藩の辛辣な批判がつづられる。［　］内が劉維藩の追記箇所である。

私の答えは、この水に関しては源澄渠は、訴えを起こすことはできないし、また訴えるべきでもないということだ。［これは先生の過ちである。黙って水が失われるのを見ておけなどと民に対して言えようか。］当時この水が源澄渠のものであった時の状況を思い返してみても、上流側で使い尽くされてしまって、下流側の用水戸はお金を払っても買えなかった。したがって、もともとこの水は我々には何の利益ももたらさないのである。これが訴えるべきではない理由の一つ目である。［（冒頭の）私とは芝峰先生、すなわち岳翰屏のことである。水がお前たちには利益をもたらさないのだから訴えに行くなとは、先生の私心のなんと強すぎることよ。］また、この水はもともと公水なのであり、配分の対象から除外して、渠長にこれを売って金に換え、［弊害はここから生じたのである。］源澄渠のための費用とすることを認めたものである。もともと渠長個人の私水ではないのだから、それを勝手に売却することなどできるはずもない。これが訴えるべきではない理由の二つ目である。［これが公水である以上、用水戸にはそれぞれ持ち分（份）があるので、水の使用権を運用して得た金銭を源澄渠の費用に充てることとして、これを貯めておけば、用水戸はその負担を減らすことができるのである。しかしながら、なんと張碗はこれを勝手に売りに出し、麦稭溜に至ってはことあろうにこれを内密に転売してしまった。用水戸たちは当時ただちにこれを訴えるべきであったのだ。］麦稭溜は源澄渠の水を水路の分を越えて沐漲渠へと売却した。［この水を沐漲渠に売却した際に、用水戸たちはただちに出頭して訴えるべきであったのに訴えを起こさなかったので、座してその利権を失うようなことになったのである。］八浮水[14]が水を争ったのは沐漲渠とであり、源澄渠とではない。［源澄渠が訴えなかったので、八浮渠が先に訴えを起こし、この莫大な利益を争うに至ったのである。］これが訴えるべきではない理由の三つ目である。これら三つの訴えるべきではない理由があるのだから、［三つの訴えるべきではない理由は、すべて訴えるべき理由そのものである。訴えなかったために、居ながらにしてその利権を失ったのである。昔の人々がこんなにも行動を起こすことを恐れたのは、本当に奇妙なことであり、恨むべきことである。」今に至るまで、この水が源澄渠に戻ることはない。(15)

劉維藩は岳翰屛のほとんど全ての見解に対して痛烈な批判を加えているが、特に公水をめぐる議論において両者の認識の相違は明らかである。

まず、渠長である張碗が公水を勝手に売却したという事実に対して、岳翰屛は渠長自身の私水ではないのにこれを売却することなどできないと述べるに止まるが、注目すべきはその論理の中に公水の対立概念として私水の語が現れる点である。ここで私水自体に関する明確な定義付けはなされないものの、個人が処分権を有する水を指すことは明らかである。より正確に言えば、定められた期間（時間）内に水を利用することができる使用権を意味し、これを売買することが認められていたことから、処分権もこれに含まれることとなる。この私水との対比から、岳翰屛が意味するところを推し量れば、渠長は源澄渠の用水戸集団を代表して公水を運用する権利を委ねられているだけであり、渠長であってもその処分権を持たないのであるから、売却することなどあり得ないという論理になろう。

これに対して、劉維藩はまず渠長に用水戸を代表して公水の運用が委ねられたというあり方自体が弊害を生み出した元凶であるとの認識を示す。さらに、公水である以上、そこには用水戸それぞれの持ち分（份）が存在するのであり、彼ら用水戸すべての利益となるよう運用すべきであるとの論理を展開する。この用水戸の持ち分という理解に両者の公水に関する認識、さらには公に対する認識の相違が顕著に現れる。

岳翰屛における公とは、個々の用水戸を統合した集団であり、したがって集団全体の利益のために使われる公水を個人が処分する権利は、たとえ渠長であってもこれを持ち得ないという理解になる。これに対して、劉維藩における公とは、個々の用水戸に還元される集団であり、したがって公水から得られる利益は個人がその持ち分に応じて享受すべきものとなる。これは同時に集団全体に対する責任をも個人が負うべきであるとする理解につながる。よって、劉維藩が渠長や地元の有力者らの様々な不正行為に対して、彼ら用水戸が訴えを起こさなかったことに問題の根源を見出した理由もここに求められるのである。

第六節　「私」の横溢

公水とは別に、岳翰屛と劉維藩がともに指摘した問題に私渠開削の頻発がある。私渠とはその行為を「私開渠口」とも称され、同一の水源を利用する用水戸やその集団にはかることなく、勝手に開削された水路を指す。多くの場合、有力者らがより上流側で有利に取水することを狙って私渠を開削したため、下流側の用水戸らが深刻な被害を負った。こうした状況はすでに一八世紀後半から源澄渠のみならず、清峪河全域において見られた。乾隆四五年に記された岳翰屛の「清峪河各渠始末記」によれば、清峪河流域における弊害として私渠の横溢が挙げられ、同河の両岸に十数本を下らない私渠が開削されていたという（盧・聶・洪二〇〇五）。

劉維藩も「私渠の害、誠に大なるかな」とその危険性を強く訴えており、私渠の開削が二〇世紀初頭の段階でさらに増加していたことも窺える。くわえて、度重なる干ばつと飢饉、同治初年のムスリム反乱や民国初年の軍事指導者らの抗争による戦乱などの要因によって、清峪河流域の伝統的水利秩序はまさに崩壊の危機に瀕していた。これを復活させるためには、専横を極めた地元有力者の勢力を押さえるとともに、一般用水戸の復興が不可欠であった。そこから、公水を個々の用水戸の持ち分の集合体と捉え、それぞれの持ち分に応じてその利を共有するという認識が生まれてきたと考えられる。[16] 民生や民権の欺瞞を叫び、当世の権力者らとそれに群がる者たちの利権をめぐる悪辣さを痛罵した劉維藩には、もはや公権力に対する信頼は消え失せていたのかもしれない。[17]

清峪河の事例から窺える関中地域の伝統社会における水の帰属に関する特徴は絶えざる「私」の横溢にあった。公水はあくまで私水の余剰として析出されたものであり、その公水すらも有力者や他の水路、さらには管理責任者ら少数者の私によって壟断され占有されることで、容易に私水化される危険性をはらんでいた。強力な私の流れによって押し流されていく用水戸個人の存在こそが、劉維藩に個に還元しうる集団全体を公とする発想を抱かせたのである。私的占有に対抗するための個の復権を通した、公共という意味での「公」の再生こそがその目的であったと言えよう。

これは、すでに見た八復渠による清峪河各渠の公水の「私有」状態に対する劉維藩の批判にも通底してくる。「私有」と表現された八復渠の行為は、本来、各渠がそれぞれに公水と設定していた水に対する排他的な占有ではあるが、その主体はやはり八復渠の用水戸全体であることから、これを各渠の公に相対するところの私と捉えることはできない。劉維藩がこれを「一渠の私有」と表現した裏には、清峪河水系全域を公とする認識の存在がなければならない。

つまり、各渠レベルで用水戸を私としてその集合体としての公を想定することは、さらにこれを清峪河水系レベルに押し広げれば、各渠を私とし清峪河水系全域を公とする発想に繋がり行く。これにより、清峪河水系全体の公に八復渠一渠の私が対置され得るのである。ここには単なる私水の余剰ではない、共有資源としての新たな公水の認識がうかがえるとともに、水系全域を一つのまとまりとして把握し、水資源の有効利用を目指すという視野の拡大が見て取れるのである。

この後、劉維藩の意図とは別に、伝統的秩序に対する変革は地表水の公有化という形で実現されることとなる。民国二一（一九三二）年に陝西省水利局長の李儀祉の主導のもと涇恵渠が完成し、渭北地域への放水が開始されたのとほぼ時を合わせて、陝西省政府により陝西省水利通則が公布された。その第一章総則の第三条に「本省区域内の一切の地上・地下の流動・静止する水は、井戸やため池を掘削した場合に土地所有権に従って私有とすることを認めるほか、すべて公有とする」（郭・薛二〇〇五）として、私有地において地下水を汲み上げる以外は、水はすべて公有であることが明言されたのである。[18]

この通則は、中国近現代史上初の全国的水利法である中華民国水利法が制定公布される一〇年前に発効したものであり、中国において水の公有を明言した最初期の法令となる。[19] 劉維藩とは異なるアプローチではあるが、これもやはり伝統社会の水利用における圧倒的な私の優位性に対抗するための、公権力の支配による公の強化という措置であったとも考えられる。この後に制定された中華民国水利法には水の所有権に関する条文は見られないが、[20] 一九五四年および一九七五年の中華人民共和国憲法で「水域」は全人民の所有に属するとされ、さらに一九八二年の中華人民共和国憲法において「水域」が国家の所有、すなわち全人民の所有に属するとの表現に改められる。なお、水資源の国家所有（全人民所有）が明記されるのは、一九八八年の中華人民共和国水法を待つこととなる。

小　結

管見の限りにおいて、本章で取り上げた『記事簿』以外に、公水の語が現れる史料として光緒二七（一九〇一）年の「白泉碑序碑文」[21]が挙げられる。これによれば、渭水の南、渭南地域に属する華州西南郷西渓里において、光緒二三（一八九七）年に安定邦の土地に突如として泉が湧き上がった。安定邦はこれを独占しようとしたため同族の者たちとの間で訴訟が起こされた。華州知州の劉毓璋は郷約の劉信昌らに命じ、地元有力者らの合議を通して管理規定を制定させるとともに、新たに湧いた泉と従来から用いられてきた三つの泉をともに公水とする裁定を行ったという。

井戸水や泉などの地下水に関しては、無主物という意味において一種のオープンリソースとしての性格を持つものであることに加え、湧出地が私有地である場合、土地所有者の私的権利に一定の制限をかけて共同利用に供する事例は他にも確認することができる（次章参照）。しかも、ここでの公水は清峪河の事例とは異なり、あくまで共同利用が認められた水という意味でしかないが、それでもなおこれが公水と表現された事実に一定の意味を見出すことができよう。

もちろん、公水の用語がその他の史料中に見られないことが、その概念や存在がなかったことを意味する訳ではない。しかしながら、そのわずかな用例が一九世紀から二〇世紀初頭の関中地域の史料に集中することを偶然とみなすことは難しい。これは公水の語自体が極めて強い時代的、地域的限定性を持つものであり、私的世界が横溢する関中地域の伝統的水利秩序こそがこれを生み出す素地であったことを意味する。くわえて、清末民国初期のさらなる個の存在危機の中、公に対する新たな価値が見出され、公水の新たな理解が生み出されたのである。ここで得られた考察の結果は、あくまで清朝から中華民国への変化の中、関中平原において見られた孤例に過ぎないが、その環境や伝統が全国に先駆けて中国初の水資源の公有化を宣言する法令を生み出したという意味においても、見過ごせない意義を持つものである。

注

（1）郭・薛二〇〇五では、民国期に水資源の所有権が国家に属する公有水権という形態が取られたとし、これを中国人の伝統的な観念や思考方式、法律意識に符合するものとするが、こうした時代を超越した意識の連続性を確認する術はない。なお、森田一九六二では、水利灌漑機構が中国における専制的支配の重要な一要素であったとは言え、これが直ちに水の究極的な所有者が官であるということを意味するのではなく、事実上の水の支配は水利共同体の手にあったと言えるのではないかとする。首肯すべき見解である。

（2）『唐六典』巻三〇・三府督護州県官吏・士曹司士参軍条注に「凡州界内有出銅鉄処、官未採者、聴百姓私採。若鋳得銅及白鑞、官為市取。如欲折充課役、亦聴之。其四辺無問公私、不得置鉄冶及採銅。自余山川藪沢之利、公私共之」とある。

（3）公水と私水の問題に関連して、日本植民地期の台湾水利を考察した清水美里の研究によれば、水利組合に代表される新たな水資源管理方式の導入に関わって、特定の水資源を公水とみなすか、もしくは私水とみなすかといった見解の相違が生まれ論争が起こったという（清水二〇一九）。ただし、ここで議論の前提となる公水と私水の定義は、論者により異同があるとは言え、いずれもが近代日本の水資源法に基づくものであることは確かである。また、中国における水資源をめぐる争いの中での論理を分析した前野清太郎によれば、それぞれの行為における公平さ（＝公）こそが依拠すべきポイントであり、そこから互いに相手方を私であると指弾する状況が生まれたという（前野二〇一八）。

（4）法社会学の見地から日本の農業水利権に関する諸問題を詳察した渡辺洋三によれば、一般の学説判例としては、公水とは公法の規律を受ける水、私水とは私法の規律を受ける水であるが、両者の区別には諸説あるとして、以下の五点を挙げる。（一）水流の敷地・地盤が私有か国（公）有かという点に求める説。（二）ローマ法で言うような、公水とは「相当大なる常住的水流を指す」という見解やヨーロッパで採用されているような「舟筏の通行しうるや否や」

を基準とする説。（三）河川法の適用あるや否やを基準とする説。（四）公共の目的より制限する必要のある水はすべて公水であるという説。（五）私水とは私人の所有地に停滞して他に流水せざる井戸・溜水・泉水などの水であるとする説（渡辺一九五四）。また、法学的視点から水利権の問題を取り上げた宮﨑淳によれば、公水の定義は大きく二つに分かれ、一つは公水とは公物たる水であって、直接は公共の目的に供せられ、公法によって支配される水であるとするもの、もう一つは何人かの私有に属しない水は全て公水とする考え方であるという（宮﨑二〇一一）。

（5）『溝洫佚聞雑録』七九～八四頁。

（6）この史料を用いた代表的な研究に、盧・樊・聶二〇〇四、鈔二〇〇七、森田二〇〇七、鈔・李二〇〇八、森田二〇一五A・B、康二〇一八があるが、いずれも本章で対象とする公水の問題に関する踏み込んだ検討はなされない。

（7）以下の説明は、特に断りのない限り、『溝洫佚聞雑録』による。

（8）劉徳堡の劉氏からは、道光一二（一八三二）年に挙人となった劉友松や宣統年間（一九〇九～一一）に歳貢に挙げられた劉照藜などが出た（『魯橋鎮志』巻一〇）。また、照藜の父で布政司理問の肩書きを持つ劉振家は、劉徳堡の城壁を修繕し、家廟を修復するなどして、郷里の振興につとめた（同前・巻六）。この劉氏家廟の敷地には後にその建物を借りて公立第四小学堂が置かれたという（同前・巻四）。

（9）『溝洫佚聞雑録』七四～七八頁。

（10）日中の間における公私の意味の違いに関しては、溝口一九九五を参照。

（11）『溝洫佚聞雑録』八九～九一頁。

（12）『溝洫佚聞雑録』一〇四～一〇七頁。

（13）『溝洫佚聞雑録』の編著者の注（八〇頁）によれば、麦稭溜とは伍家のある人物のあだ名であり、麦わらがつるつるしていることから、よこしまでずる賢い人物であったことが分かるという。

（14）劉維藩「八浮」（『溝洫佚聞雑録』九五頁）によれば、八復渠が八浮水や八浮渠とも呼ばれるのは、その規則に従わないだらしなく不誠実（「浮泛不実」）な行為によるものであるという。

（15）『溝洫佚聞雑録』八〇頁。

(16) こうした劉維藩の個人と集団に関する見解には、個人を社会組織の基本単位とみなし、個人の主体的地位を肯定した厳復の社会改良思想の影響も垣間見られる。

(17) 劉維藩「清峪河各渠記事弁言自序（一九二九年）」（『溝洫佚聞雑録』五〇頁）に、「何云民生、何有於民権。而政治之専横、直不啻専専己也。軍閥、悪紳、土豪、汚吏、悪差等、無非為銭、而始有此虎狼之行也」とある。

(18) 郭・薛二〇〇五および田東奎二〇〇六によれば、本通則における公有とは国家所有を意味するという。なお、田宓によれば、一九二九年に頒布された綏遠省建設庁の「河渠管理章程」第二条に「凡綏遠地上、地下流動、或静止之水、為人民公衆利益所繫、無論何人、或団体、不得佔為私有、但得依本章程之規定呈准引用之」とあり、清代の地権から派生するという水利権の論理がこれにより否定されたとする（田二〇一九）。ただし、ここでは確かに水資源の私有は否定されるが、その帰属に関する明確な記載がないことも事実である。なお、本章程は『綏遠省政府公報』第二期、一九二九年、法規に収録される。

(19) 田二〇一九によれば、すでに一九一八年八月二九日の段階において大理院は「査江河及其他公有之水面、其所有権自応属之国家、除特別限制使用方法、或使用之人外、人民皆有自由使用之権」（大理院統字第八四五号解釈）として、水資源の所有権が国家に帰すると解釈していたとする。なお、『華北水利月刊』第四巻第一一期（一九三一年一一月、七～一一頁）に収録される須愷「水権法商榷」では、水利の振興のために水利権の取得や審査、監督に関する法規を一刻も早く制定する必要があるとの訴えがなされる。

(20) 饒二〇一三によれば、一九四七年の中華民国憲法において、水資源を含む天然資源が国家の所有に属することが保証されたという。

(21) 『渭南地区水利碑碣集注』渭南地区水利志編纂弁公室編、渭南地区水利志編纂弁公室、出版地不明、一九八八年、一九二～一九四頁。

第八章　生活用水をめぐる秩序

はじめに

「民、水火に非ざれば生活せず」とは、水と火の不可欠性と遍在性を語った孟子の言葉である(1)。ただし、火を生み出した人類も水を生み出すことはままならず、水を得ることは、時として生きることと同義となった。これまでの中国の水に関する歴史研究においては、防水の側面から治水に関わる各種事業を考察し、利水の側面から灌漑や水資源管理に関する制度を解明するといったテーマに主たる関心が寄せられてきた。

これに対して、生に直結する最も基本的なレベルでの水の利用、すなわち日常生活における飲用や炊事、洗濯などに供される生活用水としての水の利用については、ほとんど手つかずのままに置かれてきたのも事実である。その主たる原因は資料の不足にあり、くわえて記録者や研究者らの過去や現在における「日常の些事」に対する等閑視がその背景にあったことは言うまでもない。

ただし、一九九〇年代以降の現地調査の進展に伴う社会史研究の進化により、これまで見過ごされてきたテーマに関する新たな研究成果が相次いで生み出されることとなった。その代表例が、山西地方における不灌漑水利と呼ばれる伝統習俗の「発見」である。フランスと中国の国際共同研究プロジェクト「華北水資源と社会組織」の調査・研究の一環として、山西省西南部の霍州市と洪洞県にまたがる四社五村と称された一五ヶ村においてフィールド調査がなされ、文書や石碑などの文献資料や聞き取り調査の成果が公開された。その中で、あまりに稀少な水資源を生存のために集中させることを目的として、地域社会における自律的な取り決めのもと、灌漑用水としての利用を禁止し、生活用水を節約する伝統知とも言うべき「不灌溉水利」が生み出され、継承されてきたことが明らかとなった(2)。

このプロジェクトにおいて重要な資料として用いられたのが、農村に現存する石碑であった。歴史に名を残した政治家や文人ら著名人の手になるものではなく、無名の人々によって綴られ刻まれたそれら石碑は、仰々しく記念碑などと呼ぶのも不釣り合いな、いわば村のいしぶみ（村碑）とでも言うべきものである。一見して安価な石材に、お世辞にも達筆とは言えない筆跡が刻まれた碑文ではあったが、逆にそうであればこそ、他の資料からは窺い知ることのできない、農村基層社会における生活用水の利用や管理に関する日常の些事を読み取ることができるのである。

さらに興味深いのは、そこに利用者の一員として、時にはその主役として女性や子供、家畜を含む動物たちの姿が現れてくることである。本来、生の現場に厳然と存在していながら、治水や灌漑の「偉大な」成果を記録したモニュメントには、その影すら見せることがなかったその存在に村碑はかすかな光を当てるのである。

こうした貴重な資料である村碑であるが、その利用がこれまであまり進んで来なかったのには相応の理由がある。その主たる理由は対象へのアクセスの困難さにあろう。治水や灌漑に関わる著名な石碑であれば、その内容が他の媒体に収録されることもあるが、歴史を塗り替えるような大事件に関わるものではなく、歴史を動かした

図１：関連地図

大人物が現れるわけでもない村碑の中身が、歴史書や地方志、金石書の類いに記録され伝えられることはほとんど皆無と言ってよい。したがって、その内容を知るには、現地に石碑を訪ねるほかないのである。

私自身もこれまでの二十年ほどの間、国内外の友人たちと村々を尋ね歩いては、これまでほとんど見向きもされてこなかった石碑を探し、長年の間に積もり積もった土埃を払って汚れをぬぐい、ある時は現場で、ある時は写真から文字を起こし、これを記録していくという作業を繰り返してきた。フィールド文献学とでも言うべきこうした作業の大変さについては、わずかなりとも理解しているつもりである。

こうした経験から見て、まさしく労

作と呼ぶべきは、胡英沢の一連の調査・研究である。ほとんど前人未踏とも言うべきその成果は、碑文の読解に基づく緻密な論証という形で公表されるのみならず、碑文自体の整理・公開という形で日常史の解明に向けた新たな可能性を提示するものとなった。これら資料集を今後さらに活用していくことこそが、その労苦に報いる一番の方法であろう。

そこで、本章では山西・河北・河南地域に残る村碑を用いて、一八世紀から二〇世紀前半に至る時期の井戸やため池など農村基層社会における水環境の具体的な姿を明らかにし、これらを水源として成立してきた生活用水をめぐる日常的ないとなみの一端にせまってみたい。なお、生活用水に関わる村碑がもともと各地に散在することに加えて、これまでに悉皆調査がなされた地点も限られていることから、特定の一地域の歴史を通史的に復元するには、質・量の両面において不十分である。そこで、以下、内容に応じて複数の異なる地点の事例を並べて叙述するというスタイルを取らざるを得ないことをあらかじめお断りしておきたい。

第一節　水をくむ

地域によっては河川水が利用可能なところもあったが、人や家畜の飲用、人やモノの洗浄の水源として一般的に用いられたのは、井戸や泉などから得られる地下水であった。中でも、井戸水の利用に関しては、井戸掘削の由来から利用や管理に関する規定に至るまで、幅広い内容が石碑に刻まれた。それらは井戸を覆う井亭やその内部に井戸を納めた井房、井戸の神を祀る廟などの附属施設に置かれ、しばしば水くみにまつわる人々の苦労の様子などが記された。その一例として、河南省汝陽県蟒荘村の南井房の壁にはめ込まれた道光元（一八二一）年の石碑「蟒荘村鑿井碑記」(3)を見てみよう。

蟒荘村は険しい岩山が連なる山頂部に位置しており、井戸を掘って水を得ることが極めて難しい場所であった。代々、村内のわずか一基の井戸（老井）を村人百戸あまりで利用しており、雨が十分な年には互いに助け合ってこの水源を共有していた。しかし、いったん日照りになると、一度のくみ上げで桶を満たすことができなくなり、それまで仲睦まじく暮らしていた村人の間にも譲り合いの心は消え失せ、あちこちで争いが引き起こされた。

そこで、水くみに際しては、各自の井戸桶に縄を通して一列に並ばせ、割り込みを防止する措置が取られることとなった。これにより、村人は昼には桶のそばに座って順番を待ち、夜もそばを離れることができず、傍らに横になる始末であった。それでもなお一昼夜並んだとしても、わずかに桶に一くみの水しか得ることができなかった。畑に水やりが必要にでもなれば、到底この程度の水では足らず、豊かな家は荷車を準備して他所から水を運び、貧しい者は近くても三里（一里はおよそ五七六メートル）以上、遠ければ七里にもおよぶ道を水桶を担いで運ぶしかなかった。

こうした悲惨な状況を見かねた村人の陳天福らは、新たな井戸（南井）の開削を決意する。村人の同意を得て、開削場所を探したところ、村の南側にある李東升の畑が村の東西のちょうど真ん中に位置しており、かつ土地も平らであることから井戸の用地として適当であるとの結論に至った。当初、この議論には加わっていなかった李東升であったが、その結果を聞くと、喜んで自らの土地を「公」として利用することを願い出たという。ここに見える「公」の概念については、後段にて改めて検討したい。

他の資料においても、水くみのために数里の道を往復するといった記載は頻出し、中には数十里もの道を水を担って往復するといった苦心惨憺たる様子が描かれることもある。厳しい水資源環境下に置かれた村々では、しばしば水くみに関する規則が生み出された。南井が掘削される以前から蟒荘村にあった井戸（老井）に関する使用規則もまた石碑の形で残され、村内の老井房の壁にはめ込まれている。嘉慶一〇（一八〇五）年九月の日付を持つ「井水汲水便用疏」と規則の具体的内容を記したもう一碑がそれである。(4)

前者には同村における唯一の井戸の貴重さと干ばつ時の水くみをめぐる無秩序な様子が述べられ、争いをなくすために村人が話し合って水くみに関する規則を定め、これを石碑に刻んだという経緯が語られる。もう一碑には、全六ヶ条の規則が記され、違反者への罰金は、これを村の「公事」に用いるとの文言で締めくくられる。各条の内容は以下の通りである。

（一）備え付けの井戸縄以外の縄を用いて水くみをしてはならない。違反者には罰金として銅銭五百文を科す。

（二）水くみに、井戸桶一個を持参した場合は、桶一個分を持ち帰り、二個を持参したならば天秤棒にて一荷（桶二個）分を持ち帰る。井戸に着いた順に水くみを行う。水くみの途中で喉が渇いて、くんだ桶から容器ですくって水を飲んだ場合は、減った分の水を桶にくみ足してもよい。一人が四個の桶を持参することは許されない。何人が何個の桶を持ってきたかではなく、何人で水くみに来たのかだけをチェックする。違反者には罰金として銅銭三百文を科す。

（三）水くみの際に、井戸端で井戸桶を人から借りてはいけないし、人情だと思って貸してやってもいけない。違反者には罰金として一人銅銭十文ずつを科す。

（四）井戸端で家畜に井戸の水を飲ませてはいけない。違反者には罰金として銅銭三百文を科す。

（五）もし家の男性が病気もしくは身体に障害がある場合、あるいはそもそも独身や死別などにより家に男

山西省稷山県南衛村観音堂内の古井戸（碑額が支柱として再利用されている。2006年８月、舩田善之氏撮影。）

性がいない、もしくはいても家を離れていて不在である場合には、女性にも水くみが許される。また、そうした女性に水をくんであげようする場合は罰されることはないが、無関係の人がこうした行為を行うことは認められない。

（六）桶を井戸端まで持ってきたのに、用事があって思いがけずその場を離れないといけない場合、戻ってきた時に去る前の順番で水をくむことが認められている。ただし、そもそも水くみに来ていながらその場を離れ、水くみをおろそかにするような事をしてはならない。

これらの内容を概括すれば、第一条から第三条までは主に水くみの道具とその使用法に関する規定、第四条から第六条までが利用に関わる制限とその例外に関する規定となる。なお、第一条に見える井戸縄に関して、胡英沢の研究によれば、井戸縄は官縄と私縄に分かれ、前者は共同で購入・利用されるもの、後者は個人の所有にかかるもので、蟒荘村の例は官縄に当たるとされる（胡二〇〇六）。なお、ここで用いられる「官」とは、共有や共同など「共にする」ことを意味し、国家や役所などが関係する「公的」あるいはオフィシャルという意味ではない。

先の規定のうち、第五条の文言からは、男性のみが井戸での水くみの権利を持つという前提を読み取ることができる。この点に関して、胡英沢は山西省聞喜県の康熙五〇（一七一一）年の「井亭記」を引いて、女性の井戸の維持管理に関わる費用負担が男性の半分とされていたことを指摘する。また、聞き取りの結果によれば、山西省西南部においては成年男性を徴収対象とする費用負担の習慣が存在していた。これは井戸水の利用権（井分、井份）が成年男性に対して設定されており、費用負担がない女性にはその利用権が認められていなかったことを意味する。こうした習慣は水不足への対応のためではなく、伝統社会における男性の権力を体現したものであった（胡二〇〇四）。受益者負担とでも言うべき原則に基づく井戸の利用と管理の場における女性の排除や制限という習慣が広く存在していたことは確かであろう。

水の利用や管理に関わる性差の問題については、四社五村での不灌漑水利に関する聞き取りの中にも確認できる。そこでは、水路やため池の管理に女性が参加することはなかったが、他方、家庭における用水、特に節水に対しては女性が全責任を負った。とりわけ節水の徹底という点に関しては、当該の村々では伝統的に女性は結婚しても身体を洗わず、子供が産まれても産湯を使わなかったという。(5) こうした伝統に対しては、聞き取りの中で、水質の悪さやそれに起因する病気の発生を防止するためという理由付けがなされてはいるが、女性に対する社会的な抑圧の現れとみなしうる。

ただし、女性による井戸での水くみの全てが否定されていたわけではないことは、先の蟒荘村の事例において、男性不在、もしくは事実上の不在の場合に女性の水くみが認められていることからも明らかである。これは山西省平定県河底村の民国一四（一九二五）年「醴泉汲水規条」[6]の条文中に「婦女と児童、さらに身体的な能力により水桶を担ぐことができない者が、泉域の水をくむことは許されず、違反者には会議の上で罰を加える。ただし、家に成年男性がいない場合はこの限りではない」とあって、やはり成年男性の不在、もしくは病気や身体的障害などにより水くみという肉体労働が出来ない場合には、女性や子供の水くみが認められていたこととなる。ただし、実際には女性や子供が水くみを行わなかったとは考えにくく、規定と現実との間のギャップは明らかである。

飲用水の配分については、別の「利用者」が関わる興味深い事例がある。山西省平定県迴城寺村の乾隆四〇（一七七五）年の「禁偸水碑」[7]によれば、同村には古くからただ一基の井戸があるだけで、村内の人口と家畜の数からみても、自由に飲用に供するほどの水量はなかった。そこで村人たちは協議の上、家ごとの人口と家畜の数に応じて利用可能な水量を限定することで公平さを保ち、水をめぐる争いを防ごうとした。ここで注目すべきは、人と並んで保有する家畜もが水利用の割り当て対象となった点である。

これに関しては、同村が山がちで平地が少なく、牧畜に適した条件を備えていたことが大きな理由であったとも考えられる[8]。その一方で、山西省内の他の地域においても、人口と家畜の数に応じて井戸の修繕費を徴収するという事例を確認することができ、家畜は人の半分としてその徴収額が算出されている[9]。生存に不可欠な生活用水であればこそ、男女間の性差や人間と家畜との差に基づく様々な差別を設けた上で、かつすべてに行き渡る、「平等ではないが公平な」しくみが採用されたと考えられよう。

また、家畜の飲水が人間のそれを圧迫するような事態を引き起こした例も確認できる。河北省武安県柏林村の道光一八（一八三八）年の「県堂正示」[10]によれば、陽邑鎮の東西には池があり、西の池は同鎮の人々が飲用とする水源であり、東の池は東隣の柏林村の村人たちが昔からラクダに水を飲ませる水源として用いてきたものであっ

山西省霍州市大張村碧泉（2007年10月、著者撮影）

た。ただし、東の池は小さく、日照りにあうとすぐに涸れてしまうので、その際は西の池にラクダを連れて行き、水を飲ませることも認められていた。また、陽邑鎮の人々が東の池から水をくんでこれを持ち帰って利用することも認められており、両村の人々は変化する状況に適応する形で両池の水資源を共有してきたのであった。

しかし、昨年の秋より雨が降らず、東の池が干上がると、柏林村の村人は陽邑鎮の街中を流れる水路でラクダに水をやりだした。さらにロバやラバまでが群がり集まる事態となり、これにより両村の人々の間で殴る蹴るの大騒ぎが引き起こされた。この事案は武安県知県の裁定するところとなり、結果、前例に基づき、柏林村の民にはあくまで東の池でラクダに水を飲ませるよう命じられた。さらに東西両池の水不足を解消するため、新たに水路を開削して水源から東の池に注ぎ入れ、三日経った後、水路を通して昼は東の池に、夜は西の池に水を注ぐという対策が取られることとなった。なお、両村の民は必ず池まで水くみに行くこととし、街中の水路でラクダに水をやることは禁じられた。

もちろんこの事例が意味するところは、人と家畜とがただ水資源を共有したということではない。柏林村の村人がラクダの水やりのために、一見、横暴とも言うべき手段をとり、裁定の場においても彼らが罰されることがなかったのには、当地のローカルな経済的要因が関係していると考えられる。武安県は太行山脈の東麓に位置し、山脈中の渉県を経て山西に至る峠道の河北側の出入り口にあたり、陽邑鎮こそが峠道の出入りに必ず通過せざるを得ない交通の要衝であった。県内に多くの炭鉱が存在するだけでなく、隣接する山西東南部においても屈指の質を誇る石炭が産出された。山がちな当地においてその輸送に用いられたのがラクダであり、専門のラクダ輸送業者（駝戸）によって主に近隣地域に運ばれたのである。(11)

こうした状況から判断して、東の池の水を飲むことが許されていた柏林村のラクダとは、石炭輸送などに用いられた輸送業者らの所有にかかるものであり、通常の家畜とは性格を異にする存在であった可能性が高い。この資料からは、当地におけるラクダがその経済的重要性によって、飲用水をめぐって人間との競合関係に立ちうる存在であったことにくわえ、干ばつともなれば人間の生活用水を圧迫するほどの頭数が飼育されていたことも判明するのである。

第二節　水をまもる

先に見た蟒荘村の規則の第四条では、家畜の飲用として井戸水を利用することが禁止されていた。こうした事例は他の地域においてもしばしば見られる。例えば、山西省平定県神水泉村の民国五（一九一六）年の「神水泉村鑿池碑記[12]」によれば、井戸利用に関わる禁止事項として、井戸端で洗濯することや井戸に石を投げ入れること、井戸水を汚すことと並んで、井戸で羊に水を飲ませることが挙げられる。また、同県の光緒一八（一八九二）年の「護井告示碑記[13]」においても、井戸端で牛や羊に水を飲ませることが禁止されている。これらは衛生上の観点から、水質を保持するための措置であったと考えられる。

さらに、同県の咸豊一〇（一八六〇）年の「施双眼井碑記[14]」では、女性が井戸端で洗濯をしたり、野菜を洗ったりして水を汚すことが禁じられるとともに、鍛冶屋やラクダの飼育業者および他村の人が井戸を利用することも禁じられている。これは営利目的での利用を防止するとともに、受益者負担の原則に基づいて、フリーライダーの流入を抑止するという理由によるものであろう。用途や利用時期、利用者を規制することで、汚染による水質の劣化や使用量の増加にともなう水量の減少を防ぐことが意図されたのである。

なお、山西省万栄県の咸豊一〇年の「解店鑿井記[15]」によれば、当地では以前から二基の井戸に頼って生活用水を得てきたが、水量の不足は否めず、村人が合議の結果、新たに井戸を掘って雨水を貯め、村人の日用に供することとなった。この新たに掘削された井戸には覆いのための蓋が被せられており、これが開けられる期間も厳密に定められていた。例年、一二月二〇日から蓋が開けられ、村人の利用が許された後、正月二〇日には蓋が閉められ、利用が停止された。その後、四月初旬にふたたび蓋が開けられた後、九月から一〇月にかけて農作業が終わった時点で再びこれが閉じられた。この井戸は「官井」と呼ばれる共用の井戸であり、厳格な利用管理がなされたのである。そのため、染色業や商店、木工業を営む者たちが営利目的でこの井戸から水をくむことは禁止されたという。

水質の劣化に関連して、水源地への人畜の糞尿の流入が問題視される事例が確認できる。山西省霍州市南杜壁村の乾隆二三（一七五八）年の「波池碑記」[16]には、足底に糞便を付けたままでため池に近づくことを禁止するとした上で、罰金が科せられる行為として子供や家畜が小便をして池の水を汚すことや汚物を池中に入れて水質を損なうことが挙げられる。また、同村のカソリック教会に残る光緒三二（一九〇六）年「重修波池碑記」[17]には、ため池の水質の汚染に関するより具体的な記述が見える。以下、その抄訳を示す。

杜壁村で用いる水は、義城峪から流れ出るものであり、昔から村の東にため池を掘ってその水を蓄えてきた。乾隆年間（一七三六～九五）に村の人口が増えると、東のため池で皆が水くみをすることが困難となった。そこで村で話し合い、別にもう一ヶ所のため池を掘って、東の池から地下に埋設した陶製の水道管を通して水を新しいため池に運ぶこととなった。その後、年数が経つにつれ、地下の水道管が壊れてしまったので、暗渠を明渠に作り替えて水を運ぶこととした。しかし、雨量が多い時には、道ばたに残された家畜の糞や不潔なものが水路を通ってため池に流れ込み、水面に漂うという状況が生じていた。くわえて、ため池が水漏れし、堤が倒壊するなどしたため、水量が足らなくなり、村人は数里も離れたはるか先まで水くみに行かざるを得ない状況となっていた。こうした村人の窮状を見た宗美元は、カソリック教会の賀栄錫神父らからの寄付を得て、ため池の修復を開始する。あわせて、暗渠を復活させなければ、村人は不潔な物が混じった水を飲まざるを得ず、衛生上、大いに問題であるとして、賀神父からの再度の寄付を得て、陶製の水道管の修復に着手したのである。この時、地上から水道管へと流れ込む場所に炉の底にたまった炭を敷くことで、そこを通って濾過され洗浄された水が暗渠に流れ込むしくみも作られた。同時に、ため池の水質保持のための規則が示された。その中には、足底に汚物を付けたまま池に水くみに来たならば罰金として銀一両を科し、子供が汚物を池の中に投げ入れたならば、同じく罰金として銀一両を科すことなどが含まれた。

なお、咸豊元（一八五一）年の「聯珠池碑記」[18]に見える河北省武安県柏林村のケースでは、水不足の改善を目的としてため池の修復がなされた際に、池の周辺の道路の整備も同時になされている。その理由は、道路を通して汚れた水が池に流れ込むからであり、飲用水となるため池の水質を清潔に保つため、道路上への糞便や泥土の堆積が禁じられたのである。ため池自体のみならず、その水を通して繋がる周辺の水環境への配慮もなされていたことが分かる。

また時には、恐らくは信仰上の理由から、水辺に生息する鳥や魚などの動物を含めた生態環境を保全するために、池のほとりでの狩猟や漁撈を禁止するケースも存在した。河北省武安県陽邑鎮の同治元（一八六二）年「聖水池記」[19]によれば、聖水池では狩猟や漁撈が禁止され、違反者に対する罰則規定が設けられた。これにより、池のほとりで牛や羊を寝そべらせるだけで、牛であれば一匹につき罰金として銅銭二百文、羊であれば一匹につき百文が科せられ、さらにラクダに池の水を飲ませた場合には銅銭千文が科されることとなった。

この他、風水との関係からため池などの水環境が保護された事例も存在する。河南省三門峡市湖浜区交口郷富村の道光七（一八二七）年「修築波池是序」[20]によれば、村のため池は「村脈の余気」[21]であり、先人らは風水を観て、村のためにこの地にため池を掘ったのである。しかしながら、そうした先人の思いを顧みることなく、近年、村人が採土を目的としてため池の周囲の土地を掘り返したので、毎年日照りに苦しむようになったという。ここでは水環境の人為的な変化が村の気の流れを損ない、人や家畜に被害をもたらす結果となったと認識されており、その対応策としてため池の修繕を行うとともに勝手に池を掘ることが禁止された。この他、山西省霍州市南李庄村においても、村の風水を補い、民の水利用を充足させるために新たなため池の掘削がなされている。[22]村内の水資源は村の風水と密接な関係を持ち、ひいては村人自身の生活に直接的な影響を及ぼすものであると認識が広く存在していたのである。

水量の減少に関しては、これを引き起こす主な原因の一つに、炭鉱開発に伴う地下水の流路の変化が挙げられる。山西省平定県の複数の石碑にその具体的な状況が確認できる。まず、同県泊里村の道光一三（一八三三）年の「憲天馮州主宣州主両次断案永遠碑記」[23]によれば、瀑（泊と同音）里村の東麓に湧く魚池泉の水は、同村および小河村の村人の命をつなぐ水であった。乾隆三八（一七七三）年に、この魚池泉から東南に一里離れた地点で石炭の掘削が開始されると、これを中止させようとする村人によって州の役所へ訴えがなされた。当時の平定州知州の馮埏[24]は、同泉の水源となる東山の周囲での炭鉱開発を永遠に禁止するとの裁定を行い、これを石碑に刻んで州の役所内に設置した。

しかしながら、六〇年の時を経て、ふたたび瀑里村に住む郗家の者たちが泉源の東北の山裾にて石炭の採掘を開始したことにより訴訟が持ち上がる。今回は知州の宣麟[25]が裁定を行い、この炭鉱が泉や山上に建つ関帝廟の神にも障りがあるとして埋め立てが指示された。くわえて、以降、いかなる者であろうとも水源地の山の周囲において石炭の掘削を禁止するとの命が下り、その内容が石碑に刻まれて聖母廟内に安置されたのである。

この他にも、同県楊家庄の光緒五（一八七九）年「楊家庄禁止煤窰碑記」[26]によれば、道光年間（一八二一～五〇）に村の井戸の上流に当たる山の南斜面において石炭の採掘が大々的に開始されると、井戸の水量は減少し、村は大きな被害を受けることとなった。そこで村人たちは、口々に水量減少の理由が石炭の採掘にあると申し立てて採掘を中止させた。その結果、井戸の水流は復活し、以後、数十年もの間、村人が水不足に悩まされることはなくなった。

しかしながら、光緒二（一八七六）年に至り、ふたたびある村人が石炭採掘を始めようとしたため、村人たちはまた水源が傷つけられ、水量減少を引き起こすのではないかと恐れて、これを禁止する規則を自らが作り出した。それでもなお無知な輩が「利のために公を害ない」、ふたたび採掘を始めたので、これに対して、採掘を差し止めるだけでなく、井戸と廟から二百歩（一歩はおよそ一・六メートル）以内の土地での石炭採掘を禁止する規則を新たに設け、これを石碑に刻んで永遠に遵守させることとしたという。なお、石炭採掘に関しては、地元の村人たちが自身で行うだけでなく、外部から専門の採掘業者を誘い込むこともあり[27]、こうした非居住者による開発が現場の村々により深刻なダメージを与えたであろうことも想定し得る。

第三節　水をうみだす

第一節で見たように、蟒荘村の李東升は井戸の用地として「勝手に」選定された自らの私地を「公」のものとして利用するよう喜んで願い出ており、また、前節の楊家庄の例では石炭採掘による地下水の流れの変化を「公」を損なうものだと批判している。こうした井戸や井戸水に関わる「公」の意識とはいかなるものであったのだろうか。この問題は、生活用水の水源として利用され管理されてきた井戸やため池、さらにはその水自体にいかなる権利関係が存在していたのかという問題にもつながる。

水利権と総称される、所有や保有、使用、収益、処分など、水に関わる諸種の権利に関しては、これまでの研究の多くは地表を流れる河川水を対象とするものであった。ただし、フロー型の水源である河川水など表流水の特徴は、水がある地点からある地点へと常に流れ去り、刻々と変化するという点にあり、これが分水をめぐる自他の間における線引きを難しくさせてきたことは間違いない。

一方、ストック型の水源である井戸水も地下においては流れ行くものではあるが、水くみの場所は井戸という特定の地点に固定されており、井戸の中に貯まった水に関して、今日の水は明日の水とは違うといった感覚を生み出すことは稀である。したがって、そこから水を線引きして自他を区別するという発想は生まれにくい。区別があるとすれば、それは自分で掘った井戸は自分の井戸であり、自分自身がくみ上げた水は自分自身の水といった、線引きするまでもない明快なものである。そこで、以下、河川水に比べて、権利関係がより可視化しやすい井戸と井戸水を取り上げ、水をめぐる権利のあり方を考えてみたい。

南満洲鉄道株式会社調査部と東亜研究所のメンバーによる昭和一七（一九四二）年六月七日と同六月八日に行われた、河北省昌黎県侯家営での村の井戸に関する聞き取り調査では、以下の質問とそれに対する応答がなされた(28)。以下は、「水は公共のもの」との標題がついた六月七日の聞き取り内容である（応答者は侯治平）。

（問）この井戸は園子の中にあるから、これを使わせて貰っている人々は、使うのに気がねをしつつ使うのではないか＝（答）否。水は彼のものではないから、気がねする必要はない。

（問）水は何故彼のものではないのか＝（答）「公共」のものだから。

（問）彼の畑から出る水だから、彼のものではないか＝（答）土地は彼のものだが、水はどこからでも来るものだから誰のものでもない。

次に、六月八日（応答者は侯鳳成）の「官井・私井の区別」としてまとめられた内容として、

（問）何を標準にしてそんな差異があるのか＝（答）私井は私人が自分の土地に自分の費用で材料を求め作った井戸、官井は皆で材料費を負担して作った井戸。

（問）官井の敷地は民地のこともあるか＝（答）土地はどこでも民地であるが、官井を作るときはその用地を寄附させる。

さらに、同日（応答者は侯鳳成）の「水は公共のもの（続）」の内容は以下の通りである。

（問）でも井戸は買主のものなら、使わせなくともよいではないか＝（答）井戸は買主のものだが水は皆のものだ。

（問）官井の場合、これを廃めんとするときは、誰々が相談してきめるか＝（答）皆できめる。

（問）皆とは村民全部か＝（答）使用戸だけ。

（問）官井とは村で持っているのか、又は使用戸だけが皆で持っているのか＝（答）使用戸だけ。

これらの応答から読み取れる情報を以下の四項目にまとめると、

（一）井戸の水は、特定の個人のものではなく、「公共」のもの、皆のもの、もしくは誰のものでもない（＝無主物）。

（二）官井とは、複数人の共同負担によって開削された井戸であり、用地の供出も数ある負担項目の一つに過ぎない。村ではなく、使用戸（＝費用負担者）が所有者である。

（三）私井とは、個人が自身の土地に自身の負担で開削した井戸であり、当該の個人が所有者である。

（四）井戸と井戸水との所有者、もしくは利用権者は異なる。

となる。では、こうした聞き取りによって得られた情報は、これまで利用してきた村碑によっても傍証されうるものであろうか。山西省平定県立壁村の年代不詳の「新掘湧泉碑記」[29]では、水は民が生きるよりどころであり、公とすべきものであり、私すべきものではないとの認識から、村人がそれぞれ資金を出し合って同村の公用（＝

共用）とするべき井戸の掘削を行ったとある。

また、河南省鞏義市西村鎮滹沱村の同治一一（一八七二）年「滹沱村鑿井碑記」[30]によれば、村人の協議によって井戸用地に選定された土地を保有する梁二科は、その要請を受け入れて用地を供出した。その後、土地は本来梁家のものであり、井戸は「衆人」が共同で掘削したものであることを後世に伝えるため、その内容を石碑に記した。碑には地主である梁二科が負担した銅銭一六三〇文の記載のほか、計一四名の姓名とそれぞれの負担額も刻まれた。これにより、井戸周辺の土地は梁二科の所有のままであるが、井戸自体は計一四名の井主[31]による共同所有となった。なお、井戸用地を確保するに当たっては、これを公衆の土地として土地所有者から永遠に借り上げるという方法が取られる場合もあり、井戸が壊れた後にその用地が土地所有者の手に戻ってしまわないように村人全員との間での契約を石碑として残すという事例も確認できる[32]。

一方、井戸水の利用者に関しては、多くの石碑には単に村人や居民などと見えるだけであるが、先に見た万栄県の「解店鑿井記」のように、村外の人の利用を禁止するとの明確な線引きがなされる事例もある。また、山西省平定県小橋鋪村の清代「新刻娘娘廟溝東官井碑記」[33]によれば、その由来により小橋鋪村に属するとされた東官井は、立地が隣村の土圪梁村からも近かったため、同村の村人も水くみにやって来ており、小橋鋪村の人たちもこれを禁じることはなかった。しかし、干ばつが起こり、水量が減少すると、両村の間でその利用をめぐる争いが勃発し、ついに地方官による裁定の結果、この井戸が小橋鋪村に属するものであることが再確認されたという。

こうした事例からは、共用の井戸を意味する官井であっても本来は属する村が決まっており、水量の多寡に応じて、さらには利用量とのバランスにおいて問題が生じなければ、別村の人々にも利用を認めていたが、あくまでこれは例外的な措置であったこととなる。つまり、官井の水もすべての人々に平等に開かれた完全なるオープンリソースではなく、あくまで当該の井戸が位置する村の人々、あるいはそこに暮らす一部の人々に対して開かれた地縁的な共有資源であったことを意味する。

村碑には井戸の掘削や修復に当たって、村人が労働力や資金の一部を供出したとの文言がしばしば見られる。また、時には百人以上にもおよぶ個人名と寄付金額が列挙されることもあり、これらが資金供出者の利用権を証明する根拠となったと考えられる。ただし、前近代の中国農村における識字率の低さから見て、修辞的レトリックを含まない村のいしぶみでさえ、これを読むことが出来る村人がほとんどいなかったことも間違いない。

それでもなお各村に石碑が作られ、これが後世に伝えられた理由は、水源の由来を語り継ぐとともに、自らの祖先が掘削に参加し、水の利用に関わる権利を獲得したことを碑文中の祖先の名前によって証明することが時に必要であったからであろう。彼らにとって、たとえ読むことができなくても、祖先の名を示す（という）文字がどれかさえ分かれば、それで事足りたであろうことは推測に難くない。

利用権者の資格認定に関して、山西省聞喜県西雷陽村の康熙四三（一七〇四）年の「工完告成序[34]」には「井戸を掘る者は水のありかによってその場所を定め、水を用いる者は費やした労力（＝工）によってその分配を得、労力を提供する者は成人男性の数によってその行いが伝えられる」とある。これは井戸開削に当たって、村内の各家が成人男性（＝丁）何人分の労働力を提供したかによって、井戸水の可能利用量が定められたことを意味している。

また、同文の末尾には日照りの際には、規定の順序に従って水を分けるとし、その後、発起人の名前に続き、個人名と提供した労働量が成人男性の人数に換算され列挙されている。これは明白に水資源獲得に対する貢献度に応じて、水利権が付与されたことを意味するものである。ただし、こうした厳格な利用者の限定が多くの井戸で行われていたとは考えにくく、通常は広く村人にその利用が認められており、水量減少時においてのみその線引きが厳格化されたと考えるべきであろう。

小　結

これまで見てきた事例からは、特定の個人による井戸用地の供出、井戸開削を発起し資金を寄付した複数人による井戸の共同所有、さらに多くは村を単位とし、資源賦存量の多寡に応じて異なるレベルが設定された、不特定多数の利用者による井戸水の共用という状況が見て取れる。こうした過程を経て資源化された水は、一種のコモンズと呼びうるものとなろう。その特性を見極める上で、菅豊の述べる中国の伝統的な「ネットワーク型コモンズ」という考え方が参考となる（菅二〇〇九）。

菅によれば、日本の伝統コモンズである「コミュニティ型コモンズ」がコミュニティを基盤とし、空間規定的であるのに対して、中国におけるそれは個人が様々に取り結ぶ「関係」が集積したネットワークを基盤とし、空間非規定的であるという特徴を持つ。また、こうしたあり方は「私的世界を主眼とし、それを補完するために共的世界を生み出すもので、むしろ私的世界を消極的に停止する時間や空間を作る」ことであるという。この私的世界を「停止する」という状況は、まさに官井の掘削時における個人からの用地の供出に見て取れる。さらに複数の発起人からの出資によって開削された井戸から村人が水をくんで利用することができるという状況にも当てはまろう。

もちろん、この場合の用地の供出が、菅が述べる「消極的な」行為に相当するかどうかは不明であり、状況から判断すれば半ば強制的な「全体」の意思として、これがなされた可能性すら想定しうる。さらに言えば、井戸に関しては、その利用者が多くの場合、村という単位によって識別されていること、また井戸がそこに存在するということ自体が空間規定的であることも間違いない。むしろ、一人から複数人、複数人から不特定多数の利用者全体へと、レベルを変えながら私的世界を「公」的世界へと転換させていったと見るべきではないだろうか。

また、この過程において重要な役割を果たすのが、私から公への変化、すなわち私的占有から共同利用へと転移する上で、その媒介となった複数の発起人たちである。対象とする時代は隔たるが、斯波義信は南宋時代において顕在化してきた地域社会における自律や自助の行為に着目し、これらコミューナルな活動をリードした組織や人物たちを「中間領域」と捉え、その歴史的重要性を指摘した（斯波一九九六）。さらに、溝口雄三の公・私をめぐる定義、すなわち私の原義を「自ら囲むこと」、その反対語の公の原義を「囲いこみを開くこと」とし、「衆とこれを共にする」行為（＝義）こそが、中国の発想における「公」であるという理解は、官井の掘削にまつわる経緯を思い起こさせる（溝口一九九五）。官井や官縄は、まさしく「共にする」対象としての井戸水を象徴する語である。

こうした義と公を掲げ、地域社会の自律的活動にリーダーシップを発揮した人物は「公心好義の士」と呼ばれたが、これまで見てきた井戸やため池に関わる村のいしぶみの中においても、「好義」や「公挙」、「義挙」などの言葉で土地の寄付や事業の唱導、資金の供出を表現することは枚挙にいとまがない。まさに「衆とこれを共にする」という意味における公こそが、彼らの実践の源であったことは間違いない。公や義を唱導することこそが、彼ら自身の地域社会における声望を高める源泉となり、ひいては物心両面における地域社会でのリーダーシップの確立とその維持に不可欠な行為であった。彼らの唱える公や義という理念に支えられて、私的世界が半ば強制的に公的（＝共的）世界へと転換された結果が、ローカルコモンズともいうべき井戸水を現出させたのであり、これにより人々の生活用水が確保され、その生が支えられたのである。

注

（1）『孟子』尽心章句上「民非水火不生活、昏暮叩人之門戸求水火、無弗与者、至足矣。」
（2）不灌溉水利については、『不灌而治―山西四社五村水利文献与民俗』（董曉萍・藍克利編、陝山地区水資源与民間社会調査資料集第四集、中華書局、北京、二〇〇三年。以下、『不灌而治』と略す）とこれを紹介した森田二〇〇九を参照されたい。
（3）『清代河南碑刻資料』（王興亜ほか編、商務印書館、北京、二〇一六年）第三冊、二九〇～二九一頁。
（4）『清代河南碑刻資料』第三冊、二九〇頁。
（5）『不灌而治』二六三～二六四頁。当該部分の日本語訳が森田二〇〇九、一一四～一一五頁に見える。
（6）胡英沢整理点校「山西、河北日常生活用水碑刻輯録」（山西大学中国社会史研究中心編『山西水利社会史』北京大学出版社、北京、一八八～二七一頁。以下、「生活用水碑」と略す）一九二頁。
（7）「生活用水碑」一九二頁。
（8）「新甃井碑記」（山西省平定県迴城寺村、一九五三年）、「生活用水碑」二〇〇～二〇一頁。
（9）「重修井碑記」（山西省稷山県南衛村、一九一九年）、「生活用水碑」二五六～二五七頁および『黄河水碑（山西）』二一九八～二一九九頁。
（10）「生活用水碑」二六五～二六六頁。
（11）『［民国］武安県志』巻一〇・実業志・鉱業。
（12）「生活用水碑」二〇三～二〇四頁。
（13）「生活用水碑」一九四頁。

(14)「生活用水碑」二〇五頁。
(15)「生活用水碑」二三〇頁。
(16)『不灌而治』三六〇～三六二頁。
(17)『不灌而治』三六六～三六八頁、『黄河水碑（山西）』二〇五〇～二〇五一頁、段新蓮主編『三晋石刻大全　臨汾市霍州市巻』（以下、『三晋霍州』と略す）、三晋出版社、太原、二〇一四年、三二六～三二七頁。
(18)「生活用水碑」二六八頁。
(19)「生活用水碑」二七〇頁。
(20)『清代河南碑刻資料』第三冊、三二五頁、趙超・行龍総主編『黄河流域水利碑刻集成　河南巻』（上海交通大学出版社、上海、二〇二一年）九五〇～九五一頁。
(21)上田二〇〇七によれば、余気とは地中を通る気の流れが地表に吹き出し、あふれ出た気が集まるところである。
(22)道光七年「南李荘村鑿池碑記」、「生活用水碑」二二六頁、『黄河水碑（山西）』一四一八～一四一九頁、『三晋霍州』二二三頁。
(23)「生活用水碑」一九七～一九八頁。
(24)馮埏の名は『［光緒］平定州志』巻六・職官志・題名による。
(25)宣麟の名は『［光緒］平定州志』巻六・職官志・題名による。
(26)「生活用水碑」一九六頁。
(27)「護井劃界禁約碑記」（山西省平定県西小麻村、一九二二年）、「生活用水碑」一九一～一九二頁。
(28)『中国農村慣行調査』第五巻、三二一～三二四頁。
(29)「生活用水碑」二〇二～二〇三頁。
(30)『清代河南碑刻資料』第二冊、一〇八頁。
(31)井戸の共同所有者である井主の呼び名については、「創建井碑」（河南省鞏義西村鎮西村、道光三年）、『清代河南碑刻資料』第二冊、三五頁を参照。

(32)「水嶺底村鑿井施地碑記」(山西省盂県水嶺底村、嘉慶一一年)、「生活用水碑」二一〇頁。

(33)「生活用水碑」一八九～一九〇頁。

(34)「生活用水碑」二三二～二三三頁。

結　論

一　本書のまとめ

ここまで灌漑技術とそれを支える水利秩序という両面から、黄土地帯において人々がいかに水資源の不安定性という問題に対応してきたのかを考察してきた。以下に得られた知見をまとめてみよう。

まず、ハード面における対応となる灌漑技術に関しては、その水源に顕著な特徴が見られた。それが雨水・溢流水と井戸水の利用である。

濁水灌漑および淤泥灌漑においては、夏季に集中する雨水と山地からの溢流水を水路や堰堤などの水利インフラによってコントロールし、耕地に水分を供給した。これは同時に水中に包摂される各種の有機物や無機物を用いて土壌を肥沃化させるという効能を有するものであった。土壌のアルカリ化が深刻であった晋北地域では、地表面のアルカリ分を洗脱すると同時に、淤泥を一定の深さに沈積させて客土とし、新たな土壌を形成する試みがなされた。これら雨水や溢流水の利用に当たっては、その利を最大化するとともに、氾濫による被害を抑えるため、水利インフラの建造および継続的な維持管理が不可欠であった。水利公司はインフラ整備に基づく供水を行うのみならず、村々に人員を配置して水の管理運営にも大きく関与するなど、新たな方式を用いて灌漑および土壌改良事業を推し進める原動力となった。

一方、主に表流水の利用が困難な場所で蔬菜栽培などに用いられた井戸水は、干ばつの際にも利用可能な安定性の高い水源と認識されていた。王心敬は『農政全書』に集約された井戸灌漑の技術を踏まえつつ、費用や資材の算定を行い、担当者の選定に関する基準を設けるなど、実践に向けた提言を行った。さらに、旱害対策を共通項として区田法と井灌とを結合させることで、地下水位の低い高原においても井灌が実施可能であると主張した。後に左宗棠らは、王心敬の改良区田法に水路を用いて井戸水を供給する方法を結合させ、これを新たに区種と定義し普及に努めた。長らく耐旱救荒の方策として注目されてきた井灌であったが、清末には養蚕を目的とする桑栽培の水源としても利用が加速され、事業振興のために地下水の利用が一層促進されていく。

次に、ソフト面における対応となる水利秩序に関しては、水の利用と管理に関わる各種規定とその基礎となる水利権のあり方に特徴が見出させる。

流水を水源とするフロー型水利システムにおいては、分水の時間や順序を規定する配水制度を用いて、降水量の空間的な不均衡を時間的に平準化するという対応が見られた。河津三峪地域では三峪の清濁水それぞれに関して水源と村との対応関係が規定され、曲沃温泉水利では流域中の二一村で構成される水利連合によって、各村への配水時間が取り決められた。恒常的な水源ながら水量が十分ではない清水や温泉水については、下流側から取水し上流側に取水順が移るという方法が用いられ、一方、一時的に大量の水流が発生する濁水に関しては、利用村に任意の取水量が認められ、取水順に関する規定は存在しなかった。こうした配水の根拠となった水利規定は、村々や水源を共有する水利連合によって自律的に取り決められたものであり、公権力の認可を経てその権威を高めることもなされた。

水源を共有する村落間においては、引水可能な水量が日時単位で村ごとに割り当てられ、これが各村内においてそれぞれの耕地面積の多寡に応じて個人に割り当てられていた。ただし、次第にこれら個人に割り当てられた引水時間が一種の売買可能な権利と認識され、地権とは分離した形で水利権のみが単独で売買されることとなる。個人に配分された水利権の売却は、場合によっては村の割り当て水量が村外へと流出する可能性を有していた。そこで水利権売買が活発化する一八世紀以降、村や水利連合が中心となり、村外の人に水利権を売らない、もしくはそれを制限するなどの規制が加えられた。また、村が水利組織を通して村に属する個人より水利権を買取りこれを回収することで、市場方式による自由な水利権の売買を押しとどめるとともに、水利権の村外への流出を食い止めようとする試みがなされた。

このように、水利権は私的な占有という状態こそがその基調であり、国家の所有や共同体の共同所有を意味する「公水」という概念がアプリオリに存在していたと想定することは難しい。むしろ史料中に確認することができる公水とは、特定の個人に配分することで、衝突を引き起こしかねない余剰水の私的利用を制限することから生み出されたものであった。こうした状況に対して、劉維藩は公とは個々の用水戸に還元される集団であるという認識のもと、公水から得られる利益は個人がその持ち分に応じて享受すべきものと考えた。その根底にあったのは、強力な私的占有に対抗するための個の復権を通した、公共という意味での「公」の再生であり、単なる私水の余剰ではない、共有資源としての新たな公水の認識であった。

生存に不可欠な生活用水の利用に関しては、男女間や大人と子供、人と家畜との間に様々な差別を設けた上で、かつすべてに行き渡る「平等ではないが公平な」しくみが見られた。ただし、水環境の悪化、特に水量の減少や水源の枯渇といった情況が発生した場合、優先順位を明確化し絶対的必要量を確保するため、井戸やため池の掘削と維持管理に財物や労働力を提供したものにのみ取水を認める受益者負担の原則がより強調された。これは同時に、労働力を提供することができない女性や子供、さらには村外の人々に水くみの権利を認めない排除の規定として作用するものであった。用途や利用時期、利用者を規制することで、汚染による水質の劣化や使用量の増加にともなう水量の減少を防ぐことが意図されたのである。

二　水を通して見た黄土地帯の社会

序論にて述べたように、環境史の意義は、「一般的」事象と「特殊」事象という認識を転換する、あるいは「そうではない側」から既知の事象をとらえ直す点にある。そもそも水という所有できない、もしくはそれが困難な物質を切り口とすること自体が、異なる側からの目線を引き受けざるを得ない最も根本的な理由である。なぜなら、これまでの地域社会をめぐる議論においては、しばしば所有関係を基礎として成立する諸関係に焦点が当てられてきたからである。

言うまでもなく、所有論に関する代表的な議論の対象は土地であり、そこから国家・社会関係を含む各種の社会関係が議論されてきた。共同体をめぐる議論自体が所有関係をめぐる問いであったとすら言えよう。ただし、固く切り分け可能な土地と柔らかく切り分けることができない水というそれぞれのイメージのみならず、両者を窓として眺めた社会はいかにも異なる姿を見せるのである。特にその差異が顕著なものに村の姿がある。

従来の土地所有関係を基礎とする議論において、黄土地帯をその内に含む、華北の村落に対する認識は、多姓混住、高い流動性、不明瞭な境界、自己規律能力の欠如、弱い凝集力などの特徴を持つというものであった。しかしながら、本書の考察を通して見られた、黄土地帯における村はこれを単位として配水量の割り当てがなされるだけでなく、利用と管理に関わる規約の制定や水利権および水利用地の売買・貸借契約の主体となる存在であった。これをあくまで共同作業を必要とする水利という一側面に限定された「特殊」な状況であると片付けてしまえるほどには、乾燥地における水資源のもつ意味は小さくない。水の有無やその多寡が生産性を決定するといっても過言ではない環境下において、水の利用と管理こそがむしろ正面に開かれた窓であり、そこからまさに「一般的」で当たり前の社会の姿が垣間見えるのである。

こうして村の存在感とその役割を強調することは、村落共同体や水利共同体の議論を思い起こさせるかもしれない。ただし、ここでは共同体が存在したかどうかが問題なのではない。この点に関しては、水利社会史の研究対象について銭杭が述べた「直接的に水の利害を受けるものだけでなく、間接的もしくは潜在的に利害に関わるもの、さらには利害に関わりのない地域内の居住者をもその研究対象とする」という語が示唆を与える（銭二〇〇九）。

つまり、水の利害に関わる個人や集団のみを取り上げて、それらが属する社会を分析するという方法が持つバイアスを回避し、直接的にはそれらとの関わりの薄い、あるいは関係のない人々、すなわち「そうではない側」をも考察の対象とすることで、社会を総体として分析することができるということである。逆説的ではあるが、水利共同体を正面から議論するだけでは、水利共同体自体、あるいは水と社会の関係は明らかにはならない。その共同体や社会から除外された存在とは何であったのかを問うことは、逆に対象とする集団や社会の輪郭を際立たせ、その実体を明らかにすることに繋がるのである。

そこで、あらためて水から見た村の姿を確認してみよう。水源を共有する村々の間において、各村の起源や来歴、そこから生み出された伝統などに基づき、村を単位としてそれぞれの用水量が割り当てられた。また、水利公司の配水も村との契約に基づくものであり、同時に村が配水料負担者らを代表して配水を申請するなどしたことは、それ以前の伝統的水利用方式を継承するものであったとみなしうる。さらに、水利権の売買に当たっても、村同士がその余剰水の売買に関する契約を取り結んだり、あるいは水利権を有する個人からそれを購入する買い手となるなど、法人格を備えた存在のように村が姿を現すのである。

ただし、ここに描きだされる村は共同体の語がイメージさせるような一枚岩の強固なまとまりではなく、さらにこうした村々によって構成される水利連合が平等で調和的な姿を見せる訳ではない。村落の間においても村の起源や水源との位置関係、水利施設の創設と維持に関する貢献の度合いに応じて、配水量の多寡を決定し、利用可能な水源を制限するなどの格差が存在していた。さらに、成員としての個人のレベルにおいても、水量の減少や水源の枯渇といった水環境の悪化時に女性や子供、村外者や特定の職業に水くみの権利を認めないという社会的ヒエラルキーが顕在化した。

また、水利権売買契約において実際に署名を行ったのは、村全体の代表者、もしくは責任者ではなく、あくまで水利組織の管理責任者である渠長であった。水利権は個に属するものであり、その権利保有者の総体が水利組織であったため、水資源の利用・管理に関して現れる村とは、その村に属する村人の総体ではなく、当該の水利組織が所在する場であり、同一の水源を共有する地理的範疇を示す看板に過ぎない。

つまり、村と水利組織はその地理的範疇を共有しながらも、成員を異にするという意味で異なるレイヤーを形作っていた。両者を繋ぐのは、渠長や提鑼人など水利組織の責任者たちであり、評議員に相当する頭水人や小甲人、渠紳、さらに村単位で置かれた管水甲頭や廟の修復や祭祀を主導する公直など、地域社会においてリーダシップを発揮した「公心好義の士」たちであった。こうした構図は中間団体としての会や社、さらにはその管理者である首事人と村との関係とも共通する。そこに浮かび上がる村の姿は、同一の水源を共有するという地理的範疇において、水利組織や社、宗族など、成員や目的を異にする社会結合が重層的に重なり合ったものとなる。ただし、時に水利権保有者の総体としての水利組織よりもむしろ、村人の総体としての村が管理の主体となる水利用の形も存在した。それが濁水と余剰水の利用管理である。

三峪に見られる清水売買を裏から眺めると、そこに濁水の売買契約に関する事例が確認できないという事実が浮かび上がる。一過性かつ季節的な変動が大きい濁水の引水に関しては、上流側から任意の量を引水するという方法が用いられた。濁水に関しては、清水のように引水時間という形で変換された水利権を個人に割り当てるという方法を採ることができず、その引水の根拠は当該の濁水を利用することが認められた村に耕地を有するかどうかという一点にあったこととなる。つまり、個人への水利権の所在が明確化されない以上、濁水は地理的範疇を規定する村レベルまでしか権利関係を確定することができない水資源であり、一種、村の共有資源としての意味合いを帯びるのである。

もう一つの問題は、各村に割り当てられた用水以外の余剰水の位置づけである。三峪においては貯水池への引水時間を含む各村への割り当て以外に、村が主体となり余剰の清水を他村へ売却する事例が確認できた。また、曲沃温泉水については、二一村への配水量以外に水路から漏れ出す三日分の水が存在し、これを県城泮池に提供することとなるが、これもやはり余剰水の共同利用と捉えることができる。さらに、清峪河の事例においては、月末三〇日の水が公水とされ、その私的利用が制限されていた。いずれも個人や村への配水の結果、生み出された余剰分の処理方法として村を単位とする共同利用が行われたのであり、一種の調整剤としての役割を担うものであった。

これらによれば、私的利用の制限、もしくはその余剰によってしか共的な水資源の利用というあり方は存在しなかったこととなる。いずれもその水利権を個人にまで配分することができないという性質を有することによって、濁水と余剰水は共的な性質を帯びたのであり、まさしく消極的に生み出された公共資源とみなすべきものであろう。その際に共有・共用の受け皿となったのが村であったが、これは同時にその利用をめぐる村落間の争奪を激化させる原因となったのである。

これまで見てきたように、黄土地帯に関する研究は、地方志などの典籍のみならず、碑刻や档案、地図、調査報告などの多様な資料を用いて、歴史的な水利用と管理、さらに水をめぐる社会的諸関係を復元することが可能となる恵まれた環境下にある。特に水利関連の村碑を利用することで、生活用水などミクロなレベルでの水利用の具体像までをも明らかにすることができる。黄土地帯の水と社会の歴史に関する考察結果は、文献史料の稀少な乾燥地における水と社会との歴史的関係を考えるために、またとない比較研究の基盤を提供するものとなる。

これまで多くの成果が積み重ねられてきた水利共同体論および水利社会史研究の目的が中国社会の構造やその性格を明らかにするという点にあったため、比較の対象はともに乾燥地に属する北方中国の異なる地点の事例であり、あるいは湿潤地域に属する南方中国の異なる水環境下の事例であった。しかしながら、今後求められるべきは、異なる社会構造や歴史的背景を有する他の乾燥地の事例との比較である。というのも、特殊と一般を入れ替え、そうではない側から物事を見つめるには、自身の立脚点である研究分野や対象地域、テーマを相対化し、それに基づく視点を転換する必要があり、これには他の地域との比較が不可欠となるからである。こうした意味において、環境史と比較研究は相乗効果を生みだす研究手法であり、さらに視点の転換には比較の相互性が鍵となる。

谷川道雄は日中の比較に対して、「比較研究には一半の長所はあるが、完善であるとは言い切れない。長所というのは、比較に明確な方法が具わっている点である。方法がはっきりしていなければ、基準なき比較に終わってしまうであろう。したがって基準や方法は必要であるが、それは必然的に一方に偏してしまうので、他の一方は光に対する影の役割を負わされることになる。比較研究が完善なものとなるためには、その影の部分を直視し、むしろそこに別の光を見出さねばならない」と述べる（谷川二〇〇一）。

また、相互比較の手法を明確に打ち出し、これをヨーロッパと中国、日本との比較の中で極めて効果的に実践したのが、ロイ・ビン・ウォンである。その手法は「比較の中における主体と客体とを入れ替えることによって新たな視角を手に入れる」の語に端的に表現される（Wong 1997）。つまり、特定地域の事例に基づいて比較の基準の設定を行うのではなく、複数の異なる地点の特徴を抽出し、それらをともに基準として用い、相互に比較を行うことが必要なのである。

水の利害に関わらない人々や関わりの薄い集団を取り上げるだけでなく、それらがなぜにその状態にあり、もしくはその状況に置かれたのか。利害に深く関わる者たちとの差異がどこに存在し、どこで両者の線引きがなされたのか。比較を通してこれらの問題を分析することで、史料中において当たり前であるかのように水を利用し管理する者たちの特殊性を浮かび上がらせることができると考える。

同様の観点から、排除されたものたちから社会を見つめ直し、「共有」や「共用」の名のもとに社会に組み込まれた階層性や不平等性をいかに読み解き、不均衡性を抱えたまま社会を存続させてきた原理を明らかにすることが求められる。環境史という「そうではない側」からのアプローチによって、将来さらに深刻化するであろう水資源の偏在や公平な水へのアクセスの確保といった問題の解決に向けて、わずかながらも貢献していきたい。

結びにかえて

前著を公刊してから瞬く間に時は過ぎ去り、一〇年以上の年月が経過した。その間、大谷大学に職を得て、落ち着いた環境のもとで教育、研究活動を行うということができた。その中で自身の研究の関心も徐々に変化し、時代史の枠を越えた社会史や環境史への関心が高まり、新たな研究手法を模索する日々が続いてきた。もちろん自身の経験や知識の点では、時に二〇世紀までをもカバーする様々な資料を扱い、正確にこれらを理解するには多大な困難があり、大きなミスを犯す可能性も理解しているつもりである。それと同時に、自身の能力を超えて新たな世界を知りたいという単純な欲求がますます自身を突き動かしてきたことも否定できない。

ただし、前著から変わらないのは水の利用と管理に対する問題意識である。人々はいかに稀少な資源を利用し、それを管理しながら生の営みを紡いできたのか。これからも考えていきたいテーマである。こうした中、問題意識を共有する多くの研究者と知り合い、ともに研究を行う機会を得ることができた。扱う地域や時代を異にし、専門分野ごとに問題に対するアプローチが異なっていても、それぞれが抱く問題意識を理解し合い、ともに一つの課題に向き合うことができるという環境は素晴らしいものであり、彼女ら、彼らとの議論はつねに新たな刺激と知見を与えてくれるかけがえのない時間である。また、共同研究を続ける中で、比較の重要性を学んだ点も大きい。異なる地域の事例との比較を通して、これまでの自身の研究を見つめ直すとともに、自身の研究対象地域に対する理解を相対化すること、さらには地域間の共通性と異質性を抽出し、それぞれの地域や社会の特性をシンプルな構図の中にまとめること、これらが現在の関心事であり、今後の課題でもある。

本書の原稿をまとめ、新たな方向に歩み出す上で、二〇二二年度に大谷大学の在外研究員として行ったカリフォルニア大学ロサンゼルス校歴史学部での一年間の滞在の意義は極めて大きかった。その際に受入教員となって頂いただけでなく、世界中を飛び回るご多忙の中、時間を割いて辛抱強く私のたどたどしい英語にお付き合い頂き、比較研究の方法や研究の方向性について惜しみなくアドバイスを頂いたロイ・ビン・ウォン先生に心からの謝意を表したい。一〇年前にオックスフォードで初めてお会いした際にお聞かせ頂いた、エレノア・オストロムのコモンズ論の歴史研究への援用というアイデア、さらには以降もお会いするごとに頂いた励ましなしに、今の研究者としての私はない。また、中国史上の水と社会に関する研究の大先達である森田明先生からは、研究会の席上や私信のやり取りを通じて多くの教示を得るとともに、その暖かいお言葉に励まされ続けている。あらためて両先生に対する尊敬と感謝の意を表したい。

その他、感謝申し上げるべき方々は多いが、とりわけ本書の出版に際してお力添え頂いた古松崇志さんと原宗子先生、面識もない中、突然の依頼にもかかわらず、本書の出版をお引き受け頂いた山本書店山本實社長に心からお礼を申し上げたい。なお、本書の出版は、大谷大学二〇二四年度学術刊行物出版助成によるものである。関係各位にあらためて感謝申し上げる。

最後に、つねに変わらぬ笑顔で寄り添い、時に議論を戦わし切磋琢磨してきた、よき理解者であり、かけがえのないパートナーである妻美和に満腔の感謝と愛情を込めて本書を捧げる。

二〇二四年五月　山科にて

井黒　忍

参考文献

(和文)

天野元之助　一九五五「中国における水利慣行」、『史林』第三八巻第六号、一二三～一四九頁
井黒　忍　二〇一三『分水と支配―金モンゴル時代華北の水利と農業』早稲田大学出版部、東京
――　二〇二三「元明交替の底流」、千葉敏之編『歴史の転換期：一三四八年　気候不順と生存危機』山川出版社、東京、一八八～二四一頁
――　二〇二四「『知本提綱』に見る灌漑の技術と認識」、『大谷大学史学論究』第二九号、一～三〇頁
井上　勇　一九五九「蒙彊における農業土木技術者の足跡」、『農業土木研究』第二七巻第五号、三七〇～三七一頁
今堀誠二　一九七八『中国封建社会の構造―その歴史と革命前夜の現実』日本学術振興会、東京
岩口和正　一九八五「律令法と「公水」観念」、『歴史学研究』第五三八号、一八～三四頁
上田　信　二〇〇七『風水という名の環境学―気の流れる大地』図説中国文化百華第一五巻、農山漁村文化協会、東京

内田知行　一九九九「一九一〇～三〇年代における閻錫山政権のアヘン管理政策」、『現代中国』第七三号、一一二～一二七頁

――――　二〇〇五「山西省傀儡政権のアヘン管理政策」、『黄土の大地一九三七～一九四五―山西省占領地の社会経済史』創土社、東京、一二七～一七三頁

岡崎正孝　一九八八『カナート―イランの地下水路』論創社、東京

鐘方正樹　二〇〇三『井戸の考古学』同成社、東京

亀田隆之　一九七三「公水の観念と国家の用水支配」、『日本古代用水史の研究』吉川弘文館、東京、一一一～一三〇頁

川井　悟　一九九五「トッドと李儀祉―中国近代水利土木事業についての覚え書き―」、『中国水利史研究』第二三・二四合併号、二三～四二頁

岸本美緒　二〇〇四「土地を売ること、人を売ること―「所有」をめぐる比較の試み」、三浦徹・岸本美緒・関本照夫編『比較史のアジア―所有・契約・市場・公正』イスラーム地域研究叢書四、東京大学出版会、東京、二一～四五頁

興亜院技術部編　一九四〇『蒙疆に於ける土地改良に関する調査』興亜院、［東京］

佐藤武敏　一九九一「王禎「農書」灌漑関係二編訳註（三完）」、『中国水利史研究』第二一号、四一～五二頁

斯波義信　一九九六「南宋における「中間領域」社会の登場」、宋元時代史の基本問題編集委員会編『宋元時代史の基本問題』汲古書院、東京、一八五～二〇三頁

柴三九男　一九四一「支那に於ける農業と水」、『帝国農会報』第三一巻第二号、三一～八二頁

島田美和　二〇二〇「戦時日本の永定河水利事業―官庁貯水池建設計画をめぐって」、『中国研究：慶應義塾大学日吉紀要』第一三号、三三四～三〇七頁（逆頁）

――　二〇二四「水利政策と技術移転―華北地域永定河の水利開発」、段瑞聡編著『現代中国の国家形成―中華民国からの連続と断絶』慶應義塾大学出版会、東京、二二五～二四八頁

清水美里　二〇一九「植民地台湾の水資源における「公」と「私」のせめぎ合い」、『歴史学研究』第九九〇号、六二～七三頁

新庄憲光　一九四一『包頭の蔬菜園芸農業に於ける灌漑―包頭東河村実態調査報告』満鉄調査研究資料第四三編、北支調査資料第二一輯、南満洲鉄道株式会社北支経済調査所編、南満洲鉄道調査部、［大連］。原載は「包頭の蔬菜園芸農業に於ける灌漑（上・下）」、『満鉄調査月報』九月・一〇月号、一九四一年

末尾至行編　一九八九『トルコの水と社会』大明堂、東京

菅　豊　二〇〇六「「歴史」をつくる人びと―異質性社会における正当性レジティマシーの構築」、宮内泰介編『コモンズをささえるしくみ―レジティマシーの環境社会学』新曜社、東京、五五～八一頁

――　二〇〇九「中国の伝統的コモンズの現代的含意」、室田武編著『グローバル時代のローカル・コモンズ』ミネルヴァ書房、京都、二一五～二三六頁

杉浦未希子　二〇〇五「番水株売買の歴史にみる〈水〉取引の要因―新潟県佐渡市旧上横山村を事例に」、『水資源・環境研究』第一八号、一～一四頁

――　二〇〇七「地主水における水利権売買の要因に関する研究―香川県木田郡三木町下高岡を事例に」、『水資源・環境研究』第二〇号、一一五～一二四頁

――　二〇〇八「灌漑用水の慣行に習う――「稀少化」した資源の分配メカニズム」、佐藤仁編『資源を見る眼――現場からの分配論』東信堂、東京、一四八～一六四頁
スニール・アムリス著、秋山勝訳　二〇二一『水の大陸アジア――ヒマラヤ水系・大河・海洋・モンスーンとアジアの近現代』草思社、東京（原著は *Unruly Waters: How Rains, Rivers, Coasts, and Seas Have Shaped Asia's History*, New York: Basic Books, 2018.）
竹内実・羅漾明　一九八四『中国生活誌――黄土高原の衣食住』大修館書店、東京
谷川道雄　二〇〇一「中国社会の共同性について」、『東洋史苑』第五八号、四九～七七頁
玉城　哲　一九七九『水の思想』論創社、東京
張俊峰著：井黒忍訳　二〇一一「一九九〇年代以降の中国水利社会史研究」、『中国水利史研究』第四〇号、二一～二一一頁
鉄山　博　一九九九『清代農業経済史研究――構造と周辺の視角から』お茶の水書房、東京
寺田浩明　一九八九A「清代土地法秩序における「慣行」の構造」、『東洋史研究』第四八巻第二号、一三〇～一五七頁
――　一九八九B「中国近世における自然の領有」、板垣雄三ほか編『歴史における自然　シリーズ世界史への問い』岩波書店、東京、一九九～二二五頁
東京大学西南ヒンドゥークシュ調査隊　一九六七『アフガニスタンの水と社会』東京大学出版会、東京
富澤芳亜　二〇〇九「近代的企業の発展」、飯島渉ほか編『グローバル化と中国　シリーズ二〇世紀中国史　三』東京大学出版会、東京、一四五～一六五頁

豊島静英　一九五六「中国西北部における水利共同体について」、『歴史学研究』第二〇一号、二四〜三五頁
虎尾俊哉　一九六一『班田収授法の研究』吉川弘文館、東京
中村治兵衛　一九六七「清代山西の村と里甲制」、『東洋史研究』第二六巻第三号、六二〜八五頁
中村尚司　一九八八『スリランカ水利研究序説―灌漑農業の史的考察』論創社、東京
永田恵十郎　一九八二「現代農業水利の諸問題」、永田恵十郎・南侃編『農業水利の現代的課題』農林統計協会、東京、一〜三三頁
新村容子　一九九三「中国アヘンをめぐる政策論争―署貴州巡撫李用清のアヘン生産禁止論を中心に―」、『東洋史研究』第五一巻第四号、六六〜九六頁
錦織英夫　一九四一『山西農業と自然』経研研究報告第一輯、国立北京大学農学院中国農村経済研究所、北京
二宮宏之　一九八九「序章」、柴田三千雄ほか編『社会的結合　シリーズ世界史への問い 四』岩波書店、東京、一〜一四頁
二瓶貞一・松田良一　一九四二『北支の農具に関する調査』、華北産業科学研究所・華北農事試験場「調査報告」第一三号。渡部武解説『復刻　華北の在来農具』（慶友社、東京、一九九五年）に再録。
原　宗子　一九八二「中国農業史研究の明日―関中での灌漑形態を手がかりに」、『中国近代史研究』第二号、五九〜一六九頁
――――　二〇〇五『「農本」主義と「黄土」の発生―古代中国の開発と環境2』研文出版、東京
原　隆一　一九九七『イランの水と社会』古今書院、東京
平中苓次　一九四九「王土思想の考察」、『立命館文学』第六八号、二〇〜二八頁

福田仁志　一九七四『世界の灌漑比較―農業水利論―』東京大学出版会、東京
前野清太朗　二〇一八「伝統水利の争われる「公」」、内山雅生編著『中国農村社会の歴史的展開―社会変動と新たな凝集力―』御茶の水書房、東京、八九～一〇七頁
松田吉郎　二〇一一「最近の中国水利史研究」、『中国―社会と文化』第二六号、一九三～二〇四頁
溝口雄三　一九九五『中国の公と私』研文出版、東京
宮﨑　淳　二〇一一『水資源の保全と利用の法理―水法の基礎理論』成文堂、東京
村松弘一　二〇一三「秦漢帝国と黄土地帯―黄土が生んだ中国古代文明」、佐藤洋一郎・谷口真人編『イエローベルトの環境史―サヘルからシルクロードへ』弘文堂、東京、七二～八六頁
目黒克彦　一九八九「光緒初期、山西省における罌粟栽培禁止問題について」、『集刊東洋学』第六二号、一一〇～一二八頁
森田　明　一九六二「福建省における水利共同体について―莆田県の一例―」、『歴史学研究』第二六一号、一九～二八、一八頁
――――　一九六五「明清時代の水利団体―その共同体的性格について―」、『歴史教育』第一三巻第九号、三二～三七頁
――――　一九七七A「山西省洪洞県の渠冊について―「洪洞県水利志補」簡介―」、『中国水利史研究』第八号、一六～三二頁
――――　一九七七B「清代華北における水利組織とその性格」、『歴史学研究』第四五〇号、二七～三七、一一頁。『清代水利社会史の研究』（国書刊行会、東京、一九九〇年）に再録。

――　一九七八「清代華北の水利組織と渠規」、『史学研究』第一四二号、六〇〜七五頁。『清代水利社会史の研究』に再録。
――　一九八〇「華北の井水灌漑と鑿井事業の発展」、『史学研究五〇周年記念論叢　世界編』福武書店、東京、三五四〜三七四頁。『清代水利社会史の研究』に再録。
――　二〇〇七「「水利共同体」論に対する中国からの批判と提言」、『東洋史訪』第一三号、一一五〜一二九頁
――　二〇〇九『山陝の民衆と水の暮らし―その歴史と民俗』汲古書院、東京
――　二〇一〇「山西の生活用水組織と碑刻資料」、『中国水利史研究』第三九号、一九〜四四頁
――　二〇一五A「関中の渠水灌漑と水利改革―清峪河の「源澄渠」を中心に―」、『中国研究月報』第六九巻第九号、一九〜三〇頁
――　二〇一五B「関中における渠水灌漑について―清峪河の「源澄渠」を中心に―」、松田吉郎・新地比呂志・上谷浩一編著『中国の政治・文化・産業の進展と実相』晃洋書房、京都、一二〇〜一三七頁
森田明・藤田勝久・松田吉郎　二〇一二「座談　中国社会と水利」、『中国21』第三七号、三〜二六頁
山崎武雄　一九四二「北支農業と灌漑―井戸灌漑を中心として―」、『経済論叢』第五四巻第五号、九二〜一〇六頁
山中典和編　二〇〇八『黄土高原の砂漠化とその対策』古今書院、東京
吉川賢・山中典和・吉﨑信司・三木直子編　二〇一一『風に追われ水が蝕む中国の大地―緑の再生に向けた取り組み―』学報社、東京

好並隆司　一九六二A「農業水利における公権力と農民」、『歴史学研究』第二七一号、四五～四九頁
――――　一九六二B「通済堰水利機構の検討」、『岡山大学法文学部紀要』第一五号、八〇～一一〇頁
――――　一九六七「中国水利史研究の問題点」、『史学研究』第九九号、五三～六〇頁
――――　一九八四「近世・山西の水争をめぐって―晋水・県東両渠の場合―」、中国水利史研究会編『中国水利史論叢：佐藤武敏博士退官記念』国書刊行会、東京、三六三～三九〇頁。『中国水利史研究論攷』（岡山大学文学部、岡山、一九九三年）に再録。
――――　一九八六「『晋祠志』よりみた晋水四渠の水利・灌漑」、『史学研究』第一七〇号、一～二一頁。『中国水利史研究論攷』に再録。
――――　二〇〇五「山西省の碑刻に見える水利祭祀と灌漑」、『中国水利史研究』第三三号、四三～六一頁。『後漢魏晋史論攷―好並隆司遺稿集』（渓水社、広島、二〇一四年）に再録。
羅紅光　二〇〇〇『黒龍潭―ある中国農村の財と富』行路社、京都
リヒトホーフェン著：海老原正雄訳　一九四四『支那旅行日記』中巻、慶應出版社、東京
渡辺洋三　一九五四『農業水利権の研究』東京大学出版会、東京
和田　保　一九四二『水を中心として見たる北支那の農業』成美堂、東京

（中文）

晏雪平　二〇〇九「二十世紀八十年代以来中国水利史研究综述」、『農業考古』第一期、一八七～二〇〇頁
卞建寧　二〇〇六「民国時期関中地区郷村水利制度的継承与革新―以龍洞―涇恵渠灌区為例進行研究」、『古今農

業』第二期、六八～七七頁
柴　玲　二〇一四「〝条塊秩序〟与〝人情例外〟—集体化時期晋南農村水資源開発利用研究」、『河海大学学報（哲学社会科学版）』第一四巻第四期、五六～六一頁
常雲昆　二〇〇一『黄河断流与黄河水権制度研究』中国社会科学出版社、北京
鈔曉鴻　二〇〇六「灌漑、環境与水利共同体—基于清代関中中部的分析」、『中国社会科学』第四期、一九〇～二〇四頁
———　二〇〇七「争奪水権、尋求証拠—清至民国時期関中水利文献的伝承与編造」、『歴史人類学学刊』第五巻第一期、三三～七七頁
———　二〇一一「区域水利建設中的天地人—以乾隆初年崔紀推行井灌為中心」、『中国経済史研究』第三期、六九～七八、一六六頁
鈔曉鴻・李輝　二〇〇八「『清峪河各渠始末記』的発現与刊布」、『清史研究』第二期、九七～一〇五頁
陳樹平　一九八三「明清時期的井灌」、『中国社会経済史研究』第四期、二九～四三、二八頁
党曉虹　二〇一〇「伝統水利規約対北方地区村民用水行為的影響—以山西〝四社五村〟為例」、『蘭州学刊』第一〇期、八四～八六頁
党曉虹・盧勇　二〇一一「明清晋陝地区民間水利事務管理探析」、『中国農史』第三〇巻第三期、一〇三～一一〇頁
鄧小南　二〇〇六「追究用水秩序的努力—従前近代洪洞的水資源管理看〝民間〟与〝官方〟」、行龍・楊念群主編『区域社会史比較研究』社会科学文献出版社、北京、一九～三九頁

董曉萍　二〇〇一「陝西涇陽社火与民間水管理関係的調査報告」、『北京師範大学学報（社会科学版）』第六期、五二～六〇頁

――　二〇〇三Ａ「節水水利民俗」、『北京師範大学学報（社会科学版）』第五期、一二五～一三三頁

――　二〇〇三Ｂ「山西四社五村用水民俗調査―高速公路与欠水村社的冲突和農民的三種運作模式」、『田野民俗志』北京師範大学出版社、北京、六二七～六六九頁

――　二〇一三「解決水利糾紛与民間水渠管理的技術活動―晋南旱作山区使用古代水利碑的三個例子及其近現代節水管理技術和現代水費管理」、『河北広播電視大学学報』第一八巻第五期、一～一五頁

丁　克　一九八二「従富山水利公司到桑乾河灌区」、『山西水利史料』第三輯、一～二頁

杜　靖　二〇一六Ａ「大、小首人制度―山西曲沃靳氏宗族祭儀研究」、『民族論壇』第七期、四六～五六頁

――　二〇一六Ｂ「中国経験中的区域社会研究諸模式」、『社会史研究』第四輯、二〇七～二五九頁

段友文　二〇〇四「抹不掉的集体記憶―山西祁県昌源河洪澇災害与民俗調査」、『民俗曲芸』第一四三期、一六三～二一一頁。『黄河中下游家族村落民俗与社会現代化』（中華書局、北京、二〇〇七年）に再録。

高建民　一九九七「近代晋北水利企業与市場経済」、『山西水利：水利史志専輯』第二期、二九～三一頁

郭成偉・薛顕林主編　二〇〇五『民国時期水利法制研究』中国方正出版社、北京

韓茂莉　二〇〇六Ａ「近代山陝地区地理環境与水権保障系統」、『近代史研究』第一期、一一九～一二五頁

――　二〇〇六Ｂ「近代山陝地区基層水利管理体系探析」、『中国経済史研究』第一期、四〇～五四頁

韓曉莉　二〇一二「一九五〇年代山西的農田水利建設運動―以『山西農民』為中心的考察」、山西大学中国社会史研究中心編『山西水利社会史』北京大学出版社、北京、一二三～一三七頁

郝平・張俊峰　二〇〇六「龍祠水利与地方社会変遷」、『華南研究資料中心通訊』第四三期、一～一九頁
侯蕩奇　一九九四「劉古愚与陝西近代出版業」、『当代図書館（季刊）』第四期、六〇～六二頁
胡英沢　二〇〇四「水井碑刻里的近代山西郷村社会」、『山西大学学報（哲学社会科学版）』第二七巻第二期、四〇～四五頁
――　二〇〇六「水井与北方郷村社会―基于山西、陝西、河南省部分地区郷村水井的田野考察」、『近代史研究』第一期、五五～七八頁
――　二〇〇七「鑿池而飲―明清時代北方地区的民生用水」、『中国歴史地理論叢』第二二巻第二輯、六三～七七頁
――　二〇〇九Ａ「明代九辺守戦与生活用水」、『史林』第五期、一一〇～一一八頁
――　二〇〇九Ｂ「古代北方的水質与民生」、『中国歴史地理論叢』第二四巻第二輯、五三～七〇頁
――　二〇一二「引渠用汲―明清黄土高原日常生活用水研究」、『山西水利社会史』八三～一〇四頁。本論文には森田明による日本語訳「渠を引いて汲むに用いる―明清黄土高原日常生活用水研究」（『東洋史訪』第二一号、二〇一四年、一七二～一九三頁）がある。
――　二〇一四「晋藩与晋水―明代山西宗藩与地方水利」、『中国歴史地理論叢』第二九巻第二輯、一二二～一三五頁
黄炎培輯　一九三〇『清季各省興学史』、『近代中国史料叢刊続編』第六六輯、文海出版社、台北
賈海洋・張俊峰　二〇一三「湖興湖廃―明清以来河東〝五姓湖〟的開発与環境演変」、『中国農史』第五期、七九～八八頁

康欣平　二〇一八『渭北水利及其近代転型（一四六五―一九四〇）』中国社会科学出版社、北京
孔祥毅　一九八二「応県広済水利股份有限公司述略」、『山西水利史料』第三輯、七三～七四頁
李大芬訳　一九八五「朔県広裕水利公司的沿革」、『山西水利：水利史志専輯』第一輯、四六～四九頁
李鳳華　二〇一三「論清末水利開発的新思想」、『河南師範大学学報（哲学社会科学版）』第四〇巻第四期、一〇〇～一〇二頁
李　嘎　二〇一九『旱域水潦―水患語境下山陝黄土高原城市環境史研究（一三六八―一九七九年）』商務印書館、北京
李建・沈志忠　二〇二一「水利的興修与秩序的重建：山西農村水利社会探析―以清末至民国晋東地区為中心的考察」、『農業考古』第六期、一六八～一七七頁
李令福　二〇〇四『関中水利開発与環境』人民出版社、北京
李　麒　二〇〇七「水利碑刻中的法律与社会」、行龍主編『環境史視野下的近代山西社会』山西人民出版社、太原、一五三～一八六頁
――　二〇一一「観念、制度与技術：従水案透視清代地方司法―以山西河東水利碑刻為中心的討論」、『政法論壇』第二九巻第五期、八五～九三頁
李三謀　一九九一「閻錫山在山西施行的水政」、『中国経済史研究』第三期、一〇二～一〇九頁
李　夏　一九八八「試論山西近代〝北三渠〟水利公司的性質及其歴史地位」、『山西水利：水利史志専輯』第二期、二五～二九、四二頁
李雪梅　二〇一六「古代法律規範的層級性結構―従水利碑刻看非制定法的性質」、『華東政法大学学報』第一九巻

第四期、三三～四三頁
李元蟠　二〇一二「水車起源与発展叢談（下輯）」、『中国農史』第一期、三～一一頁
梁四宝・韓芸　二〇〇六「鑿井以灌―明清山西農田水利的新発展」、『中国経済史研究』第四期、八五～八九頁
廖艶彬　二〇〇八「二〇年来国内明清水利社会史研究回顧」、『華北水利水電学院学報』第一期、一三～一六頁
劉英華　一九八七「晋北三渠的創始人―劉懋賞」、『山西水利：水利史志専輯』第二期、三六～三八頁
魯西奇　二〇一三「〝水利社会〟的形成―以明清時期江漢平原的囲垸為中心」、『中国経済史研究』第二期、一二二～一三九頁
盧勇・樊志民・聶敏　二〇〇四「涇陽豊楽原「清峪河各渠始末記碑」及碑文」、『農業考古』第三期、一九五～一九七頁
盧勇・聶敏・崔宇　二〇〇五「清末民初関中水利用水過程中的作弊行為研究―以清峪河水利為例」、『古今農業』第二期、八三～八七頁
盧勇・聶敏・洪成　二〇〇五「清末民初清峪河水利衰落之探求」、『西北農林科技大学学報（社会科学版）』第五巻第一期、一三六～一四〇頁
欒成顕　二〇一二「明清地方文書档案遺存述略」、『人文世界―区域・伝統・文化』第五輯、三〇七～三四〇頁
馬　嘯　二〇〇三「左宗棠与甘粛水利建設」、『西北民族大学学報（哲学社会科学版）』第六期、五七～六〇、一〇九頁
馬月林・劉治昌　一九八九「歴史上的広済水利有限公司及其管理」、『山西水利：水利史志専輯』第二期、二一七～二一九、二二三頁

龐建春　二〇〇四「伝説与社会―陝西蒲城県堯山聖母伝説伝承与意義研究個案」、『民族文学研究』第二期、一二四～一二九頁

――　二〇〇七「旱作村落雨神崇拝的地方叙事―陝西蒲城堯山聖母信仰個案」、曹樹基主編『田祖有神―明清以来的自然災害及其社会応対機制』上海交通大学出版社、上海、三～二七頁

祁建民　二〇一二「従水権看国家与村落社会的関係」、『山西水利社会史』一三八～一五一頁

――　二〇一五「山西四社五村水利秩序与礼治秩序」、『広西民族大学学報（哲学社会科学版）』第三七巻第三期、一五～二一頁

――　二〇一八「水利民主改革与水資源公共性的徹底実現―以山陝地区水利社会史的変革為中心」、『広東社会科学』第三期、一二五～一三五頁

銭　杭　二〇〇八「共同体理論視野下的湘湖水利集団―兼論〝庫域型〟水利社会」、『中国社会科学』第二期、一六七～一八五頁

――　二〇〇九『庫域型水利社会研究―蕭山湘湖水利集団的興与衰』上海人民出版社、上海

曲憲湯　一九八二「雁北的三個水利公司」、中国人民政治協商会議山西省委員会文史資料研究委員会編『山西文史資料』第八輯、一一五～一二〇頁

任大援・武占江　一九九七『劉古愚評伝』陝西人民出版社、西安

饒明奇　二〇一三『中国水利法制史研究』法律出版社、北京

沈艾娣　二〇〇三「道徳、権利与晋水水利系統」、『歴史人類学学刊』第一巻第一輯、一五三～一六五頁

石　峰　二〇〇五「〝水利〟的社会文化関聯―学術史検閲」、『貴州大学学報』第二三巻第三期、四八～五三頁

――　二〇〇九『非宗族郷村―関中『水利社会』的人類学考察』中国社会科学出版社、北京
譚徐明　二〇一七『中国古代物質文化史・水利』開明出版社、北京
田東奎　二〇〇六『中国近代水権糾紛解決機制研究』中国政法大学出版社、北京
田　宓　二〇一九「〝水権〟的生成―以帰化城土黙特大青山溝水為例」、『中国経済史研究』第二期、一一一～一二三頁
王長命　二〇〇七「引洪灌漑―明清至民国時期平遙官溝河水利開発与水利紛争」、『環境史視野下的近代山西社会』一四〇～一五二頁
王錦萍　二〇一一「宗教組織与水利系統―蒙元時期山西水利社会中的僧道団体探析」、『歴史人類学学刊』第九巻第一期、二五～六〇頁
王愷瑞　二〇〇七A「清至民国時期晋北的水利与環境」陝西師範大学碩士学位論文（分類号K九二八・六：学号二四〇五七四）
――　二〇〇七B「清代晋北的農田水利建設与環境初探」、『山西師範大学学報（自然科学版）』第二一巻第一期、一一三～一一七頁
王銘銘　二〇〇四「〝水利社会〟的類型」、『読書』第一一期、一八～二三頁
――　二〇〇六『心与物遊』広西師範大学出版社、桂林
王培華　二〇〇二「明清華北西北旱地用水理論与実践及其借鑑価値」、『社会科学研究』第六期、一三三～一三六頁。『元明清華北西北水利三論』（商務印書館、北京、二〇〇九年）に再録。
王天根　二〇〇九「西北出版中心味経刊書処与維新氛囲的媒介建構」、『史学月刊』第一〇期、三六～四六頁

王亜華　二〇〇五『水権解釈』上海人民出版社、上海
王　洋　二〇二二『金元碑刻史料中的山西社会変遷―以水利、宗族碑刻為中心』山西人民出版社、太原
王　一　一九九〇「歴史悠久的《霍例水法》」、中国水利学会水利史研究会・山西水利学会水利史研究会編『山西水利史論集』山西人民出版社、太原、二二九～二三三頁
呉朋飛・侯甬堅　二〇〇七「鴉片在清代山西的種植、分布及対農業環境的影響」、『中国農史』第三期、三七～四六頁
武占江　二〇一五『劉光蕡評伝』西北大学出版社、西安
蕭正洪　一九九八『環境与技術選択―清代中国西部地区農業技術地理研究』中国社会科学出版社、北京
――　一九九九「歴史時期関中地区農田灌漑中的水権問題」、『中国経済史研究』第一期、四八～六四頁
謝国禎　一九三四『孫夏峰李二曲学譜』商務印書館、上海
謝　湜　二〇〇七「〝利及鄰封〟―明清豫北的灌漑水利開発和県際関係」、『清史研究』第二期、一二～二七頁
行　龍　二〇〇〇「明清以来山西水資源匱乏及水案初歩研究」、『科学技術与弁証法』第一七巻第六期、三一～三四頁
――　二〇〇五「晋水流域三六村水利祭祀系統研究」、『史林』第四期、一～一〇頁
――　二〇〇六Ａ「従共享到争奪：晋水流域水資源日趨匱乏的歴史考察―兼及区域社会史之比較研究」、『区域社会史比較研究』三～一八頁
――　二〇〇六Ｂ「明清以来晋水流域的環境与災害―以〝峪水為災〟為中心的田野考察与研究」、『史林』第二期、一〇～二〇頁

――――　二〇〇八「〝水利社会史〟探源―兼論以水為中心的山西社会」、『山西大学学報（哲学社会科学版）』第三一巻第一期、三三〜三八頁

行龍・張俊峰　二〇〇九「化荒誕為神奇―山西〝水母娘娘〟信仰与地方社会」、『亜洲研究』第五八巻、四七〜七二頁

徐　斌　二〇一七「以水為本位―対〝土地史観〟的反思与〝新水域史〟的提出」、『武漢大学学報（人文科学版）』第七〇巻第一期、一二二〜一二八頁

張愛華　二〇〇八「〝進村找廟〟之外―水利社会史研究的勃興」、『史林』第五期、一六六〜一七七頁

張波・馮風　一九九〇「陝西古農書大略」、『西北大学学報（自然科学版）』第二〇巻第二期、一一五〜一二一頁

張　芳　一九八九「中国古代的井灌」、『中国農史』第三期、七三〜八二頁

――――　一九九八『明清農田水利研究』中国農業科技出版社、北京

――――　二〇〇四「中国伝統灌漑工程及技術的伝承和発展」、『中国農史』第一期、一〇〜一八頁

――――　二〇〇九『中国古代灌漑工程技術史』山西教育出版社、太原

張海瀛　一九九三『張居正改革与山西万暦清丈研究』山西人民出版社、太原

張　荷　一九八六「近代山西水利股份公司述要」、『山西水利：水利史志専輯』第四期、三五〜四〇頁。『晋水春秋―山西水利史述略』（中国水利水電出版社、北京、二〇〇九年）に再録。

張継瑩　二〇一〇「明清山西稲作種植―「用水極大化」的嘗試」、『明代研究』第一五期、三七〜八四頁

張俊峰　二〇〇一「水権与地方社会―以明清以来山西省文水県甘泉渠水案為例」、『山西大学学報（哲学社会科学版）』第二四巻第六期、五〜九頁

―――　二〇〇二「明清以来洪洞水案与郷村社会」、行龍主編『近代山西社会研究―走向田野与社会』中国社会科学出版社、北京、七〇～一〇〇頁

―――　二〇〇五A「明清以来山西水力加工業的興衰」、『中国農史』第四期、一一六～一二四頁

―――　二〇〇五B「介休水案与地方社会―対泉域社会的一項類型学分析」、『史林』第三期、一〇二～一一〇頁

―――　二〇〇六「明清介休水案与地方社会―対〝水利社会〟的一項類型学分析」、『中国社会経済史研究』第一期、九～一八頁

―――　二〇〇七「引河灌漑―明清至民間時期以通利渠為中心的臨汾、洪洞、趙城三県十八村」、『環境史視野下的近代山西社会』八二～一三九頁

―――　二〇〇八A「率由旧章―前近代汾河流域若干泉域水権争端中的行事原則」、『史林』第二期、八七～九三頁

―――　二〇〇八B「前近代華北郷村社会水権的形成及其特点―山西〝灤池〟的歴史水権個案研究」、『中国歴史地理論叢』第二三巻第四輯、一一五～一二〇頁

―――　二〇〇八C「前近代華北郷村社会水権的表達与実践―山西〝灤池〟的歴史水権個案研究」、『清華大学学報（哲学社会科学版）』第二三巻第四期、三五～四五頁

―――　二〇一二A『水利社会的類型―明清以来洪洞水利与郷村社会変遷』北京大学出版社、北京

―――　二〇一二B「明清中国水利社会史研究的理論視野」、『史学理論研究』第二期、九七～一〇七頁

―――　二〇一四「清至民国山西水利社会中的公私水交易―以新発現的水契和水碑為中心」、『近代史研究』第五期、五六～七一頁

―――二〇一五「神明与祖先―台駘信仰与明清以来汾河流域的宗族建構」、『上海師範大学学報（哲学社会科学版）』第一期、一三二～一四二頁

―――二〇一七A「金元以来山陝水利図碑与歴史水権問題」、『山西大学学報（哲学社会科学版）』第四〇巻第三期、一〇二～一〇八頁

―――二〇一七B「清至民国内蒙古土黙特地区的水権交易―兼与晋陝地区比較」、『近代史研究』第三期、八三～九四頁

―――二〇一九「当前中国水利社会史研究的新視角与新問題」、『史林』第四号、二〇八～二一四頁

―――二〇二〇「黄土高原的山水渠与村際水利関係―以《同治平遥水利図碑》為中心的田野考察」、『歴史地理研究』第二期、二六～三七頁

―――二〇二二A「中国水利社会史研究的空間、類型与趨勢」、『史学理論研究』第四期、一三五～一四五頁

―――二〇二二B「明清至民国新絳鼓堆泉域社会的権利、紛争与秩序」、『社会史研究』第一三輯、一〇～四九頁

張俊峰・高婧　二〇一六「宗族研究中的分枝与立戸問題―基于山西曲沃靳氏宗族的個案研究」、『史林』第二期、八二～八九頁

張俊峰・裴孟華　二〇一七「超越真仮：元清両代河津干澗史氏宗族的歴史建構―兼論金元以来華北宗族史研究的開展」、『史林』第六期、九九～一〇九、一六四頁

張俊峰・武麗偉　二〇一五「明以来山西水利社会中的宗族―以晋水流域北大寺武氏宗族為中心」、『青海民族研究』第二六巻第二期、四八～五四頁

張俊峰・張瑜　二〇一三A「湖殤：明末以来清源東湖的存廃与時運―兼与汾陽文湖之比較」、『山西大学学報（哲学社会科学版）』第三六巻第三期、八〇～八六頁

――　二〇一三B「清以来山西水利社会中的宗族勢力―基于汾河流域若干典型案例的調査与分析」、『人類学研究』第三巻、一二九～一六七頁

張佩国　二〇一二「〝共有地〟的制度発明」、『社会学研究』第五期、二〇四～二二三頁

張青瑤・王社教　二〇一四「清代晋北地区土地墾殖時空特徴分析」、『陝西師範大学学報（哲学社会科学版）』第二期、一五〇～一五八頁

張小軍　二〇〇七「複合産権：一個実質論和資本体系的視角―山西介休洪山泉的歴史水権個案研究」、『社会学研究』第四期、二三～五〇頁

張亜輝　二〇〇六「人類学中的水研究―読幾本書」、『西北民族研究』第三期、一八七～一九二頁

――　二〇〇八『水徳配天―一個晋中水利社会的歴史与道徳』民族出版社、北京

張允中　一九九四「山西古農書考」、『中国農史』第三期、一一二～一一六頁

趙世瑜　二〇〇五「分水之争：公共資源与郷土社会的権力和象徴―以明清山西汾水流域的若干案例為中心」、『中国社会科学』第二期、一八九～二〇三頁

――　二〇一一「従賢人到水神：晋南与太原的区域演変与長程歴史―兼論山西歴史的両個〝歴史性時刻〟」、『社会科学』第二期、一六二～一七一頁

――　二〇一三「赤橋村与明清晋祠在郷村網絡中的角色」、『社会科学』第四期、一二一～一二九頁

趙新平・靳茜　二〇一七「明清至民国水利与村際関係―以晋北崞県陽武河為例」、『福建論壇（人文社会科学版）』

第四期、一二三～一二九頁
鄭暁雲　二〇一七「国際水歴史科学的進展及其在中国的発展探討」、『清華大学学報（哲学社会科学版）』第六期、七七～八六頁
周　嘉　二〇一四「裂変之中的郷村水利共同体―山西〝四社五村〟田野調査報告」、『南方論刊』第一〇期、九一～九二、八八頁
周魁一　二〇〇二『中国科学技術史　水利巻』科学出版社、北京
周　亜　二〇〇九「一九一二～一九三二年関中農田水利管理的改革与実践」、『山西大学学報（哲学社会科学版）』第三二巻第二期、六二～六六頁
――　二〇一一「明清以来晋南山麓平原地帯的水利与社会―基于龍祠周辺的考察」、『中国歴史地理論叢』第二六巻第三輯、一〇四～一一四頁
――　二〇一六「明清以来晋南龍祠泉域的水権変革」、『史学月刊』第九期、八九～九八頁
――　二〇一七「民国時期晋南龍祠泉域―社会転型中的変与不変」、『民国研究』春季号、一六一～一七二頁

（英文）

Duara, Prasenjit, 1988 *Culture, Power, and The State: Rural North China 1900–1942*, Stanford: Stanford University Press.
Lieu, D. K. 1928 "Fact-Finding in China: The Chinese Government Bureau of Economic Information," *News Bulletin*, March, pp.1～4, Honolulu: Institute of Pacific Relations.

Ong, Chang Woei, 2008 *Men of Letters Within the Passes: Guangzhong Literati in Chinese History, 907–1911*, Cambridge and London: Harvard University Asia Center.

Rowe, William T. 2001 *Saving the World: Chen Hongmou and Elite Consciousness in Eighteenth Century China*, Stanford: Stanford University Press.

Liu, Kwang-Ching and Mackinnon, Stephen R. 1980 "Government, Merchants and Industry to 1911," Fairbank, John K. and Liu, Kwang-Ching eds., *The Cambridge History of China: Volume II Late Ch'ing, 1800–1911, Part 2*, pp.416–462, Cambridge; New York: Cambridge University Press.

Wong, R. Bin, 1997 *China Transformed: Historical Change and the Limits of European Experience*, Ithaca and London: Cornell University Press.

Richthofen, Ferdinand von, 1903 *Baron Richthofen's Letters 1870–1872*, the Second Edition, Shanghai: North-China Herald Office.

Environmental History of the Loess Zone: Irrigation Technologies and Social Order in Water Management

SHINOBU IGURO

Abstract

This book seeks to restore the mechanism to overcome the instability of water resources in the Loess Zone relative to both irrigation technology as hardware and social order in water management as software, based on historical documents. Investigating the case of the Loess Zone, the birthplace of the Chinese civilization, located at the eastern end of the Arid Zone that runs through the Afro-Eurasian Continent, I explore historical responses to water resource problems in the Arid and Semi-arid Zone context of both Chinese history and human history more generally.

In the Sanyu area, located on an alluvial fan at the foot of Mt. Lüliang, two types of water sources, namely, spring water from the mountain and overflow water collected from rainwater, were used to cope with the quantitative and temporal instability of the water resources for irrigation. In particular, spate irrigation using overflow water from the mountains not only had a large catchment area in the mountains but was also effective for fertilizing soil and improving

alkaline soils by supplying various organic and inorganic substances that are contained in the water, which greatly contributed to agricultural production in the middle fan, in particular in the cultivation of summer crops such as millets and vegetables. Regarding their contribution to the development and maintenance of water infrastructure, such as artificial waterways and dams, the villages in the upper fan not only claimed the right to use spring water but also customarily used overflow water. However, conflict arose between the villages at the upper fan and those in the middle fan over water resources, and in the late 14th century, a government officer sent by the central government finally authorized a rule for its use. This stipulated that the villages at the upper fan should use spring water, and those in the middle fan should use overflow water. In addition, the combination of water sources and canals available to each village was also determined.

In spite of the determination of the type of water and the corresponding canals available to each village, struggle continued over the overflow water and its rich nutrients, as the villages built their own water infrastructure to create conditions favorable to their own water intake. Contracts for water use played a role in mitigating these conflicts. The deficiency and excess of water resources were adjusted through selling and leasing spring water and land for water use, such in terms of canal sites, between villages and between villages and individuals. In addition, villages that used overflow water could also overcome temporal instability through the purchase of spring water. However, after the 19th century, the purchase of spring water in villages using overflow water was gradually prohibited, and the relationship between irrigated land and water sources became more strictly

regulated. Ultimately, with the construction of dams in the 20th century, the spate irrigation system using overflow water ended its historical mission.

Historically, well water was primarily used for vegetable cultivation where surface water was difficult to obtain and was recognized as a stable source of water during droughts. In response to environmental changes caused by changes in the Yellow River channel the Jin government promoted the use of well water for grain cultivation as a new agricultural policy. During the Mongol period, the technology for the use of well water was described in agricultural technical books that were issued by the government and spread throughout the empire. The use of well water in combination with the cultivation method called *outian*, in which crops were cultivated in small pits, was also encouraged. Eventually, in *Complete Collection of Agriculture*, a work written during the Ming Dynasty, well irrigation was theoretically perfected through the application of Western technology and knowledge to traditional techniques of well water utilization and knowledge of nature.

During the early Qing period, Wang Xinjing recommended well irrigation and well drilling in Guanzhong, taking into account the geographical conditions, procedures, and skill levels of the craftsmen in addition to the previous knowledge contained in *Complete Collection of Agriculture*. Prior to implementation, he suggested conducting a population and geological survey, calculating costs and materials, and establishing criteria for the selection of personnel in charge. His ideas were put into practice by the county magistrates in Guanzhong as well as the provincial governors of Shaanxi such as Cui Ji and Chen Hongmou. Wang Xinjing combined the *outian* method and well irrigation

with the common theme of preventing drought damage, as he believed that the *outian* method of watering using buckets would be effective, even in areas with low levels of groundwater. In the later Qing period, Zuo Zongtang combined Wang's improved *outian* method with the method of supplying well water to arable land through canals and popularizing it under the new name of *ouzhong*. Well irrigation attracted attention as a measure against drought, although at the end of the Qing Dynasty, its use was accelerated as a water source for the mulberry cultivation of sericulture, and the use of groundwater was further promoted for business promotion.

The vast areas of wasteland and alkaline soil in the Sangqianhe River basin, which flows through the Datong Basin, was a main factor that inhibited agricultural development. To improve these areas and create new arable land, rainwater and overflowing water from the mountains needed to be brought to cultivated land through canals not only to wash away the alkali content on the ground surface but also to deposit mud sediments at a certain depth to form new soil. At the beginning of the 20th century, government officials, merchants, and wealthy farmers invested capital to establish several water supply corporations that promoted soil improvement and cultivated land development through projects of water utilization. These water supply corporations not only collected water fees from users in exchange for supplying water but also expanded their own arable land using a method in which new arable land was divided between the corporation and the landowner in a certain ratio with respect to the land that had been improved with the use of muddy water.

At the same time as constructing and improving water

infrastructure such as canals, dams, and floodgates, water supply corporations managed and supplied water resources and collected water fees through the assignment of water management personnel to villages, becoming the main body for water resource management and distribution. However, due to a lack of technical capabilities and costs, the soil improvement projects of the water supply corporations gradually ceased. Users became increasingly hostile to the corporations' unscrupulous management compounded by war and political turmoil, making it difficult to continue the water utilization project. After the 1920s, military forces such as Yan Xishan seized the profits of the water supply corporation and effectively took control of them. The land that had been owned by the water supply corporation was distributed to major shareholders who directly controlled it. They intended to use the existing water infrastructure and water resource management system to secure water sources and supply nutrients for the cultivation of poppy as a highly profitable commodity crop.

In flow-type water supply systems that use running water as a source, the time and sequence of water distribution was historically set to equalize the spatial imbalance of the rainfall, supported by the social order that was formed and maintained in the local community. In accordance with traditional regulations, some villages that used Hot Spring Water as a source of irrigation supplied water to each village in relation to the distribution time, calculated based on the irrigated area. The water management league was composed of 21 villages, divided into three groups. The head (*quzhang*) of each group was selected from the three specific villages by the councilors (*toushuiren*) living in Zhangting village, which was furthest downstream in the basin. In addition, a chief

(*jiaotou*) was selected to be in charge of the water supply in each village, and another (*gongzhi*) was recommended by the *jiaotou* to be in charge of the renovation of the Longwang Temple, where the communal ritual was held. Water intake orders were in accordance with the regulation of the Huoqu canal in Hongdong County, where water was taken from the downstream side, moved to the upstream side, and returned to the first village, following after a round of intake. Similar to the pattern by which Zhangting village elected the chiefs of the three groups, this was done to prevent the monopolization of water resources by upstream villages, and thus, Zhangting village was the first to offer incense and perform worship in the rituals at the Longwang Temple.

The water management league, consisting of 21 villages, was formed in response to the restructuring of the social system as a result of the difficulty of survival of local communities during the wars, disasters, and famines occurring at the end of the Ming Dynasty. During the Qing Dynasty, Zhang Bang, Quwo county governor, attempted to intervene in the Hot Spring Water under the pretext of a return to the past, but the water management league resisted, on the grounds of older regulations dating from the Yuan Dynasty. Furthermore, they took advantage of the opportunity of government intervention to obtain the endorsement of the county government for the names of the villages making up the water management league as the rights holder and the dates and times of each village's water intake. During the 19th century, when plans were made to rebuild Longwang Temple, the villages were asked to share in the construction, providing funds in accordance with the amount of water intake. The history of the villages' contribution to the restoration of Longwang Temple and the dredging of the spring area was the root of

their rights regarding water intake. The formation and subsequent revival of the traditional order of Hot Spring Water use, with roots in the Yuan period, was in line with the movement of the Jin clan in Qu village to reorganize the leneage. Between the latter half of the 17th century and the first half of the 18th century, the core elements of the revival of tradition were developed, and it was confirmed through the recarving of the steles in the middle of the 19th century. In both cases, the revival of tradition was accomplished through the use of recarved steles.

Water rights symbolize the social relationship concerning water and its recognition as a resource. Analysis of the form, content, and method of proof clearly shows part of the relationship between water and society. In particular, when these rights are subject to sale, the scope and content of the rights are clarified. During the Ming Dynasty, in some cases the rights to use water separated from the land were sold through contracts, and by the 16th century, this influence had reached such a level that the government determined to address it. Trading of water rights led to the emergence of those who nominally had irrigated land but did not have water rights or those who had water rights but whose arable land was registered as non-irrigated land. In addition, water was becoming increasingly commercialized, with water contracts, water tickets, and other certificates that indicate the location of water rights being sold and transferred for resale.

Between villages located in the same watershed that share the same water source, the amount of water that could be drawn was allocated to each village in terms of days, with allocations provided to individuals according to the size of the land under cultivation. The sale of water rights to individuals had the potential to cause the amount of water that

was allocated to the village to flow out of it. After the 18th century, when trading in water rights became widespread, regulations were established by villages to prevent water rights from flowing out of villages, such as in the "Land for Sale and Water Not for Sale" initiative, in which villagers were allowed to sell land but not water rights to people outside the village. In addition, the village purchased the water rights from individuals resident in the village through a water organization, collecting them to prevent the free trade of water rights in the market system and to prevent water rights from flowing out of the village.

The perception of water clearly differed from that of land, in that its mobility made it difficult to own it in the true sense. The "King's land, King's people" perspective referred only to the ideological higher ownership of land held by the emperor (or king), which restrained private ownership, while the idea of public and private common interests was targeted at aquatic products, not at the water itself. Therefore, it seems unlikely that the concept of public water, referring to ownership by the country or common rights by the community, existed a priori, and country ownership did not extend to ownership of water resources until the 20th century. Strictly speaking, the term "public water" (*gongshui*) and even the term "private water" (*sishui*) as its opposite concept only appear in a few historical documents from the Guanzhong region in the 19th and early 20th centuries.

Public water in the Yuancheng Canal basin was defined as water used by a specific group that shared a water source and a water facility. The right to use this water could not be allocated to individuals due to the lunar calendar, but incomes were used to cover the cost of facility

management for the common benefit of the group as a whole. The management of public water was entrusted to the head of the canal. This was created by restricting the private use of surplus water that could cause conflicts through allocation of it to specific individuals. During the early 20th century, due to drought, famine, and a series of wars, the traditional order of water supply was in danger of collapsing due to the construction of private canals and the monopolization of water resources by a minority. In response, Liu Weifan asserted that, because *gong* was a group that could be divisible into individuals using the same water resources, individuals should not only receive the benefits of *gongshui* in proportion to their share, but should also be responsible for the entire group. Furthermore, if this understanding were extended to the entire Qingyu River basin, it would lead to the consideration of each canal basin as an individual and, such that the entire basin was *gong*. Underlying this idea was the reclamation of *gong* in the sense of public by restoring individual against powerful private occupation, as well as the recognition of new *gongshui* as a common resource rather than a mere surplus of private water.

The stock-type water system that was sourced from wells and reservoirs characteristically attempted to cope with the uneven distribution of water resources in terms of spatial measures. Therefore, the spatial location of the water source strongly affected water rights. All living things need access to water for drinking and eating, regardless of sex, age, or even species, and it is often available to people who reside outside a village where water sources are located during normal times. Because domestic water is essential for survival, a "fair but unequal" system was adopted that included various distinctions between men and

women, adults and children, people and livestock, and so on.

However, as the water environment deteriorated, especially during droughts, greater emphasis fell on the principle of beneficiary-pay, which clarified the priority of ensuring absolute requirements, such as allowing only those who contributed property or labor to drill wells and reservoirs or maintain and repair facilities. At the same time, this functioned as an exception and exclusion, denying the right to draw water to women, children, and even those outside the village who could not provide labor. The community also banned drinking water for livestock to maintain the quality and quantity of the water, as well as certain commercial activities, such as dyeing and weaving, blacksmithing, and coal mining, near the water source. In addition, private ownership was restricted when digging wells, and individuals who owned well digging site were required to provide the land for the large number of people who used the well water. Water rights related to well water originally existed as private rights attached to the land at the individual level. However, in cases of shortages of water or increased demand, the rights were transferred or sold to the public, and the water resources were shared.

索　　引

凡　　例

（1）この索引は、事項・資料索引と人名索引の二部からなる。

（2）項目は、原則として漢字音により、五十音順に排列した。

（3）事項・資料索引には史資料として引用・論及した文献のみを収録し、参照した研究文献は収録していない。研究文献は「参考文献」を参照されたい。

（4）事項・資料索引に収録した同一地の地方志については、編纂年代順に配列した。

（5）人名索引には史料に登場する人物、および現代の研究者を収録した。

事項・資料索引

さ　行

た　行

な　行

は　行

ま　行

や　行

ら　行

人名索引

さ 行

な　行

は　行

ま　行

や　行

井黒　忍（いぐろ　しのぶ）
一九七四年福井県生まれ
大谷大学文学部歴史学科准教授
主要論著　『分水と支配―金・モンゴル時代華北の水利と農業』（早稲田大学出版部、二〇一三年）、「宋金時代の華北郷村社会―山西地域を中心に」（荒川正晴・冨谷至責任編集『東アジアの展開　八～一四世紀　岩波講座世界歴史　第七巻』岩波書店、二〇二二年）、「元明交替の底流」（千葉敏之編『一三四八年　気候不順と生存危機　歴史の転換期　第五巻』山川出版社、二〇二三年）

黄土地帯の環境史
――灌漑の技術と水利の秩序

二〇二四年一二月　二日　第一版第一刷印刷
二〇二四年一二月一六日　第一版第一刷発行

定価［本体七〇〇〇円＋税］

著　者　井　黒　　忍
発行者　山　本　　實
発行所　研文出版（山本書店出版部）
〒101－0051
東京都千代田区神田神保町二―七
TEL　03（3261）9337
FAX　03（3261）6276
印　刷　富　士　リ　プ　ロ
製　本　塙　製　本

ISBN978-4-87636-490-9